U0948827

国外建筑设计方法与实践丛书

医疗建筑

理查德·L·科布斯
罗纳德·L·斯卡格斯
[美] 迈克尔·博布罗 著
朱利亚·托马斯
托马斯·M·帕耶特
魏 飞 奚凌晨 译

中国建筑工业出版社

著作权合同登记图字：01－2002－6305号

图书在版编目（CIP）数据

医疗建筑/（美）科布斯等著；魏飞，奚凌晨译．—北京：中国建筑工业出版社，2005
（国外建筑设计方法与实践丛书）
ISBN 978－7－112－07475－4

Ⅰ．医…　Ⅱ．①科…②魏…③奚…　Ⅲ．医院－建筑设计　Ⅳ．TU246

中国版本图书馆CIP数据核字（2005）第062718号

Building Type Basics For Healthcare Facilities/Bobrow/Thomas and Associates
Copyright © 2000 by John Wiley & Sons, Inc.
All rights reserved.
Translation Copyright © 2005 by China Architecture & Building Press

本书由美国John Wiley & Sons，Inc. 图书公司授权翻译、出版

责任编辑：戚琳琳　田　力
责任设计：郑秋菊
责任校对：李志立　王金珠

国外建筑设计方法与实践丛书
医疗建筑

理查德·L·科布斯
罗纳德·L·斯卡格斯
［美］迈克尔·博布罗　著
朱利亚·托马斯
托马斯·M·帕耶特
魏　飞　奚凌晨　译

*

中国建筑工业出版社出版、发行（北京西郊百万庄）
各地新华书店、建筑书店经销
北京海通创为图文设计有限公司制作
北京凌奇印刷有限责任公司印刷

*

开本：787×1092毫米　1/16　印张：16　插页：8　字数：400千字
2005年10月第一版　2009年10月第二次印刷
定价：**49.00**元
ISBN 978－7－112－07475－4
（13429）
版权所有　翻印必究
如有印装质量问题，可寄本社退换
（邮政编码100037）

目　录

原书编者序

斯蒂芬 ·A · 克利门特（*Stephen A. Kliment*），英文版丛书策划及编辑

本书是《国外建筑设计方法与实践丛书》中的一本，介绍有关医疗设施设计的知识。不同于那些充斥着彩色图片，可以在喝咖啡的时候随便翻翻却内容贫乏的书，本书包含了建筑师、咨询师和业主在工作中所需要了解的一些信息，通常他们因为工作紧张无法花足够的时间去阅读。目前建筑执业范围愈加宽广，各公司都在寻找并接受各种类型的设计委托项目，该系列丛书的出版将为他们提供可供快速查询的基础性资料。这些资料一般是在一个项目开始设计时必需的，也可以回答在早期设计这样的关键阶段专业设计人士经常遇到的问题。其他感兴趣的人从每一章都能得到启发，比如说，业主委员会的成员以及他们所挑选的建筑师、工程师可以从中找到关于医疗项目的计划和设计建筑程序方面的必要信息。

目前医疗业正处于一个高度动荡的阶段，在处理一些最棘手的难题。简而言之，造成这一切动荡的主要原因是医疗资源提供者希望为其服务所收取的费用大于大多数消费者所能够或者愿意支付的费用。正如理查德 · L · 科布斯(Richard L. Kobus，本书作者之一）指出的，多年来，由医疗机构、医师、保险业者和消费者（即病人）构成的医疗体系运作良好，其中医疗机构和医师收取合理的费用，对医院来说还包含一些利润可供发展和投资，保险业者将不断增长的费用分摊在雇主和愿意支付保险的个人身上。科布斯说，“病人则满足于几乎无限的医疗选择”。

从财政上支持这一体系的是那众多购买医疗保险的人，这种格局到1970年代晚期发生了变化，其结果导致了提供和支付医疗服务的方式的变革—— 一场至今仍在进行的变革。正如本书作者指出的那样，这种变化的肇因可以追溯到一百年前甚至更早，一直到 19 世纪晚期弗洛伦斯 · 南丁格尔(Florence Nightingale)女士的革新，以及托马斯 · 帕耶特(Thomas Payette)在查尔斯(Charles)和威廉 · 梅奥(William Mayo)进行的同样激进的革新。在梅奥引进了两个全新的概念：医疗护理中跨学科手段的应用及在相当多的情况下，病人无需住院也可以得到必需的医疗照护服务。

在过去的 20 年中，最为明显的变化莫过于医疗保健制度的飞速发展。支持这一变化的理论基础是：用于预防的费用总会低于治疗的费用，而对执业医师治疗项目和医院收费的限制有助于控制医疗费用的总额。健康维护组织（HMO）将限制治疗项目的范围及收费，要求参加者光顾他们定点的医生，并向那些到非定点诊所看病的病人收取更多费用。但这些方法并未如预期的那样奏效，健康维护组织(HMO)之间的竞争导致收入下降，病人及家属要求得到更好的医疗监护，而政府方面的补贴开始下降。从这项制度开始实行以来，医疗支付总额在1993年第一次下降了很小的但极具象征意义的1%。

以上还不是造成变革的全部原因，以下因素同样在发生影响：

- 据联邦人口统计显示，75岁以上的美国人在全国人口中所占的比例一直在攀升。显而易见，随着人类寿命增加，医疗保健体系正成为其自身成功的牺牲品。年长的人更容易生病，给医疗设施造成持续增长的压力。同时这也促成了为满足不同阶段的老年人独立生活的一系列设施的设计建造（有关老年人护理的建筑和福利设施的文章将在丛书中的另一本里论及）。
- 建设业的蓬勃发展已持续了8年之久，是有史以来最长的一次。不管这种趋势会在什么时候结束，它已经使承包商在承接有关医疗设施项目时提高合约费用，无论是新建还是改造项目。这最终导致医疗设施在开始运营时成本就已经大大地提高了。
- 研究证明，一个宜人的环境，无论从建筑或景观方面都没有压力的环境有助于病人康复。色彩、照明、优质的家具、充足的自然采光和景观，所有这些都需要足够的资金才能实现。
- 大量没有参加医疗保险的人口带来沉重的医疗需求压力，据《纽约时报》(*New York Times*)1999年11月8日报道，这样的人口已达到4 430万。严重的疾病同样会降临到这群负担不起医疗费用的人身上，在生病时他们第一个求助对象就是医疗设施的急诊部。
- 使用新型医疗设备、采取新的医疗技术都有助于提高医疗效果，但病人需要支付相关的费用，包括设备采购及维护的成本。未来新设备对空间和技术设备都有不同的要求，就是说要求某些设施的功能具有一定程度的可调节性，这种可调节性也就是迈克尔·博布罗（Michael Bobrow，本书作者之一）说的通用空间。
- 教学医院的处境尴尬。由于其传统的功能的缘故（培训各类医生，为各种收入的百姓提供医疗服务以及促进医学水平的提高），教学医院的收费都比较昂贵。在一些内陆大城市，教学医院的经济情况尤为严重，健康维护组织(HMO)一般不愿将其成员送往这类医院诊治。

- 病人平均住院日已从原来的每千人1000日/年降至每千人250日/年。不断减少的住院时间也使一些老的医院出现病房空置的现象。
- 由于人力成本不断增长，护理活动要求对建筑设备投入更多以减少对人员的使用。博布罗引述了一个有意思的统计数据：一名护士或者受过同等培训的人可以节省约100万美元的建设投资。
- 其他的替代疗法正逐步占据一席之地，这也许会对传统医疗设施的需求产生影响。

一些大型的医疗组织已经在试图控制医疗费用的增长。退伍军人事务部（VA）经营着约1032家相关设施，拥有4332幢这类建筑，既有医疗中心，也包括门诊部和诊所。他们正试图将这些设施从一种医院护理模式转为一种以病人为中心，基于社区的私人护理模式。“强化租赁”计划即是一项由退伍军人事务部和私营投资集团合作的计划。退伍军人事务部提供用地或长期的房屋租赁合约；私营投资集团负责有关资本、设计、建造、财务及运营事务。相关的产业一般向私营投资集团象征性地收取一点租金，而他们则必须负责医院的日常运作并保证医院取得一定的利润。

作为最大型的医疗服务提供者之一，哥伦比亚医疗集团(Columbia/HCA Inc.)希望通过和少数经过挑选的建筑师和建筑承包商长期合作来降低成本。建筑师和建筑承包商收取相对较低的费用以换取长期稳定的任务来源［《工程新闻实录》杂志(*Engineering News-Record*)，1999年11月版］。

最终，医疗服务体系所潜在的经济问题既成为它的救命稻草，但又是它的致命的弱点。市场的因素促使人们提高成本意识，然而也有一些不利因素，正如纽约州议会的理查德·戈特弗里德(Richard Gottfried)所言：“在将市场作用引入医疗服务时一定要当心，因为市场原则是，如果某一方面不能赢利，那就关闭它。而在医疗服务中，确实有些方面是不赢利的但又是必不可少的。”（《纽约时报》，1999年11月27日）

科布斯也提出了类似的看法，不过他的侧重点在设计程序方面：“在努力满足业主各项要求的同时，有些人（建筑师）也许会考虑采取一些可以最大程度地获得效益的方法，然而却忽略了对他们的最终服务对象——病人的考虑。”

该系列的每本书都紧密围绕着如何便于使用而展开。每本书的宗旨都是关于某一类建筑在设计的初始阶段最有可能涉及的20个问题，而这20个问题的答案就在全书的文字之中，并配以必要的表格、图片和实例。

这本书可分为四章：

- 概论，由位于剑桥的Tsoi/Kobus & Associates的理查德·L·科布斯及其成员执笔。
- 医技及辅助部门，由位于达拉斯的 HKS Inc. 的罗纳德·L·斯卡格斯(Ronald L. Skaggs)及其公司成员执笔。
- 住院医疗设施，由位于洛杉矶的Bobrow/ Thomas and Associates的迈克尔·博布罗、朱利亚·托马斯(Julia Thomas)及其公司成员执笔。
- 日间医疗设施，由位于波士顿的Payette Associates Inc. 的托马斯·M·帕耶特及其公司成员执笔。

概论章节是一份评论，是从建筑师和医疗服务提供者的角度所提出的范围很广的评论，以及对医疗业未来发展方向的预测。

医技及辅助部门章节可分为三部分：行政管理部门、医技部门和后勤辅助部门，各部分都分别对有关空间要求及和其他部门之间的关系作了详细的阐述。

住院医疗设施章节按发展顺序讲述了护理单元的规划设计，包括平面布局形式和病室的类型、室内方面的要求、整体的功能和空间处理问题。设备技术方面包括结构、设备、电气和灯光等问题，以及如何处理再利用和改造的问题。

日间医疗设施章节阐述了这一类设施所特有的规划、设计及技术等方面的原则，并通过一系列实例分析说明这些原则在日间医疗设施设计中的体现。

所有这些章节都涉及到流线问题，这个医疗领域所特有的问题，以及有关发展趋势、场地规划、法规、能源/环境要求、结构设备、信息技术、材料、声和光、室内设计、指路系统、更新和改造以及运营、成本和财务等多方面的问题。

希望这本书能够让您满意，成为您的参考指南。

译注：1平方英尺=0.093平方米，1平方英寸=6.452平方厘米

1英尺=12英寸=0.3048米

致 谢

第一章

在此，要感谢L·詹姆斯·维克泽(L. James Wiczai)和凯特·里德(Kate Reed)，他们是我很好的朋友和老师，和我一起分享有关医疗设计的知识。还要感谢Tsoi/Kobus & Associates，Inc.的卡雷·沃尔夫(Kary Wolff)和蒂娜·瓦斯(Tina Vaz)，她们在编辑和校核本章时给予了我很大的帮助。

理查德·L·科布斯，美国建筑师学会会员，*Tsoi/Kobus & Associates, Inc.*

第二章

在此，要特别感谢本章的作者们，他们是：拉尔夫·霍金斯(Ralph Hawkins)，美国建筑师学会资深会员，FACHA；罗恩·戈韦尔(Ron Gover)；克雷格·比尔(Craig Beale)，美国建筑师学会资深会员，MPH；罗恩·丹尼斯(Ron Dennis)；汤姆·哈维(Tom Harvey)；杰夫·斯托弗(Jeff Stouffer)；伊莱·奥萨京斯基(Eli Osatinski)和格雷格·奥利弗(Greg Olivet)。他们对医院建筑的深入了解和把握在写作时得到充分体现。要特别提到我们的版面设计师魏尔·克(Wei-erh Ko)，他使我们的文章做到了图文并茂。另外，还要感谢特里施·热罗姆(Trish Jerome)在本文的组织、校对和编辑方面的认真工作。

罗纳德·L·斯卡格斯，美国建筑师学会资深会员，*HKS Inc.*

第三章

在此，向那些为本章提供过帮助的人表示感谢，他们是：约翰·西兰德(John Sealander)，有关技术方面；洛里·塞尔塞(Lori Selcer)，有关室内方面；梅拉迪斯·谢尔博(Meradith Cherbo)，有关功能和空间规划方面。

迈克尔·博布罗，美国建筑师学会资深会员；朱利亚·托马斯，美国建筑师学会资深会员，*Bobrow/Thomas and Associates*

第四章

在此，要感谢所有的设计者，他们的设计实践及其总结的第一手经验和思考极大地丰富了本篇的内容。苏珊·戴勒(Susan Daylor)对各部分内容进行了统一编辑，全面阐述了日间护理设施的设计及对医疗产业的影响。

托马斯·M·帕耶特，美国建筑师学会资深会员，*Payette Associates Inc.*

第一章

概　　论

理查德·L·科布斯，*Tsoi/Kobus & Associates*

在进入21世纪之际，美国的医疗服务体系正面临着要求其变革的巨大压力，也就是在减少全社会医疗支出的同时为消费者提供更方便更全面的服务。很少有像医疗行业这样服务于所有美国人的产业需要如此去重新审视自身的经营发展，并重新界定其各部分的功能角色——医疗机构、护理设施以及它们的物理环境等。而尤具象征意义的是这样的挑战是发生在消费者对医疗服务的要求正不断增长，而医疗资源供给又相对有限的情况下。根据人口统计显示，美国75岁以上人口所占的比例正在显著地上升。

传统意义上，老龄化的人口需要更多的医疗服务。也许正是因为人口组成的这种变化趋势，医疗费用的主要支付者——大型企业的雇主和美国政府正尽其所能地试图控制医疗费用的增长。与此同时，消费者却对现有的医疗服务不断地提出不满，如他们在就医时没有足够的选择，就诊时感觉不够理想等等。要想理解这种不断变化的情况，有必要回顾一下在过去的25年中美国医疗体系的发展变迁。

直到1970年代，美国的医疗服务体系总体上来说还是一种成本+利润型的支付体系。医师和医院的收入基于实际花费的成本再加上部分用于再发展积累的利润。在这个体系中，最大的得益者是医师，他们是这个获利丰厚的体系的坚决拥护者；对于医院来说，成本+利润的体系意味着可以根据需要自由地确定价格收费；保险业者则简单地通过提高保费的方式将增加的成本转嫁到投保人身上；而消费者则满意地看到在需要医疗服务时基本上可以不受任何限制。

最大的输家就是支付医疗费用的一方。他们在1970年代晚期通货膨胀，医疗费用上涨幅度超过两位数时逐步意识到这一点。最初试图控制成本的做法包括医疗保健制度的试行以及联邦政府有关诊断关系群(DRGS)的引入。1980年代早期进一步控制医疗成本的做法在医疗业中引起第一次震动，预示了下一轮不断加速的成本控制的要求。医疗机构和医师应对这些降低医疗成本要求的方案是增加他们所能提供的服务的种类，从而又导致了医疗费用达两位数的增长，随之而来的是支付方试图通过更激进的手段来缓解压力。

保险业应他们的顾客——大型企业雇主的要求，要求医疗服务机构降低医疗设施的人均使用频次，其中最常见的方法是减少病人平均住院治疗所需的时间，越来

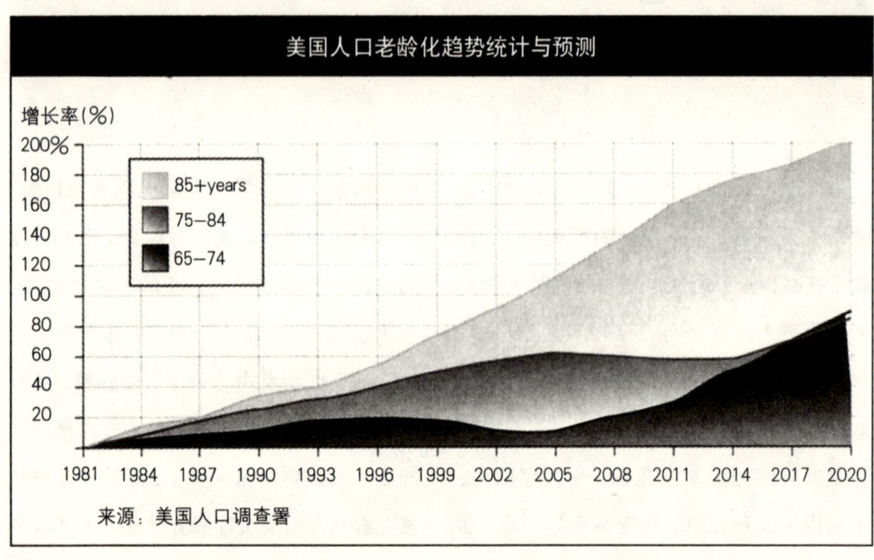

现代医院已经从原来的以住院治疗为主发展为提供更为广泛的医疗服务，更多形式的服务主体形成了一个综合的卫生服务体系，为社会提供全方位的医疗保健。

越多的医疗服务转而由门诊医疗提供。

美国医院的床位利用率由1970年代早期的每年每千人口约1000天下降到有些地区的每年每千人约250天。医疗费用支付的条件越来越严格，医疗费用成本的风险更多地由医疗机构而不是保险公司承担。医疗服务机构也困扰于服务人口总量停滞所带来的风险，试图在1990年代初建立一个按人均计算的市场，这一思路曾被认为将在世纪之交成为主流。有组织的医疗服务在医疗市场中所占份额不断缩小，特别是在医院无法再像原来那样可以自由地按服务定价，并不得不承担原本属于保险公司的那份风险以后。

在认识到原来的经营环境已不再之后，医疗机构开始采取新的战略，试图夺回原来的市场份额。它们开始联合在一起，形成新的医疗服务体系。

医院从原来的以住院服务为主扩展到提供更大范围的健康服务，包括门诊保健、家庭保健以及对老年人和精神障碍者的保健服务等。医疗机构还和社会上其他富有经验的企业形成一个综合的服务体系，为人们提供垂直的全方位的服务，其范围从个人和小团体的保健到所有的医疗保健网络，从家庭保健服务到传统的住院医疗护理及其他护理服务，目的是在人口老龄化的条件下降低医疗保健的平均成本。

整合性医疗服务体系(IDS)代表着一种全面的医疗保健制度，可以满足各方面的需求。他们推出一种地方品牌制，医疗组织作为与某个社区联系在一起的品牌化的消费产品存在。整合性医疗服务体系还试图将成本固定化，而在一定预算的基础上通过提供多层次的服务来提高利润率，同时也提高所服务人群的健康水平。

有组织的医疗保健制度看上去也已按它所设想的那样在控制医疗费用增长的同时创造了一个高利润率的产业。到1990年代早期，医疗成本增加的幅度是30年来最低的，医师的工资也基本稳定了，健康保险产品的保险费率也有所下降。老龄化人口的增长意味着就诊量的明显增加及可能的赢利机会。医生们通过组成执业医师联合会等形式更高效地进行服务。在已过去的1990年代，医院及医疗系统的利润一直在上升。

但医疗产业并不是所有的方面都如此顺利。尽管在整个经济领域一片繁荣，就业增加，财政赤字消失，但1998年对于医疗保健制度来说却是灾难性的，而1999年预计情况会更糟。被广泛报导的医疗保健经营组织的失败动摇了整个医疗产业的信心，并对这种形式的未来提出疑问。总的来说，1998年度医疗保健组织共亏损410亿美元，一些大型综合性的医疗服务机构，如凯泽医疗集团(Kaiser-Permanente)，就遇到从未有过的达4.2亿美元的亏损，而像哥伦比亚医疗集团这样的医疗服务提供机构也遇到财政和法律上的麻烦，东海岸(East Coast)主要的医疗服务综合体甚至已经引用第11条银行破产法以取得法律的保护。

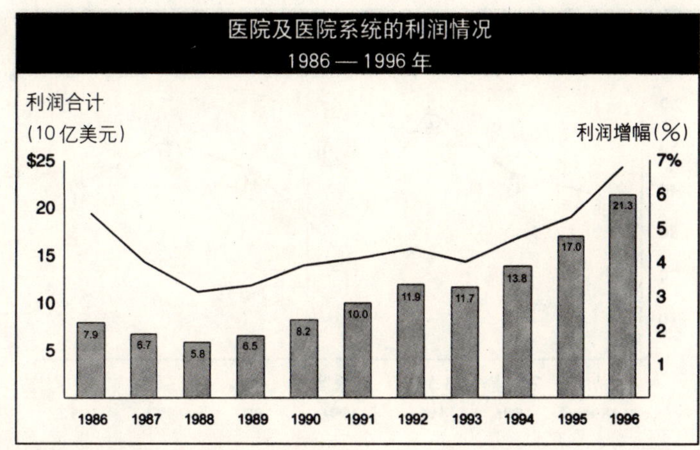

综合的医疗服务体系曾被视为医疗保健制度的最佳替代者，当前却举步维艰。它们遇到以下主要困难：

- 未能获得足够的市场份额。
- 医师人均利润的不断下降。
- 整合性医疗服务体系服务的支付率曲线呈平直状态甚至下降。
- 收费标准固定所带来的逆向现金流。
- 与实际成本不相符的保险费率。
- 有关如何取得资金来扩展整合性医疗服务体系的范围的争论。

而且，整合性医疗服务体系组织上的缺陷几乎是不可弥补的，基本未能实现规模经济效益，业务成本已超出原来的预计。执业人员的道德水准在下降，人均日产出率也在降低。制定统一的服务标准非常困难，而管理层与医疗服务人员之间也矛盾重重。

医院系统总的利润在这十年内持续攀升，然而，在普遍繁荣的背后，对于有组织的医疗体系来说，1990年代后期却是灾难性的，而那些综合服务体系的情况尤甚。

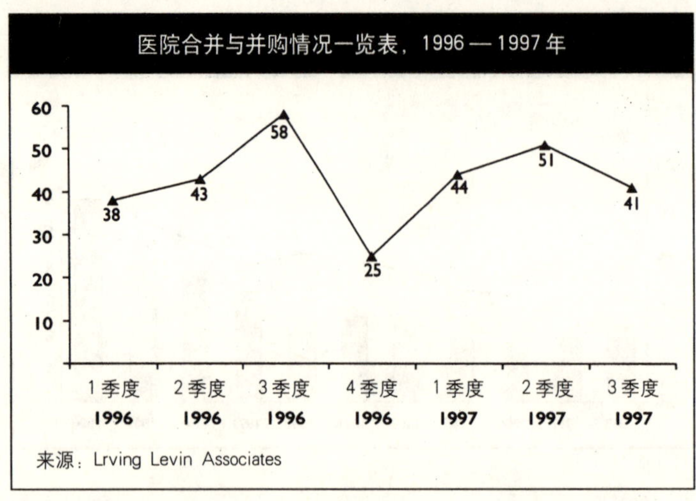

医院过去多为一所所相互独立的医疗机构，在1990年代逐步进行联合重组，形成了大规模的、地区性的多所医院联盟。

其结果是，1999年医疗服务业中工会的活动出乎意料地增长，护士、技师甚至医生都通过有组织的工会活动来保护自己的利益，甚至连美国医学协会在1999年6月都曾以公开发表宣言的方式支持医师对病人的诊治权，改善医患之间的关系。显然，对医疗产业的不满已上升到有史以来的最高点。

医疗产业遇到了前所未有的来自消费者的强烈抗议。有组织的医疗服务在努力平息支付者及提供者的不满的同时，忽视了医疗产业内最重要的组成部分——消费者。消费者对有组织的医疗产业的不满主要集中在：选择范围受限制、成本不断增加、服务质量不如人意以及希望对健康问题有更多的了解等，其中意见最强烈的是那些受过良好教育的阅历丰富的人群。他们不断对医疗业施加压力，很快在立法领域取得显著的进展。他们成功地将媒体的注意力引向有关健康的话题。对有组织的医疗机构不满的顾客纷纷与其解除合约，转向那些可以提供更好服务的机构。

医疗机构必须了解病人的满意度与经济效益之间的联系。

医疗产业已经步入了消费者为主导的时期。经营者应理解病人的满意度与经济效益之间的联系。病人正在徘徊观望，评判各类医疗机构所提供的服务的好坏。消费者和经营管理机构都会放弃那些不能满足病人要求的机构，而想要留住原有的病人，医疗机构应注意从病人角度考虑问题。

当前消费者正越来越多地要求：

- 了解有关医疗健康的信息，参与治疗方案的决策。
- 拥有更多的选择权。
- 和提供者（医护人员）有更好的沟通。
- 得到尊重、理解和安慰。
- 医疗过程更加开放和互动，病人的观点和愿望能得到考虑，其要求能得到满足。
- 得到不间断的照顾。
- 在高质量的环境中得到及时、便利、可靠的服务。

医疗机构必须注重改善医患双方之间的关系，让患者体验到自己受到尊重。通常就医者对其与医护人员之间的接触最为重视，而一个良好的环境也有助于医患双方增进沟通和了解。

医疗机构不能再像从前那样仅仅依靠其声誉或同行业中的地位等来给就诊患者传达其服务质量的水准。就诊的患者曾想当然地认为他们在各个名声显赫的医疗机构中所得到的服务是一样的。而在此同时，医疗机构却在努力地降低运营成本。目前医院的运营成本控制已如此严格以至于很少有医疗机构还可以通过减少人员数量、扩大规模效应、提供医疗资源的利用率等方法降低成本。

如果医疗机构不能够在医疗质量、收费标准等方面拉开差距，那么其惟一可行的就是在就诊者可以感觉到的服务质量、便利程度等方面下功夫。而"双收入"家庭比例的上升则使就诊环境的需求进一步复杂化，最直接的一点是平均每个家庭可以用在医疗活动上的时间减少了，患者需要更方便地就诊，对诊疗程序有清晰的把握，在选择医疗机构时更偏重于那些可以提供"完美服务"(Ideal Patient Encounter, *Hamilton KSA*的注册商标，1996年)式治疗服务的机构，在那里医护人员、医技设备、信息及病人以一种最为有效的方式组织在一起，可以减少每次就诊所需的时间，简化所需的手续。检查、诊断、咨询以及相关的治疗等都在一个相对明确的时间和空间中进行。

妇女是目前医疗机构所特别关注的对象，其作为家庭健康事务决策者的地位是众所周知的。据估计大约75%有关女性自身的、其家庭成员的和其父母的健康问题的决策是由妇女决定的［引自比阿特丽斯·布莱克(Beatrice Black)，美国国家公共广播电台(National Public Radio)，市场节目(Market place)，1999年1月26日］。由于妇女在医疗活动中所扮演的角色，医疗机构必须进一步关注并迎合其需求。这些消费者正在逐步改变现代医疗产业的格局。女性正越来越多地"用脚投票"，也就是解除与那些不能提供满意服务的医疗机构解除合约，并选举那些愿意更多地关注家庭事务包括医疗服务的政治家。

当前从事医疗建筑设计的建筑师压力越来越大——他们被要求在设计中降低建设费用以及设计费用。在应对这些要求时，有些人在选择了降低建设费用的同时忘记了其设计作品的最大的使用者——患者。现今的医疗建筑设计应同时注重改善医患双方的环境质量。建筑师可以为管理方提出更为高效的解决方案，但这些不应以牺牲环境质量为代价。

当前医疗建筑设计应着重于全面改善病人及有关医务人员的环境的质量。

患者将不断对医疗机构提出新的要求，那些不断适应患者需求，为其提供便利宜人的就诊环境、周到全面的医疗服务的机构将最终赢得市场。

建筑师被视为解决问题的能手。目前需要解决的问题就是在保证提供高质量的

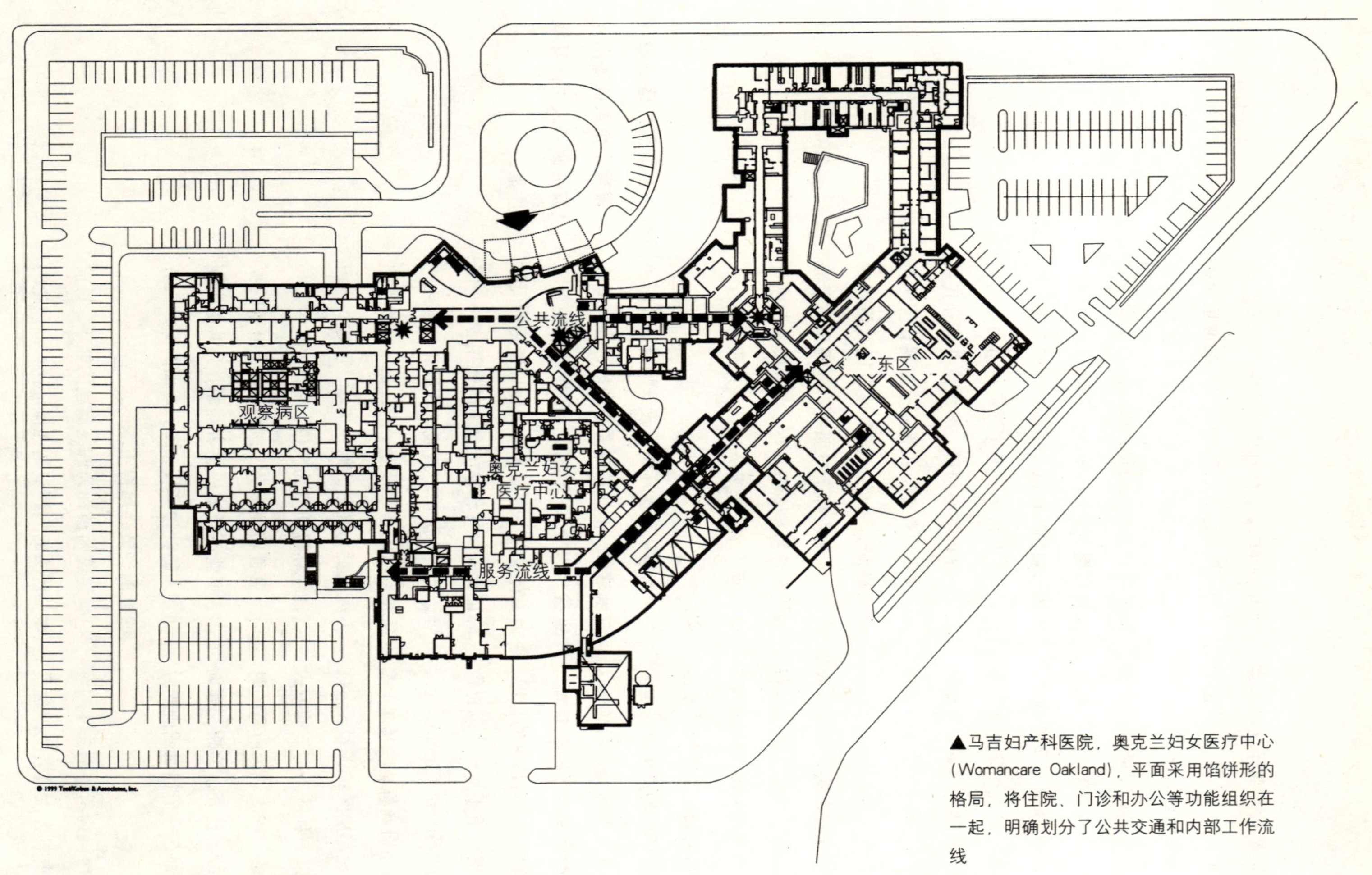

▲马吉妇产科医院，奥克兰妇女医疗中心（Womancare Oakland），平面采用馅饼形的格局，将住院、门诊和办公等功能组织在一起，明确划分了公共交通和内部工作流线

医疗服务的同时，如何让病人在面临巨大压力的情况下与医护人员进行有效的沟通。建筑师由于其所受的教育和职业技巧，可以自如地处理这类问题。他们可以协助医疗机构超越传统“医院”概念的限制，为病人提供更为便利的“一站式”医疗服务，也就是说更着重于满足病人对于方位、安全、舒适、尊重等的基本要求。

好的医疗建筑设计起始于确认医疗环境的独特需求，但并不仅限于此，它还应满足其主要使用人群的特殊需求。他们在使用这类建筑时通常是怀着犹豫不安的心情，对医护人员有着相当的依赖。设计时应认识到这一点并为患者的家属和朋友提供合适的空间，协助医务人员及时地了解病人的病情及治疗情况。清晰的导向指引应从病人进入医院时起一直到他接受各种治疗最后离开院区为止。

- 在陌生的环境里导向系统特别重要。
- 应将医院内部工作流线与病人活动区域分开，将住院病人与门诊病人活动分开，并为他们提供必要的舒适、尊严和安静。
- 在医院这类缺少自然光线的环境中照明设计极为重要。
- 病人在医疗设施中行动时需要依靠自然光线来定位和确定时间。
- 对材料、色彩及装饰品的选择应兼顾病人的心理感受，同时又便于清洁维护，要坚固耐用。

在当前这样一个纷繁复杂的社会之中，建筑师的基本职责是协助医疗机构关注消费者。对患者自身以及医患关系的关注必将提高患者对于医护人员以及医疗机构的满意程度。

这本书提出了当前建筑方面便利患者的一些做法。在纷攘的工作中很容易忘记获得成功的基本要素，医疗建筑设计最基本的要素是要注意病人及其家庭的需要。只有紧紧抓住这一点，建筑师才能利用其所拥有的知识和技能为病人创造一个充满温馨和亲情的医疗环境，并在保证病人的隐私和尊严的同时帮助医患双方建立一种更为和谐的关系。

好的医疗设施的设计应满足那些使用时处于迷惑紧张状态的需要依靠的人群的需求。

第二章

医技及辅助部门

罗纳德·L·斯卡格斯，*HKS，Inc.*

概述

在医疗机构中，医技及辅助部门为门诊和住院治疗提供极其重要的支持和服务功能，其工作范围包括治疗、信息传送、后勤供应等。

医技及辅助部门主要由以下三大部分组成：

- 行政管理部门
- 医技部门
- 后勤辅助部门

行政管理部门

在医疗机构中，行政管理部门负责处理各类行政事务，往往安排在院区主入口的附近。这类入口一般作为通向医院其他设施的一个路标。行政管理部门通常集中在一起以便于提高工作的效率，也便于人员的综合调配，其空间主要包括行政管理用房、公共用房、员工办公室以及相关的一些辅助用房。

该部门一般还包括以下一些用房：

- *出入院处*　一般设于主门厅附近，靠近事务／财务室。通常在此对病人的有关资料进行处理，并办理入院前的一些手续，例如了解病史、病人的家庭信息、投保情况以及其他一些所需要明确的资料。上述活动一般在咨询室或专用的隔间里进行。有很多医院还在此进行预检和其他的一些检查活动。
- *事务／财务室*　通常配置必要的人员和设备，对病人的财务、信用状况进行审核。该办公室还负责处理所有的保险及第三方付费的事务，及相关的付费收据、账单支付等事项。
- *病案室*　负责集中保存有关病人的病历、各类检查治疗的记录等文件，一般需要由医案誊录、数据输入以及数据检索等系统来支持。
- *数据处理／信息系统部*　一般紧邻事务／财务部和病案室设置。由于该部门是所有的计算机信息的处理检索中心，其空间设计必须能满足各类最新的电子信息技术的使用要求。
- *图书／资料中心*　贮藏了全院主要的医学资料，其位置应便于各部门的使用。随着在治疗过程中越来越强调患者的了解和参与，该部门的设计除了考虑医务人员的使用以外，还必须兼顾护工、病人及其家属的使用需要。
- *公共服务部门*　由各类为病人及其家属服务的部门组成，这类服务设施包括：礼品、鲜花、志愿者和义工管理、咨询

▶院前接待区，麦凯迪医疗中心(Mckay—Dee Hospital Center)，奥格登(Ogden)，犹他州

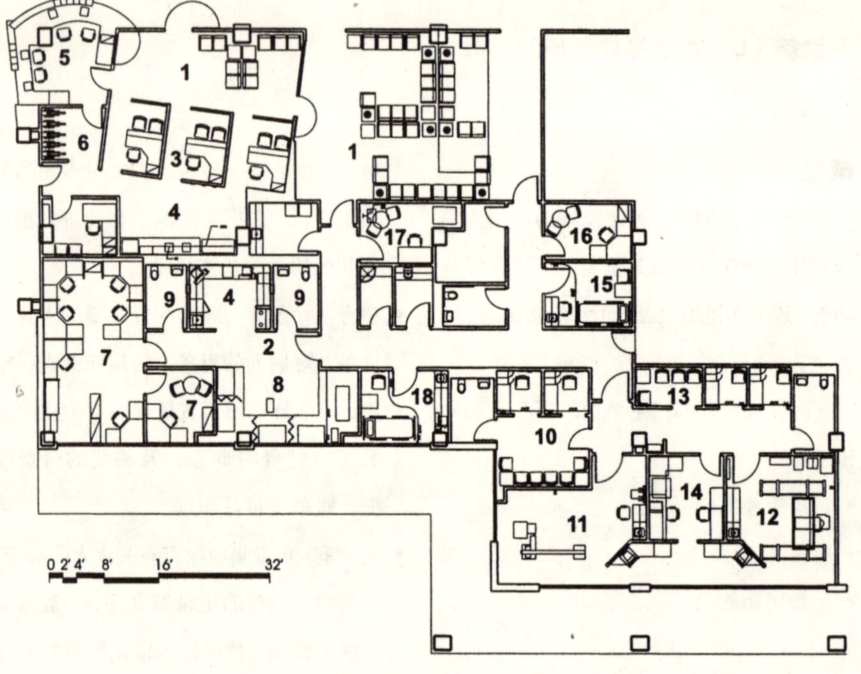

1 候诊
2 静脉切开治疗
3 登记
4 工作区
5 接待
6 轮椅储藏
7 办公
8 采血
9 取样卫生间
10 女更衣／等候
11 胸透
12 放射检查
13 男更衣／等候
14 读片
15 超声心动图检查
16 咨询
17 营养室
18 检查室

◀接待区与门诊挂号区合并设置，圣公会医院(All Saints Episcopal Hospital)，沃思堡(Fort Worth)，得克萨斯州

▼门厅为病人提供明确的方位感，夏普·玛丽·伯奇妇女医院(Sharp Mary Birch Hospital for Women)，圣迭戈(San Diego)，加利福尼亚州

以及其他类似的功能。

- *通信中心*　对于医疗机构的有效运作极为重要，其主要功能包括：电话、呼叫、可视电话会议、远程医疗、急诊网络以及相关的其他通信联系活动。

医技部门

医技部门对于给病人提供高质量的服务来说是必不可少的。该部门配置了必要的设备，可以为病人提供各类诊断、检查以及治疗服务（介入性和非介入性），其中有些是24小时运作的。

医技部门在医疗机构中一般是作为门诊和住院部的技术支持中心的角色运作的，该部门通常集合在一起为病人提供各种服务，人群、物品以及诊断报告等不停地在各部门内部及部门之间流动，因此需要对该部门的功能布局进行仔细的分析以保证流线的顺畅。

而由于医技部门的高技术背景，各部分宜安排在类似厂房的空间之中。这种布局可以利用较大的水平空间来调配组合各种设备和功能需求。医技部门中通常需要以下一些特殊的设备系统：

- 管道系统　包括医用气体和有特殊水质要求的水的供应，及感染性废水的排放等。
- 电气系统　包括设备的等电位接地、应急电源、特殊照明、迅速切换的应急信

◀图书资料中心，圣约翰医疗中心（St. John's Regional Medical Center），奥克斯纳德（Oxnard），加利福尼亚州

◀礼品店，玛丽·华盛顿医院（Mary Washington Hospital），弗雷德里克斯堡（Fredericksburg），弗吉尼亚州

◀会议/示教中心，圣约翰医疗中心，奥克斯纳德，加利福尼亚州

◀祈祷室/冥想室，圣约翰医疗中心，奥克斯纳德，加利福尼亚州

号等。

- 采暖、通风和空调系统　包括空气净化、湿度控制、特殊的气流控制等。

后勤辅助部门

后勤辅助部门通常利用仓储式空间负责院内物资供应及相关的一些工作。该部门一般与护理单元、诊室、检查和治疗用房等保持一定的距离，但其位置的确定也需考虑为其他部门方便地提供各种物资和服务的需要。因此在设计后勤辅助部门时必须满足其与主要的水平、垂直交通系统之间联系便捷的要求。

由于要运输各种不同的物资，如医用物品、一般供应物品、食品及便携式设备等，而这些物资的运输路线又需要彼此分离，因此需要采用一系列不同的运输方式。可以根据物品的不同管理方式确定运输的方式，例如电梯、气动管道、箱包传送带或者推车等。同时还必须考虑到污物和废弃物的运送，可以采用诸如重力滑道、气动管道或推车等运输方式。

在确定后勤辅助部门位置时，应保证其邻近后勤车辆等可以到达的区域以及废弃物收集处，有可能的话最好将卸货区设在公共视野之外。

与其他部门的关系

上面曾提到，功能相近的部门宜组合在一起，如门诊部必须与住院部以及医技部门中和门诊有关的设施有便捷的联系。医疗设施中各种人员和物品的流动可能既耗时又费钱，因此有必要对此进行仔细的分析研究以尽可能减少流线的长度。建议在医疗设施的早期规划中，最好对各部门之间的关系进行评估。

一种分析各部门之间联系需要的方法是建立部门矩阵，通过这种方法可以看出各种联系的优先程度，并提供不同的参数和加权值供确定各部门相对位置关系时使用。

规划设计要点

在设计的早期阶段，应将各部门所需要的面积测算好，以保证必要的功能展开。早期的功能规划应首先确立宏观的有关功能运作、空间需求及必要的联系等概念，通过对医院内部各类活动的评估、工作量的核算以及各种不同空间需求的调配来建立一个功能空间网络。在确定工作量时，必须考虑到各部门在运营过程中各种可能的影响因素和运营的特殊性。工作量的计算参数主要有化验和治疗量、门诊人数、处方量、三餐供应数量以及各类用品的洗涤量等。

在基本确定所需的空间，形成初步的平面布置后，就要逐步形成有序的流线格局，注重各类流线如公共交通流线、后勤

1 管理办公室
2 公共设施
3 临床观察单元
4 临床化验室
5 诊断影像
6 特别诊疗部
7 日间处置单元
8 心脏导管室
9 内镜单元
10 产科
11 手术部
12 肿瘤科
13 理疗和康复部
14 肾透析
15 呼吸治疗
16 中心供应室
17 餐饮服务
18 总务部门
19 维修部门
20 洗衣服务
21 安保部门
22 物资管理部门
23 药房
24 门急诊部
25 护理单元
必需的
重要的
理想的

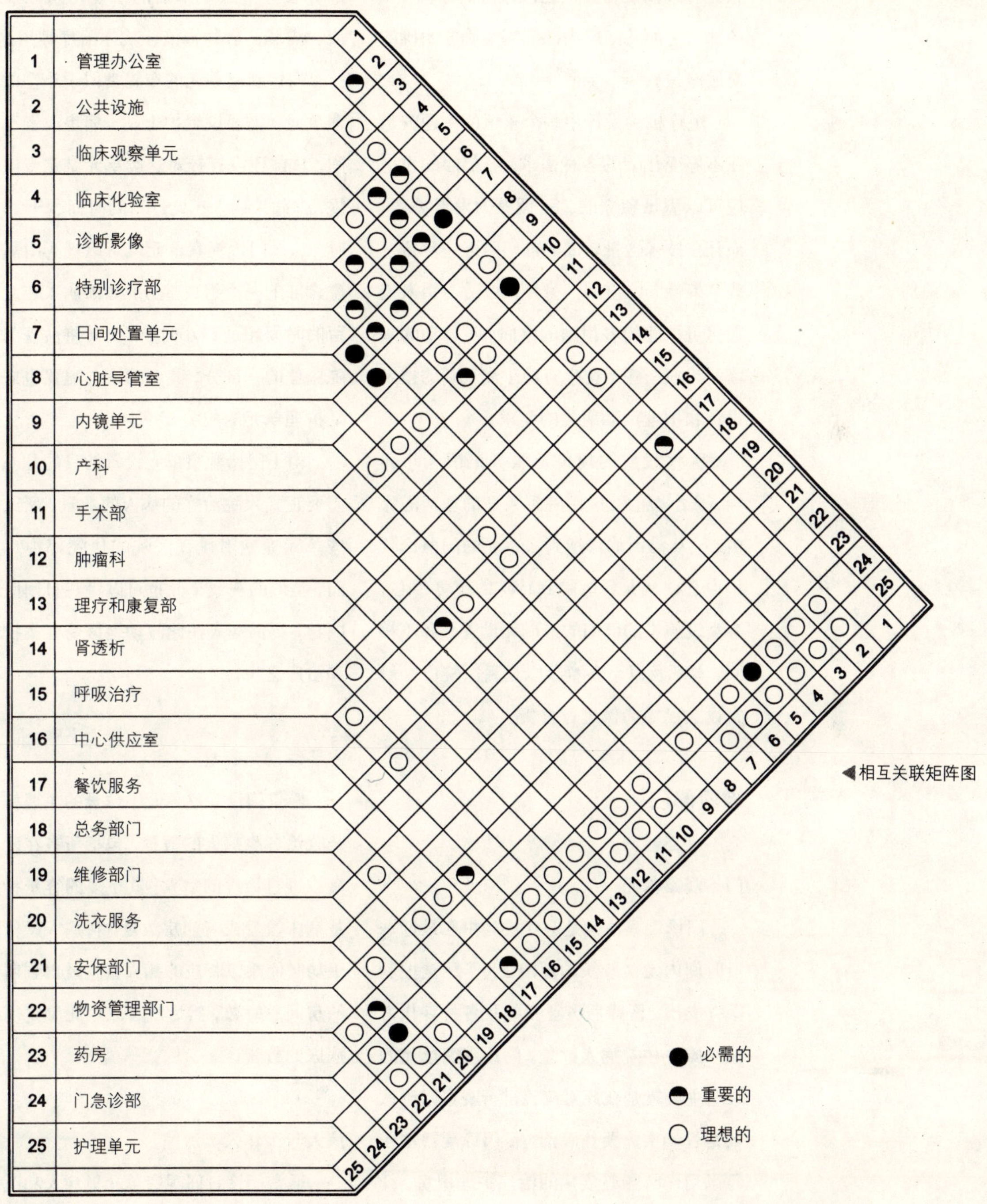

◀相互关联矩阵图

服务流线以及物资供应流线等的分离。在各部门之间及部门内部都需要确立明确的交通流线。

医疗机构设计中一个永恒的主题就是在不停变化着的各种需求。各部门的设计应可以满足独立的、可调整的发展需求，而且在技术含量较高的部门附近应预留一些“柔性”的空间。另外，应适当引入模数化可扩建的多用途的空间。可移动的隔墙和其他一些系统也有助于满足新的技术设备和护理活动变化的要求。

医疗设施的规模及服务范围大小各异，从小型的社区医院到大型的教学医疗中心，从沿街的诊所到多单元的门急诊救护中心，从儿科医院到特殊的康复中心，各类设施中的部门的组成和设置都各不相同，本章及以下各章节以全科医院中一般常设之设施为例进行分析。

诊断部门

门诊观察单元

门诊观察单元是医疗设施中在最近一段时间内发展较快的部门。为了尽量控制医疗支出，医疗服务业正寻找各种替代方法来减少住院病人数量。门诊观察单元的设立主要就是在此对病人进行观察以确认其是否确实需要住院治疗。门诊观察室还可以用作哮喘等疾病的治疗护理用房、纤维导管等介入手术后的恢复用房以及输液、灌肠、静脉输液、抗体治疗等用途。

门诊观察单元的布置类似于小型的护理单元，需要设置护士站、病房或者小隔间。目前还没有针对这类单元制定专门的规范。如果病人在此逗留的时间少于23小时，那么门诊观察单元就可以视为附属于急诊部的一个组成部分；如果病人在此逗留的时间超过23小时，那么其将被视为住院床位的一部分，其中的设备配置也应满足护理单元的相关要求。

由于门诊观察单元设置的目的是减少需要正式入院治疗的病人的数量，所以这些单元通常附设在医院的住院部中。然而，类似的观察单元也可以设在日间医院内，主要供病人在此流动地接受各类护理和治疗之用。

主要活动与容量

衡量门诊观察单元工作量的主要标准是收治各类病人的数量，包括所有在此观察或进行诊疗的病人，其主要的容量指标是病床数量或者病房数量。将病人逗留的平均时间乘以相应的病人数量就得到所需的房间总时数，然后就可以据此确定所需病床的数量。

病人与工作人员流线

通常门诊日间观察单元里病人和医护

人员的流线和护理单元里的流线比较相似。病人被送到各诊断部门去接受各种检查，药品、供应物品和食品则被送到门诊观察单元。其最显著的特征是病人入院时间的不确定性，而且一般都由急诊部转来。这类单元常被附属于急诊部，或作为其必要的补充，并可以接受同样的医疗和行政管理。

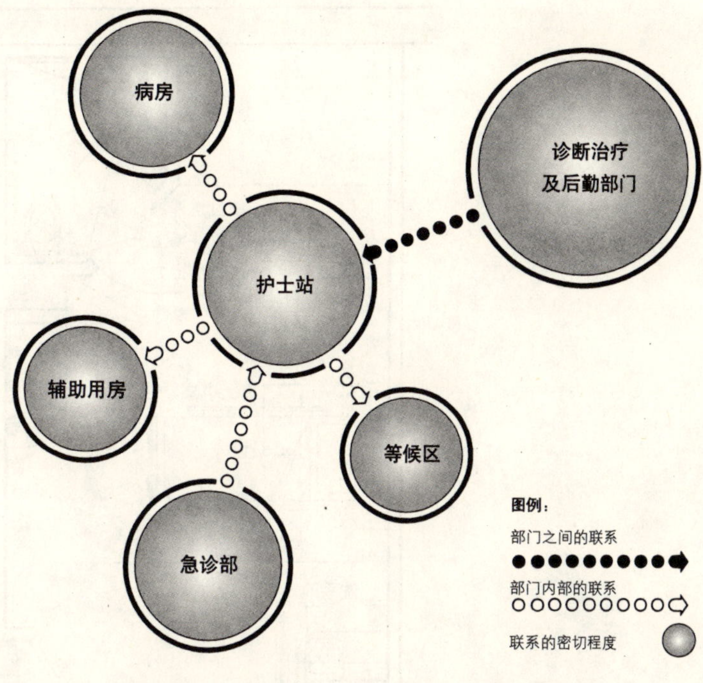

▲门诊观察单元与其他相关部门关系图

与其他部门的关系

由于门诊观察单元与急诊部的关系，其通常都和急诊部邻接设置，并可以通过急诊入口到达。由于门诊观察单元也有可能被用来进行定期的治疗，这类单元也需要可以由入院登记处方便地进出。如果这些单元要兼作接受介入治疗后的病人的恢复室，那么其也应靠近相关的科室，如内镜室、心脏导管实验室或者介入治疗室设置。

主要空间

病房用来对病人进行观察或护理，一般为独立的房间，有些也可以采用小隔间的形式。

推荐尺寸：12 英尺 × 14 英尺

吊顶净高：至少 8 英尺，最好是 9 英尺（推荐高度）

设计要点：

- 如果门诊观察单元考虑兼为住院病人使用，那么病房必须有外窗。即使不考虑作住院用房，病房最好也能有直接的外窗。
- 病房内应设置便于病人使用的厕所。
- 一般而言，需要可以从护士站直接观察到各个病室的情况，因此，病人使用的卫生间应设在病房外侧。
- 一般家庭成员会需要在病房内陪护病人，因而房间的格局和家具布置应考虑他们的使用要求。

特殊的设备：病床、生理监视仪、医用气体、电视

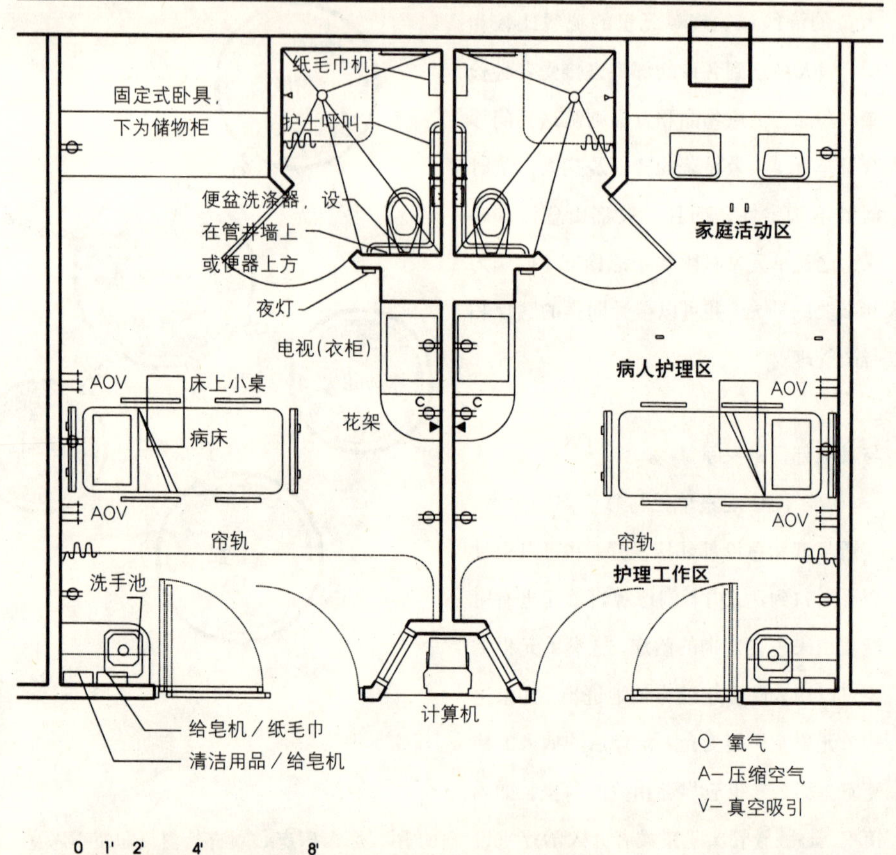

▶标准病房平面

专用的辅助区：卫生间／淋浴间

辅助空间

- 等候区，供病人家属用
- 咨询室，供病人家属商量讨论
- 员工工作室／护士站，供医护人员编制工作计划和进行各种护理准备工作
- 清洁物品／供应品存放区
- 污洗室
- 设备储藏室
- 营养站或营养室
- 员工办公室、更衣室、休息室、会议室

规划设计的特殊要点

- 如果门诊观察单元的病房要作为正式许可的病房登记，那么病房间必须有外窗。
- 病人在入院后可能会有一些家庭成员或

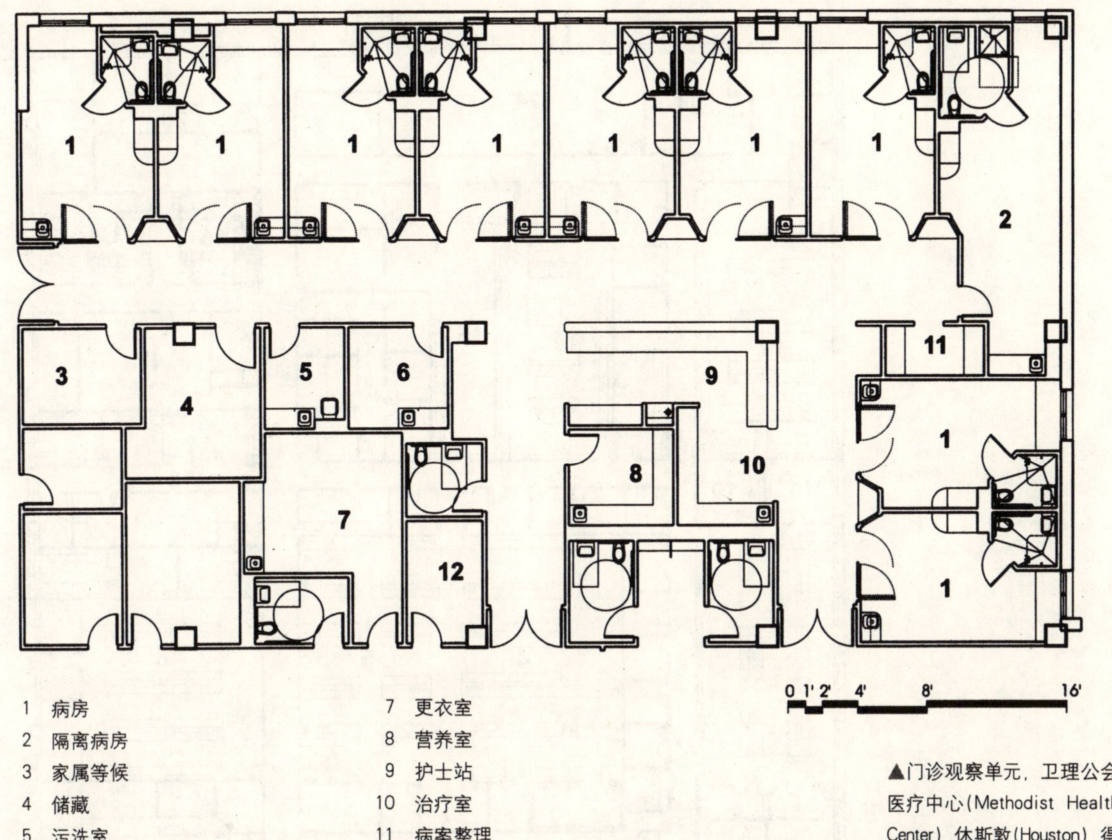

1 病房
2 隔离病房
3 家属等候
4 储藏
5 污洗室
6 洗涤室
7 更衣室
8 营养室
9 护士站
10 治疗室
11 病案整理
12 咨询

▲门诊观察单元，卫理公会医疗中心(Methodist Health Center)，休斯敦(Houston)，得克萨斯州

客人来探访，因此设计时应考虑外来人流出入的方便。

- 应为病人提供轻松宜人的环境，提供有趣味的视觉焦点，如室内外景观或艺术品布置等等。

发展趋势

随着社会对控制医疗成本的要求不断增加，门诊观察单元的形式将会越来越普及，以后也许会更加专门化。例如，也许会成立一个胸痛治疗中心，作为日间观察单元，主要收治有胸痛症状的病人。

检验科

功能概述

关于病人身体情况的许多定量数据是在临床化验室或病理室中通过分析研究得到的。临床医师根据化验结果来决定病人

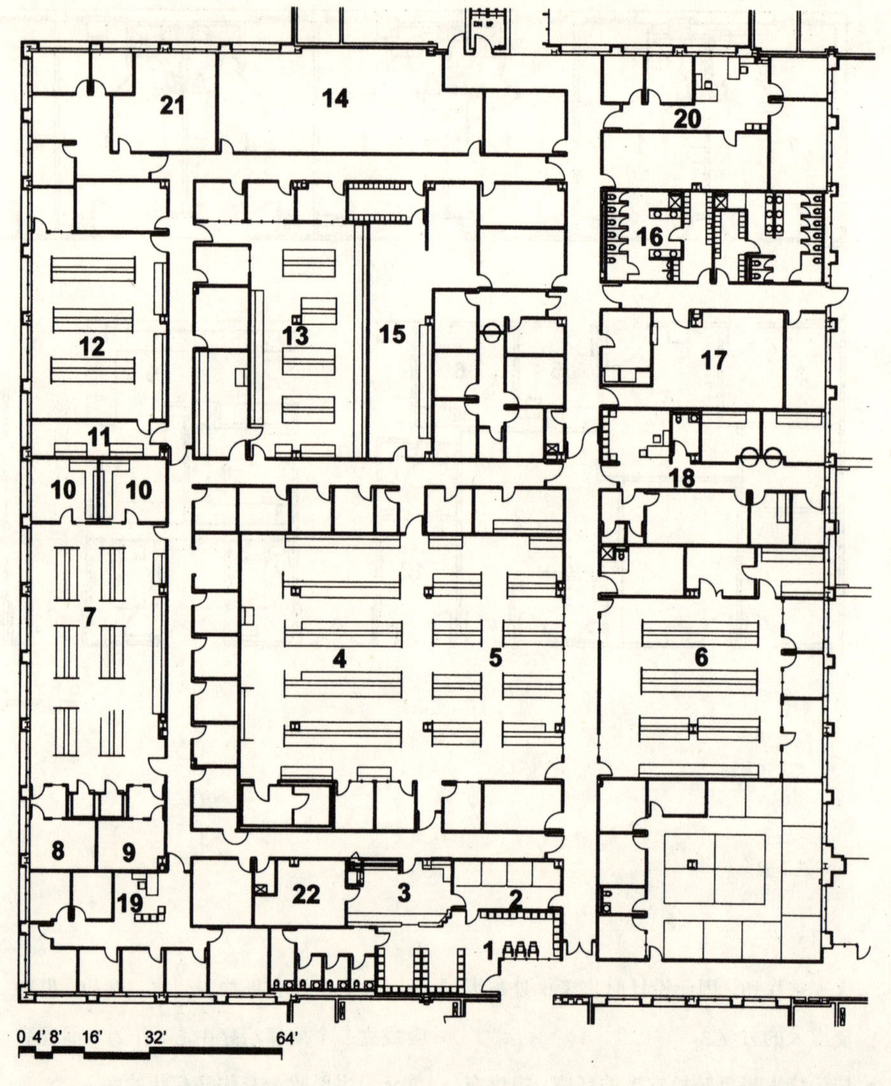

▶检验科平面，布鲁克军队医疗中心(Brooke Army Medical Center)，圣安东尼奥(San Antonio)，得克萨斯州

1 候诊
2 取样
3 样品接收区
4 化学／尿样分析区
5 血液学／凝结学分析区
6 血库
7 微生物学分析区
8 真菌学分析区
9 寄生物学
10 病毒学
11 组织培养区
12 显微解剖学
13 细胞学
14 石蜡／幻灯片储藏
15 教学实验室
16 工作人员更衣室／卫生间
17 供应物品储藏
18 摄像室
19 病理医生办公室
20 实习医生办公室
21 实验室办公
22 报告中心

的治疗方案。常规的化验设备可以提供病人的以下信息：身体内部现在的化学成分及平衡情况，体内各种细胞的构成、数量、状态及总体活动情况，遗传基因的特征，体内细菌或病毒的性质和水平等等。另外，还可以通过病理解剖对身体组织和细胞情况进行评估分析。

临床化验

临床化验一般由执业医师进行分析实验，其工作通常包括以下内容：

- *化学分析* 包括各种常规的人工和自动生化测试、尿样分析、毒理分析以及其他的化学分析，可以检测体内各类成分如酶、激素、维生素、微量元素、药物等的情况。
- *血液学分析* 通过人工或自动分析仪器以及其他一些特殊的设备进行血液学和凝结学分析，以确定血液中各种细胞的种类、数量和活动表现。
- *血库* 确定血液类型；进行血液的交叉对比、准备和储存；与献血和输血有关的收集、分类、补充工作；血液及血制品的再利用以及血液在人体间的交换。
- *微生物学分析* 通过微生物学、病毒学、寄生虫学、真菌学、结核病学以及其他一些生物学的研究分析，鉴别并量化体内各种微生物的情况。
- *免疫学分析* 通过免疫测定和其他特殊的化学、血液学分析研究人体免疫系统的特征和表现。

病理解剖

病理解剖分析通常在临床化验室中由执业技师和医生一起进行。

- *普通组织分析* 通过对身体组织的标本进行各类物理检查以确定其基本状态以及疾病发展的程度，一般由医生进行。
- *冰冻切片分析* 对组织和细胞进行初步快速的但更仔细的检查。一般将标本制成薄薄的切片，将组织冰冻后，在显微镜下对标本进行分析（通常会在手术过程中，对病人的组织样品进行检验），一般由技师进行。
- *显微解剖分析* 由医师在显微镜下对组织进行分析处理，一般由技师完成。
- *细胞学分析* 通过对血液和其他体液进行分析处理，确定血细胞的组成情况，一般由经过初步培训的技师和医师完成。
- *尸体解剖／太平间* 尸体解剖是通过对尸体的解剖检查确定其死亡的原因，并编制整理尸检报告。太平间里除了设置尸体解剖室外，还作为尸体在运离医院前的临时存放场所。

设施位置

根据建筑法的规定，在设有急诊服务

的医院里必须设置基本的检验设施。一般临床化验室布置在门诊部，靠近医师办公室。检验数量是医院财务情况的一个重要指标，但是能否给医师及时迅速地提供检验结果则同等重要，或者毋宁说更加重要。

除了那些与需要及时得到标本检验结果的部门外，一般化验样本的传递对于医疗设施整体运作的影响并不太大。病人不需要进出化验室的操作区域，化验室也不需要占据良好的位置。重要的是各类化验样品的收集点必须便于门诊病人的使用。可以在医师办公室或特定的取样中心收集血样、尿样以及其他特殊的样品。对于减少整个检验时间而言，提高样品送达化验区以及检验结果送达医生的效率是最为关键的。

很多化验，无论其是常规的或特殊的，如果利用外部的大型检验中心进行也许会更经济一些。这些检验中心可以以较低的成本完成这些检测。如果与其他的机构有联系的话，一般小型医疗机构就可以不设病理分析室。通常冰冻切片室邻近手术室设置，以便于医生在手术过程中迅速得到检验结果。太平间常布置在卸货区附近以便于尸体的存放和运输。

为了满足某些科室对检验结果的时间要求，可以在主要的化验室以外设置一些微型化验室。这类化验室可以紧邻甚至附设于急诊部或重症监护单元（ICU，成人和新生儿）等部门内部。其中，一个典型的例子是血气分析室，它只进行一种测试。如果该科室只需进行一种测试（有时血气分析就由呼吸科进行），那么这些科室里就可以单独设一台分析仪。一般分析仪的价格相对不太高，操作也比较简单，可以很快得到分析结果。总的来说，检验科宜集中设置，以提高人员和管理的效率，也便于质量控制以及设备的充分利用。

主要工作参数

检验科是一个工作繁重的化验中心。它负责化验样品的采集、接收和整理，根据报告和分组的要求进行准备和分组，通过人工或自动的仪器进行分析，并将结果由计算机信息系统回复到医生办公室或者需要这些信息的医院有关科室。每天所进行检验的例数影响到其所需要的空间，然而检验手段是决定其所需空间大小的主要因素。由于检验时间的不同以及采用技术的变化，仅以检验例数作为比较工作效率和决定空间需求的依据已被证明是不合适的。

主要容量决定因素

检验科的工作量决定于其当前采用的技术所提供的检验速度，以及可以同时进行检验的工作站的数量。

目前检验科内大多数检验都是自动完成的。相对来说，除了启动检验过程或者

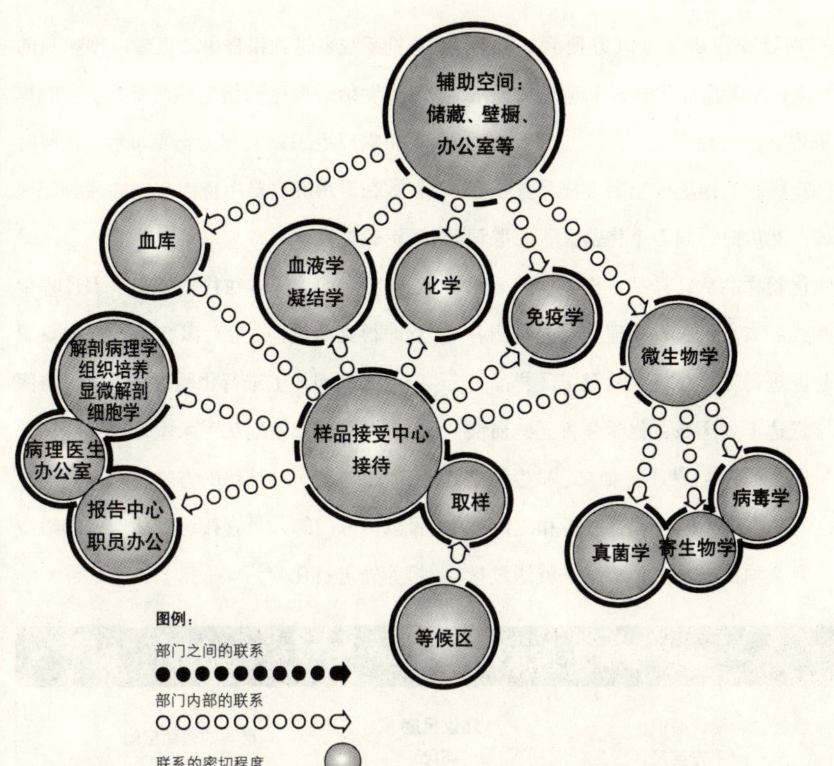

◀检验科与其他相关部门关系图

校核设备工作情况以外，较少需要人工干预。因此各化验单元里配置的检验机的类型和数量决定了化验室一天可能完成的化验量以及所需的空间大小。

病人与内部工作流线

病人的活动一般被限制在样品收集区，相对于整个检验科而言只占很小的一部分。这个区域可以与主要的化验工作区相分离，应便于各类病人的进出。样品收集区除了设置血样、尿样及其他分析样品的收集整理空间外，还应优先考虑病人的接待、登记以及等候空间。其余的化验区

◀实验单元，阿肯色大学(University of Arkansas)医学系生物医学研究中心

域则不需要设在病人可以方便到达的地方，然而，应考虑好化验样品运输的通道或者采用自动传输系统。

检验科的工作流线起始于样品接收登记区域，然后分送到各个化验区。在登记区接收化验样品后，样品根据不同的要求或切割或经离心机脱水处理，并分送到各个化验区进行化验分析。从登记区样品可以直接送达下列区域：化学分析区、血液学分析区、免疫学分析区、血库、微生物学分析区等作进一步的处理、分析和测试。

一旦某项化验结束，其结果就通过计算机系统发送到报告中心或者以硬拷贝的形式发给需要这些信息的医师。多余的样本和病理组织如果有生物毒害性，就暂时存放在专用的容器中待由专门的污物处理厂运输处理。

手术切片样本往往需要在手术过程中立即得到结论，一般可以在手术部内设置一个冰冻切片室进行化验分析。病理科医生应可以很方便地从手术室外部到达切片室。作为另一种替代的方式，切片样本也可以由专门的人员直接送到病理室的组织培养处进行化验。

检验科主要空间尺度要求

工作区域	建议面积（平方英尺）	建议尺度（英尺）	必要的辅助空间
化学／免疫学／毒理学化验区			冷冻试剂储藏室
样品收集区	60～100	8 × 10	化验样品整理区
报告区	120～150	10 × 15	计算机／打印机区
血液学／凝结学化验区			化验样品整理区
自动化分析单元	60～100	8 × 10	
显微镜分析单元	60～80	8 × 8	
血库	60～100	8 × 10	冰箱 冷藏箱
微生物学化验区			
准备区	100～150	10 × 15	强制排风系统
分析区	60～100	8 × 10	孵化箱／孵化室
病毒学／真菌学／结核学化验区	150～250	12 × 15	强制排风系统
组织培养区	80～120	10 × 10	（无）
组织学化验区	100～120	10 × 10	组织处理区
细胞学化验区	60～80	8 × 10	幻灯片储藏
尸体解剖室	350～480	20 × 24	更衣室 尸体冰箱 标本储藏室

与其他科室的关系

绝大多数的化验分析工作都可以在远离其他部门的区域进行。然而由于给出报告时间的长短很重要，因此在检验过程中样本传送的时间就极为关键。样本收集区如果设在门诊挂号区或手术室附近就比较方便。在很多情况下，手术部往往设一个小型冰冻切片室，病理科医生以主要化验室为依托，可以在这里对切片样本迅速地作出分析，还可以和手术医生一起进行探讨研究。

主要空间

一般州和地方的法规仅要求在设有急诊部的医疗设施内必须设置检验科，一般的门诊医疗机构内则不必一定设置。在实际的运作过程中，由于应急及便利的要求，也有一些门诊机构设置了检验科。所以这些法规在规划设计时都需要反复研读以确定所必须达到的最低标准。

医疗行业关于检验科各类空间的设置有一些标准条例，有些是从美国建筑师学会的《医院及医疗设施设计与建设导则》中衍生而来，如22页图表所示。

设计要点

检验科设计时有很多需要考虑的事项，近几年来原先的很多要求都发生了变化。下面是现阶段需要注意的一些事项：

- 为了方便工作流程，必须保证从样本接收中心到检验科的各个区域有直接的联系。必要的时候，可以根据化验量的大小安排各化验区之间的相互关系。比如，由于化学分析和血液学分析的化验量较大，空间布局上这两个区域就应离样本接收中心最近。而由于检验量小以及避免某些生物毒性影响其他化验区域的需要，微生物化验区就在检验科最远端单独设置。病理分析区也可以设在检验科的尽端，由于其分析量较小，其样本也可以直接从手术室送来或者由其他渠道不经过样本接收中心直送病理科。
- 检验科的各个工作区域宜采用开放式大空间，这样使用起来最为便利，并且具有较强的适应性。有些区域如微生物化验室，由于其可能传播感染病菌或散发出难闻的味道，就需要封闭成独立的房间。作为惟一与病人直接相关的用房，样品接收中心设计时应注意便于病人进出，为病人提供舒适、私密的空间区域。
- 检验科在医院各部门中一般是24小时运作。如果由于设计或运作的考虑，检验区域分得很开，有时会在检验科内部化验区中设置一个微型化验室以提高反馈速度。微型化验室里设有各化验区最常规的样品分析功能。这种情况下，应考虑让夜班工作人员尽量减少行走距离。理想情况下，合理的平面布局可以

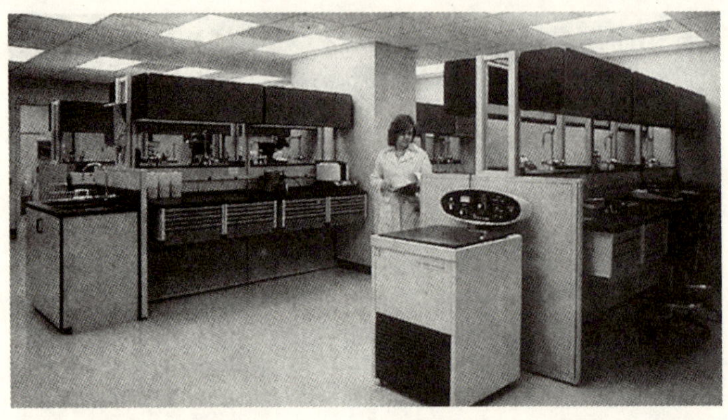

▲模数化单元的临床化验室，苏格兰教会医院(Scottish Rite Hospital)，达拉斯，得克萨斯州

保证各化验区与样品接收中心有同等的距离，这样也就不需重复设置微型化验室里的设备。

- 检验科内所必需的设备不少价格昂贵，也需要占用相当可观的空间。这些设备及空间包括：冷冻室、进入式冰柜、水处理设备、孵化箱、易燃品储藏空间、显微幻灯片储藏空间以及石蜡等物品的储存空间等。
- 病理科医生的办公室、磁带室以及记录书写的区域宜邻近组织培养室、显微解剖室及细胞学室。医生经常需要在这些地方进行讨论研究。

特殊设备及家具

现代化的检验科需应用多种高技术的设备，因此也有许多特别的要求：

- 各工作区域应可以布置下各种检验设备，包括由技师进行操作的人工测试设备和自动化测试设备。很多设备是安放在工作台上或固定在楼面上，工作台面的高度取决于工作人员是站着还是坐着进行操作。坐着进行的工作包括血库中的交叉比对工作、血液学的人工差额统计工作和微生物学、细胞学的显微观察工作等等。
- 检验科里所使用的大多数自动化分析仪都要有各自的液体管道、电气、温湿度以及隔振等特殊要求。化学和血液学分析仪要求有楼面排水或者密闭的溢流回收系统。设计病理学组织培养检查区和显微解剖学组织处理区时，需要对异味的控制和排除给予足够的重视。大部分检验设备都有内置或外接的计算机和打印机，这些都需要稳定的电源及独立的回路，同时利用电话、互联网等手段进行测试结果以及各类数据的传输。
- 在微生物学、真菌学、寄生虫学、结核病学及病毒学化验区，必须应用通风橱等设备，采用严格的通风措施以排除各种可能的传染病菌和化学试剂一类有生物毒性的物质。
- 很多化验区需要高纯水，通常采用逆渗透系统制取。该系统可以集中设置，也可以邻近相关的设备分散设置。
- 很多试剂和样本需要冷藏，一般应邻近使用区域分散设置储藏空间。
- 根据法规规定，如果工作人员直接与感染性物质或者化学试剂接触，那么应在工作区内设置应急的清洗和淋浴装置。

- 空气动力管道在医疗设施内得到广泛的应用，一般选用直径为6英寸的管道，可以将化验样本从医疗设施的各个部门传送到检验科。事实上所有的样本都可以通过这种系统传送，但病理组织样本按惯例都由人工传递。还有些更复杂的运输系统可以采用，但出于经济方面的原因并不太多见。也有由快递员或者静脉切开医师定时人工递送的方法，但一般只限于化验室离主要的公共诊疗空间很远的情况下才会采用。

辅助空间

直接作为检验科的辅助空间有很多种，如下所述：\

- 检验科需要各种各样的储藏空间，包括储物柜和专门的储藏室。需要存储的物品有化学试剂、病人测试报告、质量控制记录、后勤供应物资、普通样本、显微镜幻灯片、石蜡块以及用于教学和研究用的医学标本等。
- 静脉切开医师在各护理单元定时巡回收集各类化验样本。其他的一些部门，如急诊部和手术室则根据需要由专门的快递员或气动管道系统将样本送到检验科。静脉切开医师在样品收集中心附近需要有一个存放区以整理他们收到的样本。
- 检验科需要用到几种易燃试剂和其他一些物品，如甲醛等。它们在采购回来后分送到各实验室，在检验科化验室里需要设置这些用品的少量存放空间。通常在邻近卸货区的区域按规定要求设置备品库。
- 尸体应被隐蔽地送到太平间或尸体解剖室。进行尸检分析后，尸体将被送回太平间以待最后处理。

后勤管理及员工办公也需要一些辅助区域：

- 每个化验区都需要设置一个质量控制及主任办公室。
- 在样品收集中心需要设置接待和登记用房。
- 由于一些区域如微型化验室等的24小时工作的性质，需要在紧邻检验科化验区位置设置员工休息区，包括餐室、更衣室和员工卫生间等。

规划设计的特殊要点

检验科设计应特别注意以下各点：

- 以往检验科设计中都是采用单元式布局，以加强使用的灵活性。而现在的单元处理则更为模数化，分隔更便于移动，在利用最新的技术而方便经济地布局重组时可以满足需要。这些新的技术往往要求有更开敞的楼面布置，而不仅仅是标准的操作台面或可移动的工作台。这样还可以便于技术人员可以到设备四周进行维护工作。

- 由于使用工作台进行化验的项目很多，工作台面的高度就成为一个重要的因素，尤其是在考虑到美国《残障人士法案》要求的时候。通常工作台面的标准高度为36英寸，而残障人士使用的高度则为34英寸。模数化、“可调节的”单元体系从构造和材料上有助于保证了工作台面高度的可变性。
- 检验科化验室内大量使用一些致癌物质及易燃物品，需要处理各种机体组织和生物毒性材料等。这一事实促进了有关检验科设计规范的制定，并由诸如职业安全和卫生组织及国家消防协会等监督执行。
- 在检验科工作台面材料的选择及检验单元的装修设计中要注意防腐蚀材料的使用。整个检验区域都应采用抑菌及易清洁的装修处理，例如在组织培养区和冰冻切片室，就需要采用不锈钢以提高设施的耐久性及易清洁性。

发展趋势

在处理样本和编制化验结果等方面，分析和处理过程正逐步全程计算机化，将来也许会在检验科中使用机器人。由于运行成本等多方面的原因，检验科的发展将呈以下趋势：采用集中的检验中心格局；布置在成本相对较低的非医院用地内；为多家医疗机构服务。设备的发展也使即时化验，即由护理者在床边或检查室里单独化验等在经济性方面成为可能，并将最终取代目前很多在大型中心化验室里所进行的常规测试。而关于人类基因图谱和基因治疗方面的研究也会扩大检验科的研究范围，并结合病理学的研究为医学界的努力提供技术支持。他们正试图去预测，进而控制或预防疾病的发生，而不像现在这样仅仅在疾病发生以后才进行诊断治疗工作。

影像科

在最近的20年内，影像技术的发展出人意料地迅猛。这主要归功于数字化信息技术的发展，可以通过电子媒介而非胶片记录各类影像。影像科最初得到广泛应用的新技术是计算机断层扫描术，也就是CT扫描。

数字化信息技术的发展将会持续下去，将使获取人体影像的成本越来越低，拍摄也越来越方便。信号可以由多种方式产生，例如通过回旋加速器产生的同位素或正电子激发透射形成影像等。核磁共振(MRI)使用的也是数字影像技术。影像技术的发展不仅可以提供更好的软组织成像技术，组织在进行拍摄时不再需要进行不透射线的处理，而且预示着随着分光谱学的发展，身体化学组成的测定有可能不再需要通过采样分析进行。

概述

影像设施可以设置在不同的医疗设施内，包括传统的医院放射科、门诊中心或独立的影像中心等。在一些小型的医疗设施里，影像部门通常会设置多种影像设备，而在大型的医疗设施中，可以将门诊病人与住院部病人所使用的影像设备分开设置，如可能会设置独立的核医学部或核磁共振楼。有时候，影像设施可以和其他的治疗/诊断部门合并在一起，以发挥医技设备的综合优势，即可以利用多种技术手段来处置特定的器官疾病，治疗特定的患者群，例如在妇产科合并设置乳腺X线摄影和超声波扫描。

很多影像检查可以由移动式设备提供，这样就可以使成像处理在病床边、检查室里或其他的治疗区域如手术室中进行。

病人与内部工作流线

病人在一次治疗检查时也许会需要进行多种影像检查，因而确定各种检查的数量以及病人进行一项检查所平均花费的时间就极为重要。病人可能通过不同的途径来到影像科，例如可能由病房或其他治疗区域(如急诊部)通过轮椅或担架到达，门诊病人可能按预约或未经预约就来到接待处。通常影像科的设计需要考虑到不同病人的使用要求。

影像科病人流线的另一个关键点是其更衣的需要，也就是在准备接受检查治疗前必须换上合适的衣服。以往按病人性别划分更衣区域，在等候区换上外衣；而近期的一些影像科设计则在治疗室附近设置独立的更衣室，病人在换衣服和候诊时拥有更强的私密性。

影像科的工作流程一般有以下几个阶段：图像的拍摄、判读及编制结论报告。传统的工作流程由以下步骤构成：

1. 采用适当的方式将胶片曝光。
2. 冲洗并检查图像的质量。
3. 如有必要，重新拍片。
4. 放射科医生读片。
5. 听写或誊录对影像的分析意见，并将报告送到需要的医师手中。
6. 填写影像及书面报告。

上述过程要求影像科位于病人及院区工作的中心位置，这样才可以提高从拍摄到最后确定检查结果的速度。随着数字技术的发展，这种位置方面的要求将逐步降低。

与其他部门的关系

影像科与许多部门有联系。门诊部和住院部等都需要根据影像资料进行诊断分

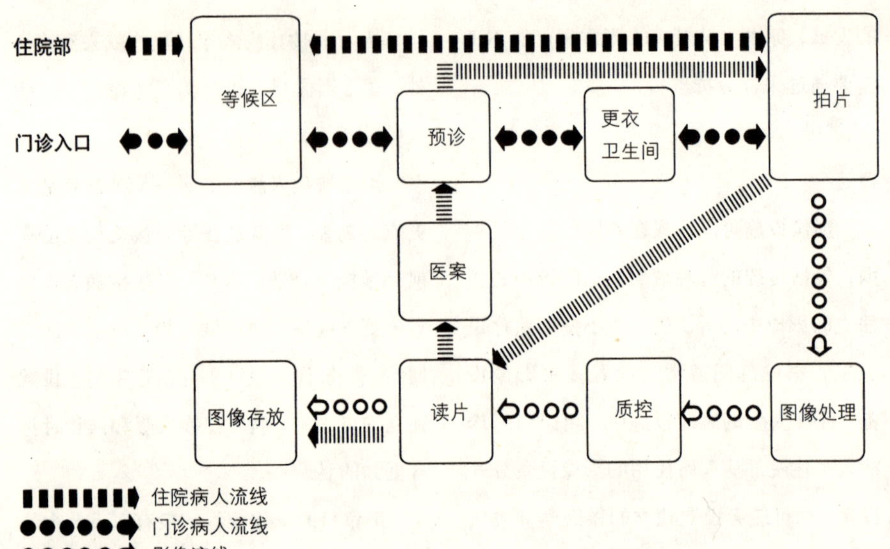

▶影像科内部流线图

析，然而，某些科室则与影像科有着相对更为密切的联系，例如由于很多急诊病人的诊治都需要及时获取影像分析结果，影像科往往紧邻急诊部设置。其他的一些科室包括石膏室、妇产科诊疗中心及心脏核医学科等。石膏室是将断骨复位的地方，可以布置在急诊部附近，需要利用影像图片来确定断骨是否已适当复位。通常可以在石膏室内附设拍片设施或者在其邻近设置拍片室，否则，石膏室就应该布置在影像区附近以保证接骨的有效性。

妇女诊疗中心需要利用乳腺X线摄影、超声波扫描及骨密度仪等设备以检查有关骨质疏松等情况。一种办法是在该中心内设置此类小型的影像设施。另一种办法是将妇女常用的影像设备集中作为影像科的一个独立区域，有单独的入口和候诊区。心脏核医学科则是一种独特的跨学科的技术，借助影像技术进行心脏诊疗。这类过程通常包括将放射性介质注入血液循环系统。当病人在进行运动负荷测试时，通过观察介质在身体内各部分的运动情况就可以对病人的心血管系统的工作情况作出分析，由于这种治疗主要是针对心脏病患者，因而一般宜在心脏诊疗区内如非介入性心脏实验室进行。

空间概述

放射影像室

X线摄影术是放射医学最基本的方法

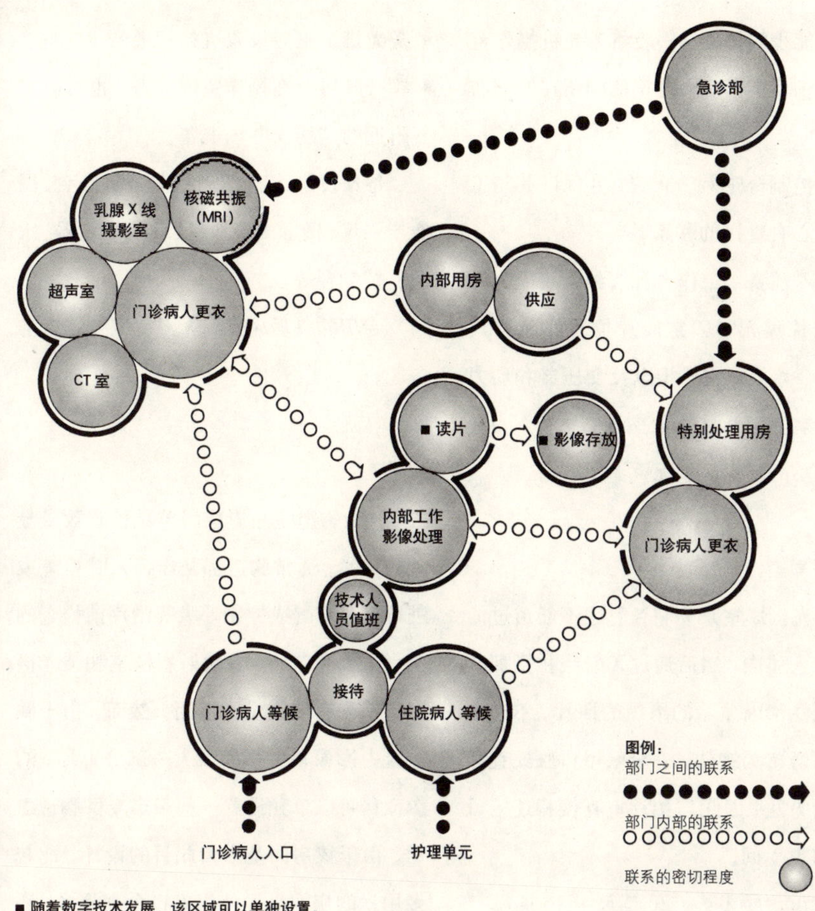

■ 随着数字技术发展，该区域可以单独设置。

◀影像科与其他相关部门关系图

之一，它通过阴极射线管发射X光，将胶片（或数字影像处理器）曝光。这种方法在做那些吸收X射线较强的组织如骨头等的影像时最为有效。另一种设备是乳腺X线摄影，即利用一种可以旋转位置的射线管和胶片得到身体的二维“断面”图像，虽然设备稍有些差异，但这两种技术对房间的要求以及注意点都是一样的。所有放射影像用房的墙体都需要用铅板防护。

建议房间大小：17英尺×15英尺，如果扩大至20英尺×16英尺，可以作为放射影像室兼荧光检查室，这也是后者的建议大小。

顶高：9英尺6英寸

设计要点：

- 放射影像室的布置应保证病床在推入时

尽可能少的掉头，一般将X光机操作台的长轴垂直于病人使用的门所在的墙布置。

- 应将控制台正对门布置，并保证其与工作核心有直接的联系。

特殊设备：工作台和管线、墙架（一种在胶片曝光时固定胶片位置的装置）、操作台、水池、文件柜以及变压器和动力箱（后者可以放在影像室外）。

专用的辅助区：无

荧光摄影室

荧光摄影室是先将X射线不能透过的物质注入体内，然后通过X射线拍摄那些原本无法清晰显示的组织的照片。不透光的物质通常为钡盐，一般采用口服或直肠注入的方法，因此与拍片室直接相连应设置一间卫生间。

建议房间大小：20英尺×16英尺

顶高：9英尺6英寸

设计要点：

- 荧光摄影室的空间布置应保证病床在推入时尽可能少的掉头，一般将X光机操作台的长轴垂直于病人使用的门所在的墙布置。
- 应将控制台正对门布置，并保证其与工作核心有直接的联系。
- 荧光摄影室通常也可为放射影像室使用。
- 荧光摄影室应设置直接相通的卫生间。
- 钡盐既可以在操作室内准备，也可以在附近的“厨房”内准备。

特殊设备：荧光X射线管及检查台、图像增强仪、摄影或摄像机、视频显示器、水池、控制台等。

专用的辅助区：病人卫生间、钡盐准备区。

胸透室

X光胸透室是影像科单项检查数量最大的一类。通常胸透都是作为入院检查或进行需要麻醉或控制呼吸等治疗前检查的一个必要环节。很多放射影像室和荧光摄影室都配有墙架供胸透用。然而，由于胸透量占影像科工作的很大一部分，大型的影像科可以单独设置一些用房专供胸透之用。由于该房间是专为此目的设计，比起多用途的房间来说使用率也会高得多，还可以将胶片处理和数据自动传送设备等组合在一起以提高工作的效率。

建议房间大小：12英尺×11英尺（不包括内部处理设备），16英尺×14英尺（包括内部处理设备）

顶高：9英尺6英寸

设计要点：

- 为最大限度地提高工作效率，设备控制台一般直接布置在房间内。
- 射线管安装的焦距是固定的，必须一直

保持不变。

- 如果胶片采用内部处理的模式，则化学试剂和处理设备都必须放在病人的使用区域以外。
- 如果是在较大的房间内设置胸透室，病人可能会被用担架抬入进行检查，因此房间的门必须保证病床可以抬入，房间的布置也要保证病床可以方便地拐弯。

特殊设备：胸透机、控制台、变压器等(室内不设影像处理设备时)；上述设备及胶片自动传送、处理、显影和化学复制设备等(室内设置影像处理设备时)。

专用的辅助区：无

乳腺X线摄影室

乳腺X线摄影是一种特殊的放射摄像术，它采用一种低当量的放射线确定肿瘤钙化的程度，判别乳房组织里可触知的肿块和不可触知的囊肿的情况。乳腺X线摄影室是单一用途的房间，使用特制的乳腺摄像仪，放射科医生可以获得乳房的三维视图，据此确定肿瘤的位置。

建议房间大小：10英尺×12英尺（采用立式设备)，18英尺×12英尺（采用平卧式设备或立体测定单元)

顶高：8英尺

设计要点：

- 乳腺X线摄影室是一个小房间，病人检查时还可能需要脱去衣服，因此需使用弹簧门和门帘以避免病人的暴露。

特殊设备：乳腺X线摄像仪、观片灯、水池（乳腺摄像室)；三维肿瘤仪、工作台和数字转换器（三维摄像室)。

专用的辅助空间：无

超声室

超声或超声波描波术根据声纳的原理进行工作，通过追踪反射声波来记录其大小和形式。通常一部手控的超声仪可以发出规则的高频脉冲声并将收到的回声转换成图像。由于组织的密度影响到声音的反射率，回波的振幅就可以描述出不同的图像。这种方法在射线可能对身体组织造成伤害时特别有利，例如在有胎儿的情况下。

建议房间大小：11英尺×14英尺

顶高：8英尺

设计要点：

- 由于超声室是一个小房间，病人检查时还可能需要脱去衣服，因此需使用弹簧门和门帘以避免病人的暴露。

特殊设备：超声仪（控制面板通常在病人的右侧)、担架床、观片灯。

专用辅助空间：无

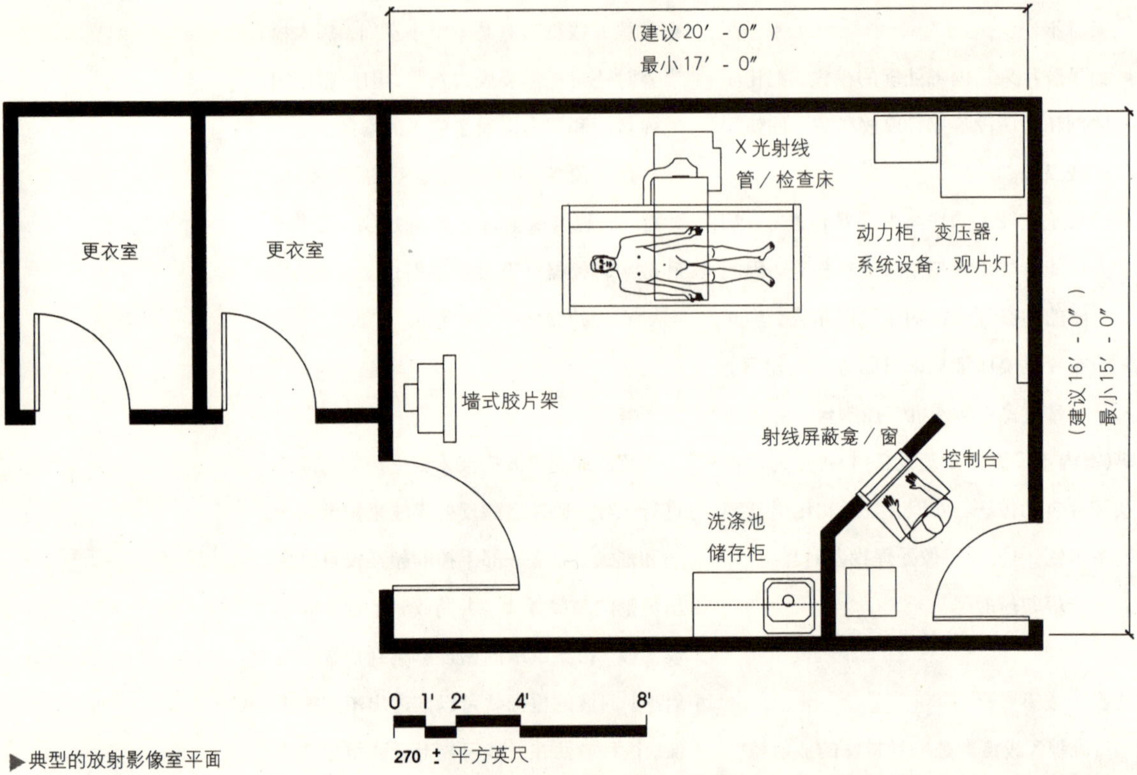

(建议20′ - 0″)
最小17′ - 0″

X光射线
管／检查床

更衣室

更衣室

动力柜，变压器，
系统设备；观片灯

(建议16′ - 0″)
最小15′ - 0″

墙式胶片架

射线屏蔽龛／窗

控制台

洗涤池
储存柜

0 1' 2' 4' 8'

270 ± 平方英尺

▶典型的放射影像室平面

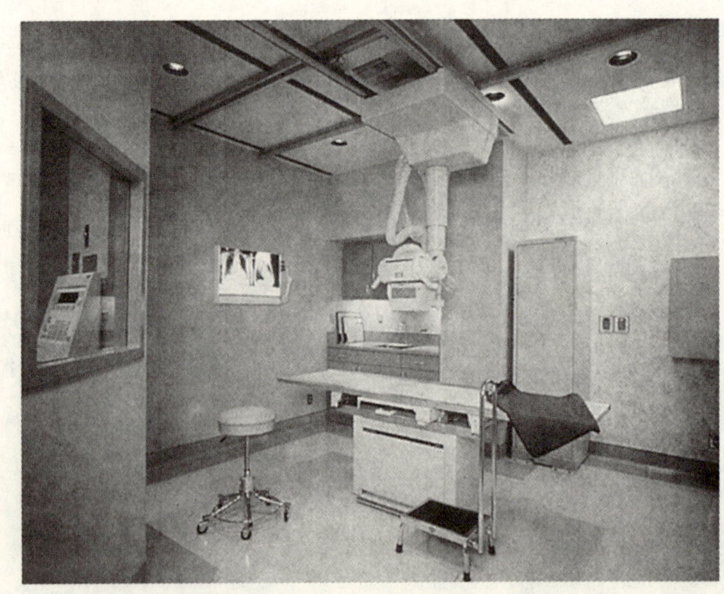

▶放射影像室，夏普·玛丽·伯奇妇女医院，圣迭戈，加利福尼亚州

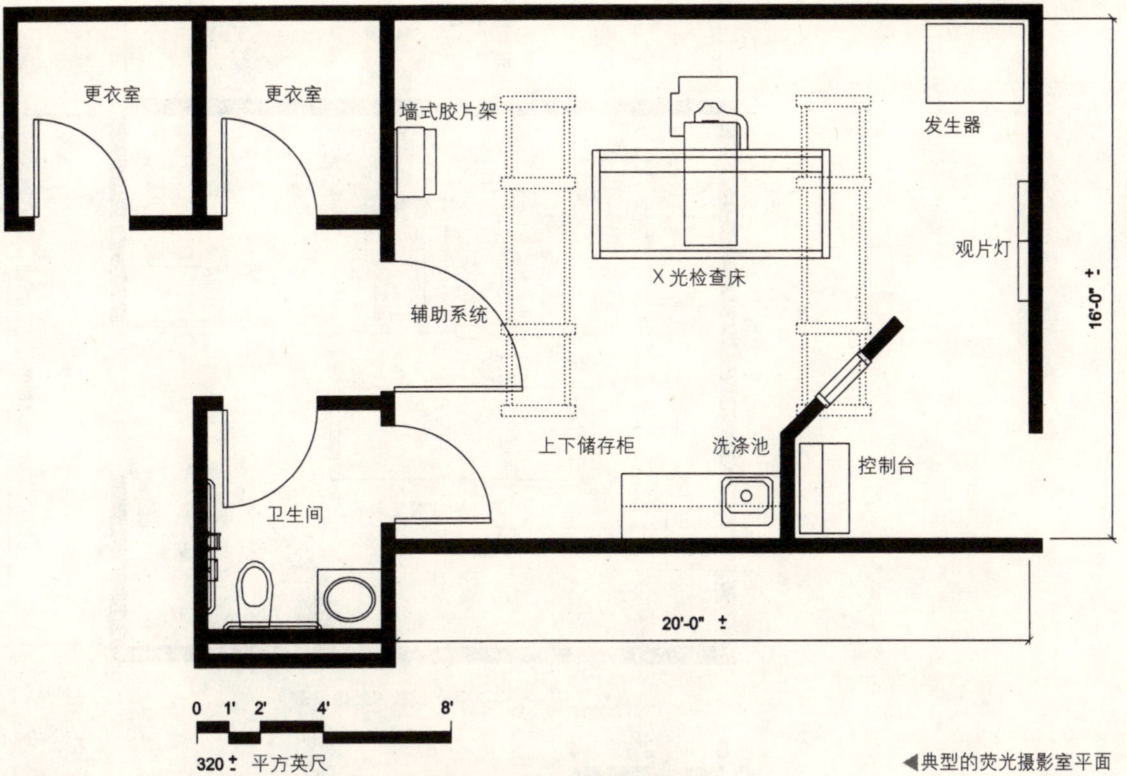

更衣室
更衣室
墙式胶片架
发生器
观片灯
X光检查床
辅助系统
16'-0" ±
上下储存柜
洗涤池
控制台
卫生间
20'-0" ±
0 1' 2' 4' 8'
320± 平方英尺

◀典型的荧光摄影室平面

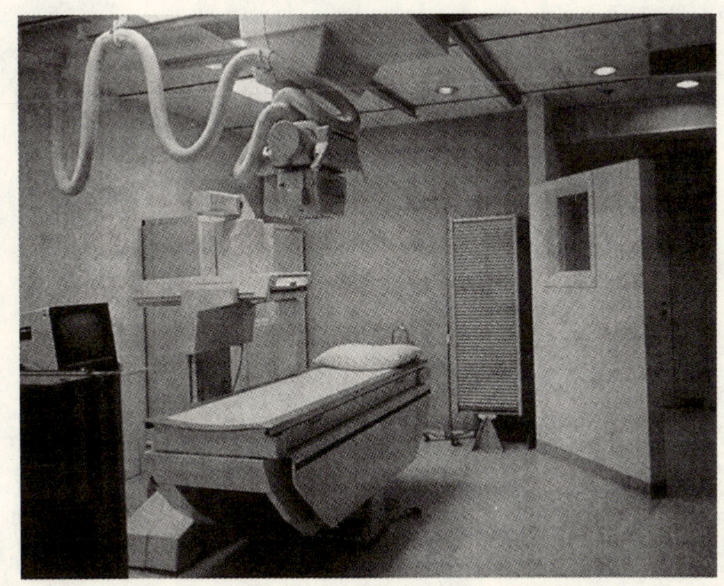

◀荧光摄影室，圣公会医院，沃思堡，得克萨斯州

▶典型的胸透室平面

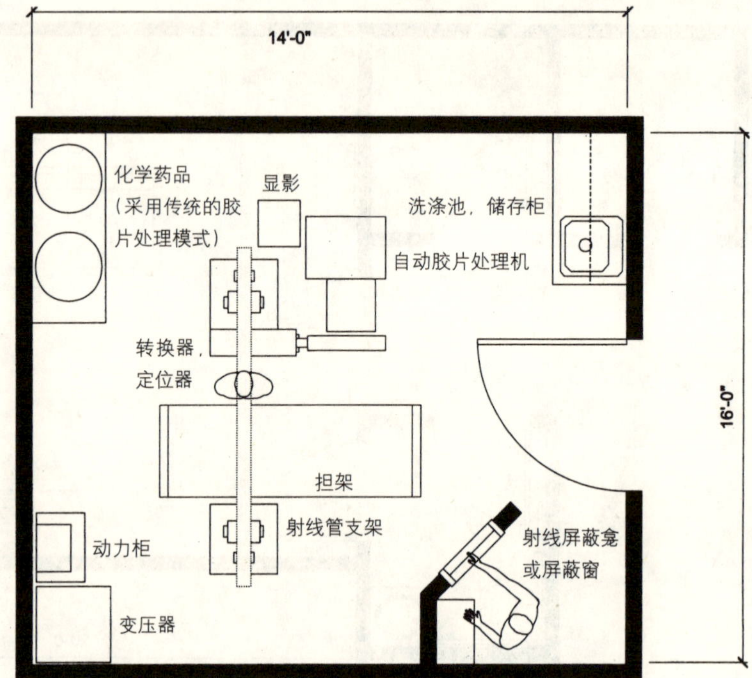

*11′-0″ × 12′-0″ 不设胶片处理设备

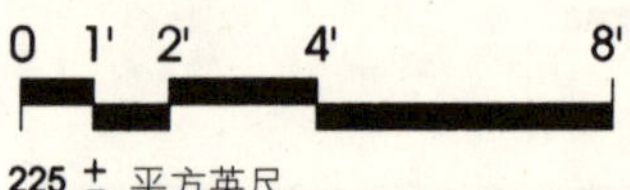

225 ± 平方英尺

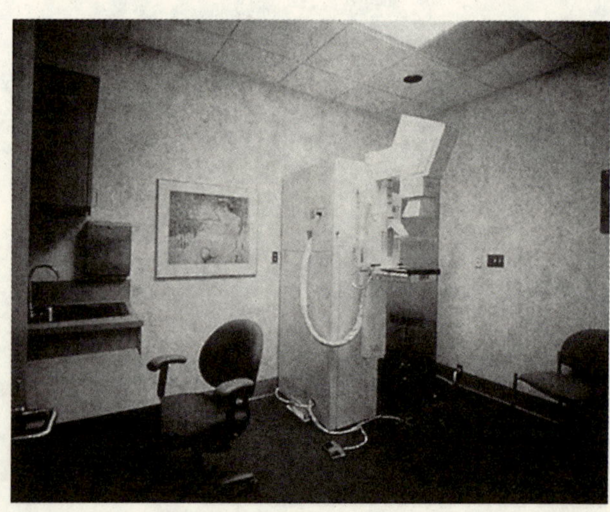

▶乳腺X线摄影室，夏普·玛丽·伯奇妇女医院，圣迭戈，加利福尼亚州

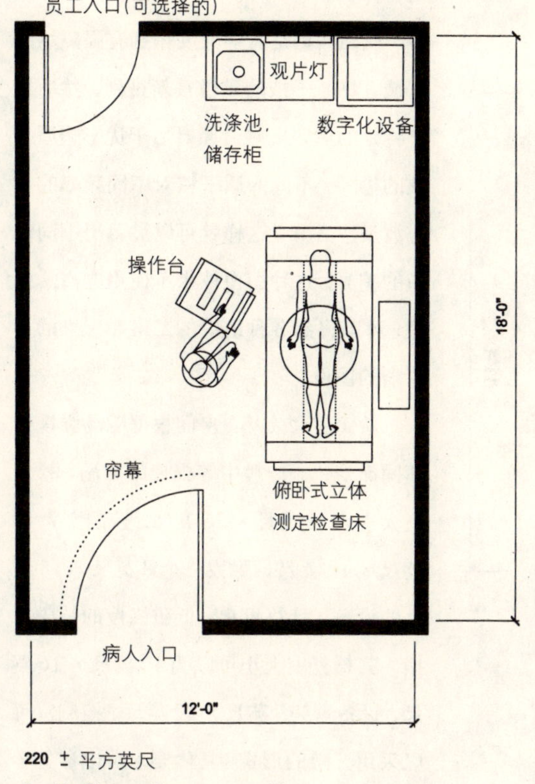

◀典型的立体测定室（妇科影像中心）平面

▼典型的乳腺X线摄影室平面

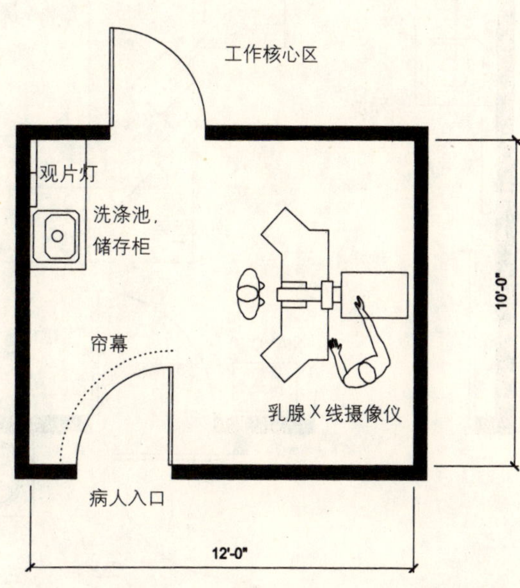

CT 扫描室

CT 扫描是利用 X 射线源围绕病人迅速旋转产生数字图像。

建议房间大小：拍片室，16 英尺 × 9 英尺；控制室，10 英尺 × 12 英尺；设备用房，7 英尺 × 10 英尺

顶高：9英尺6英寸

设计要点：

- 考虑到设备的尺度，在考虑病人通过的门的位置时应尽可能让担架少掉头。同时，应能够通过控制室清晰地观察到正在接受检查的病人，有时可以采用视频摄像头以帮助观察病人。

特殊设备：拍片室内有 CT 机、检查台，控制室内有操作台、视频显示器、放射控制器、激光成像仪、医生诊断和观察站(后两项在多单元时可以单独设置)，设备用房内有各类动力设备和计算机设备。

专用辅助空间：控制和设备用房，这类用房可以为多个单元服务。

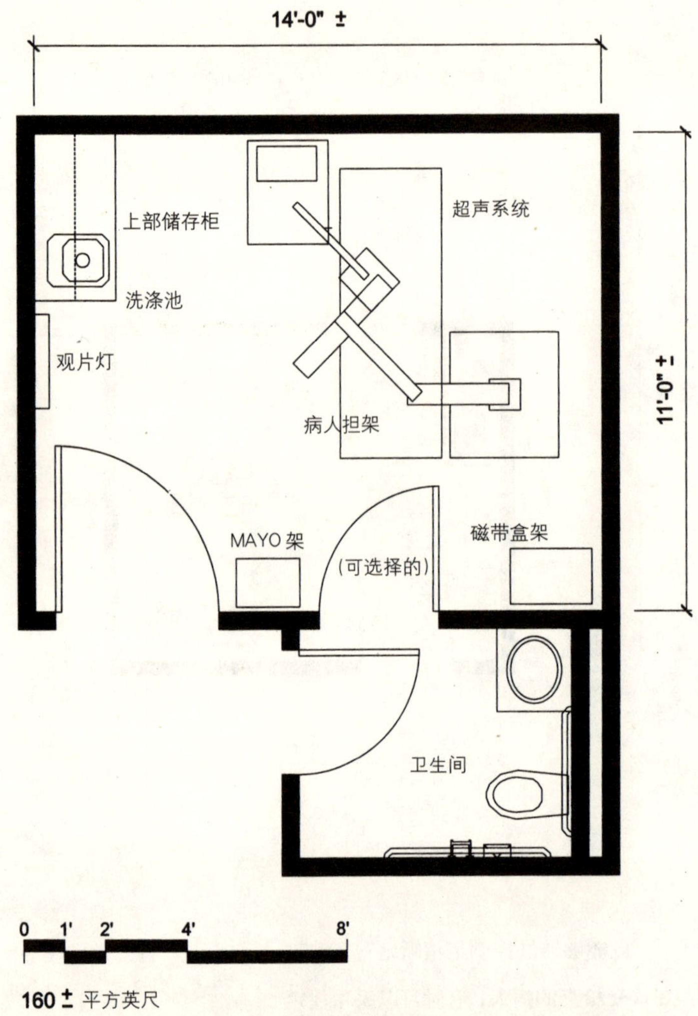

▲典型的超声室平面

核磁共振室

核磁共振是将病人安排到有强磁场的区域，将原子核的磁极重新排列，然后通过特定的射频电磁波照射后干扰影响原子核的排列。不同的原子核对不同频率的电磁波反应各异，这样就可以显示出不同组织的差异。这种图像技术不使用电离子射线，可以得到各种组织的二维和三维的更清晰的图像。

建议房间大小：房间根据磁场强度的不同而变化。一般中等强度的磁场，检查室大小为20英尺×26英尺，控制室为10英尺×12英尺，附设一个8英尺×18英尺的设备/计算机房；低磁强度的核磁共振，其检查室大小可以为12英尺×16英尺，设备室为9英尺×12英尺。控制室可以采用开敞的形式（具体要求可以参见各厂家的设备说明）。

顶高：视具体情况而定。

设计要点：

- 核磁共振设备产生随距离而衰减的磁场，磁感应强度单位为高斯，很多核磁共振产品在使用时磁感应强度可达到5高斯。
- 由于核磁共振设备利用射频的不同形成图像，很容易受到外部电磁场的干扰影响，因此检查室常采用铜纤维墙布贴面以屏蔽外部的电磁波。
- 病人检查时是位于一个长约8英尺，直

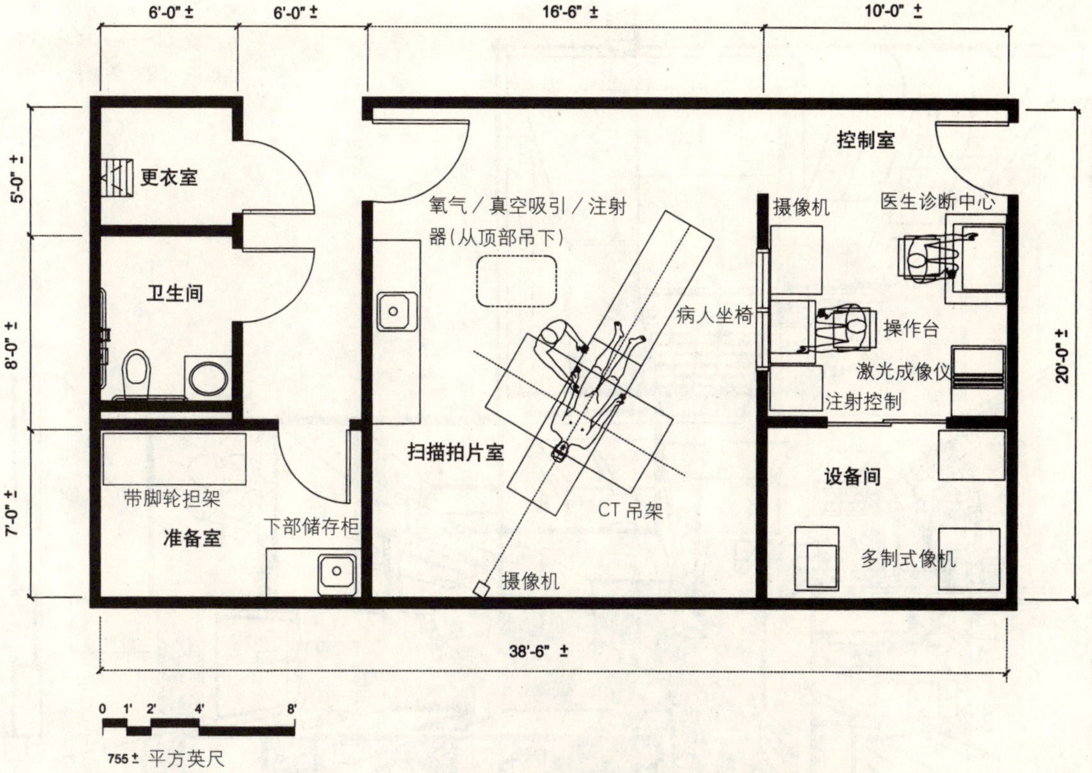

▲典型的CT扫描室平面

径约2.5英尺的空间中，必须考虑因此可能产生的幽闭恐怖症。新型的设备通过采用较低磁场的设备和开放式的布局缓解了此类问题。然而，检查室的室内设计还是应当从灯光及其他角度注意考虑此类问题。

特殊设备：检查室，核磁共振设备、病人休息座和线圈储备；控制室，操作台、视频显示器；设备用房，动力和计算机设备。

专用的辅助空间：控制和设备用房，可以同时服务于几台设备。

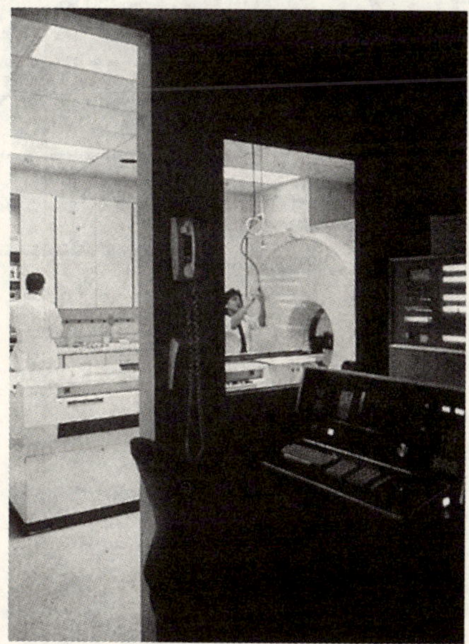

◀CT扫描室，麦卡伦地区医疗中心(McAllen Regional Medical Center)，麦卡伦，得克萨斯州

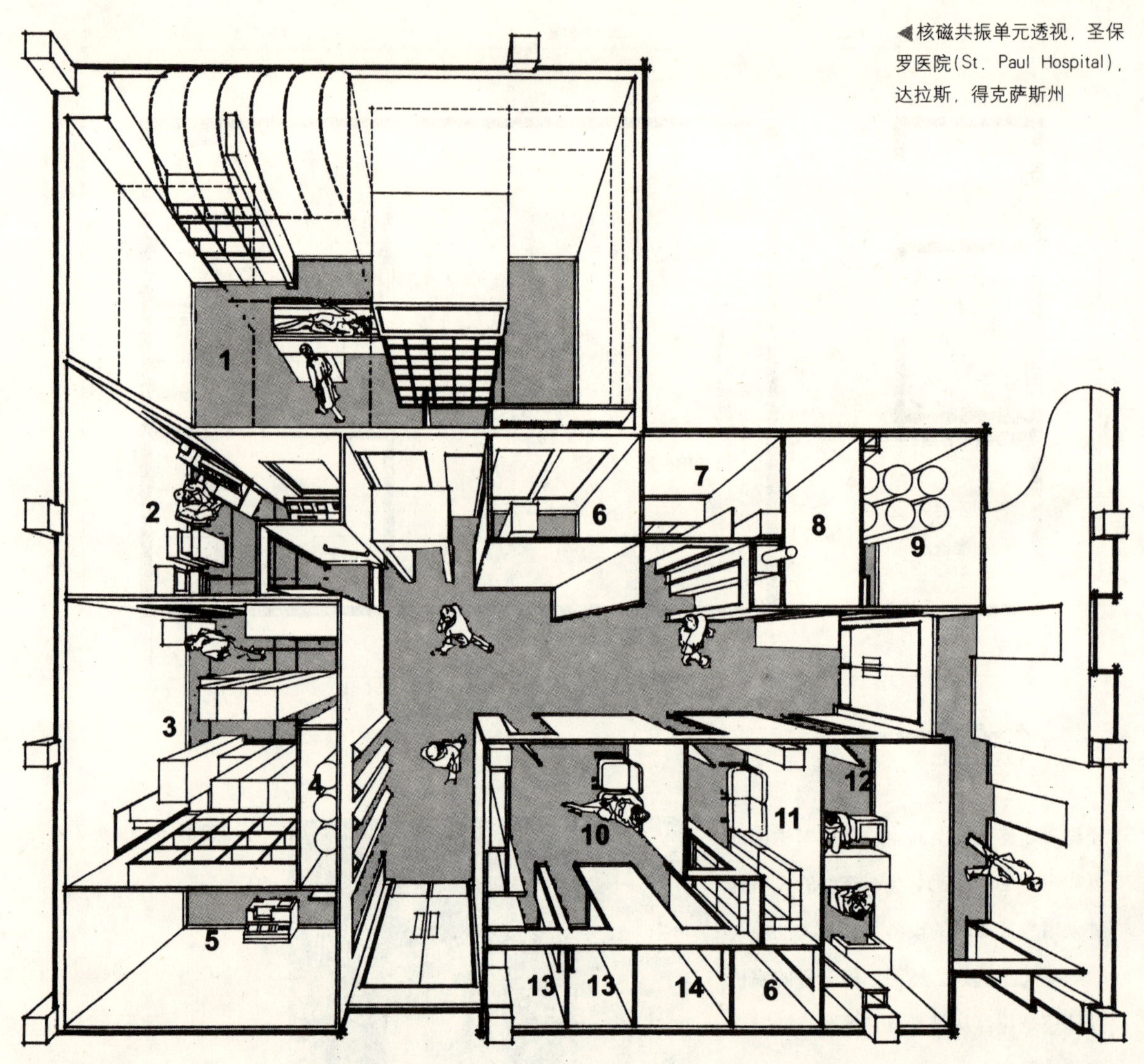

◀核磁共振单元透视，圣保罗医院(St. Paul Hospital)，达拉斯，得克萨斯州

1 检查室
2 控制
3 计算机房
4 储藏
5 读片
6 储藏
7 暗室
8 电气室
9 气体储藏
10 等候
11 工作人员休息室
12 医生办公室
13 更衣室
14 卫生间

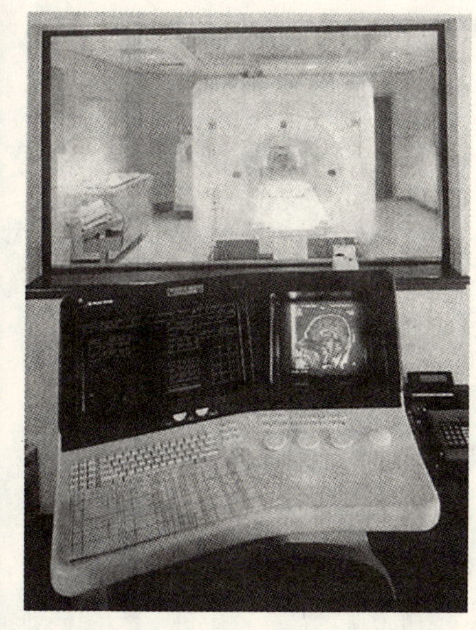

◀核磁共振检查室，安德森博士肿瘤中心(MD Anderson Cancer Center)，休斯敦，得克萨斯州

核医学科室

和一般放射出X射线辐射的放射影像学不同，核医学科是将低强度、短寿命、有一定放射性的同位素注入到人体当中，由像机记录下同位素的放射过程并转成图像显示。通过将同位素或放射药物注入到特定的组织或器官中，放射科医生可以取得其他方法所无法得到的图像。一种最近发明的核医学像机——单光子核医学像机，或称为SPECT——已得到广泛的应用。这种设备将伽马像机和数字影像接受、处理系统组合在一起，可以得到关于血流在大脑和心脏内的图像。

建议房间大小：18英尺×16英尺，单像机室。由于核医学室不使用X射线，如果空间条件许可，可以多部像机共用一室。

顶高：9 英尺

设计要点：

- 由于核医学科采用有放射性的材料，需要妥善考虑这些材料的贮存和处理问题。这些材料当中很多属于注射材料，然而，也有些是气态药物，如用来分析呼吸系统的氙气等，使用后需及时排除残余气体。

特殊设备：控制台、计算机工作站、准直仪及支架、全身像机以及氙气供应系统。

专用的辅助空间：

- 热力实验室　在此处准备放射性药物，一般配有壁橱和工作台、铅防护的放射性物质的储存和操作柜、铅防护的冰箱。放射性同位素气体应完全排除，并符合相关法规的放射性废弃物的收集和处理要求。
- 药剂室　病人在此进行放射性药物的注射，独立设置药剂室可以提高检查室的使用效率。

正电子发射断层扫描装置(PET)检查室

在PET检查室中，病人通过注射或吸入等手段接受放射性同位素，同位素附着在病人体内的分子上，在体内运动时留下痕迹。通常所使用的同位素的寿命很短，可以在现场通过回旋加速器制备。这使得

▶典型的核医学检查室平面

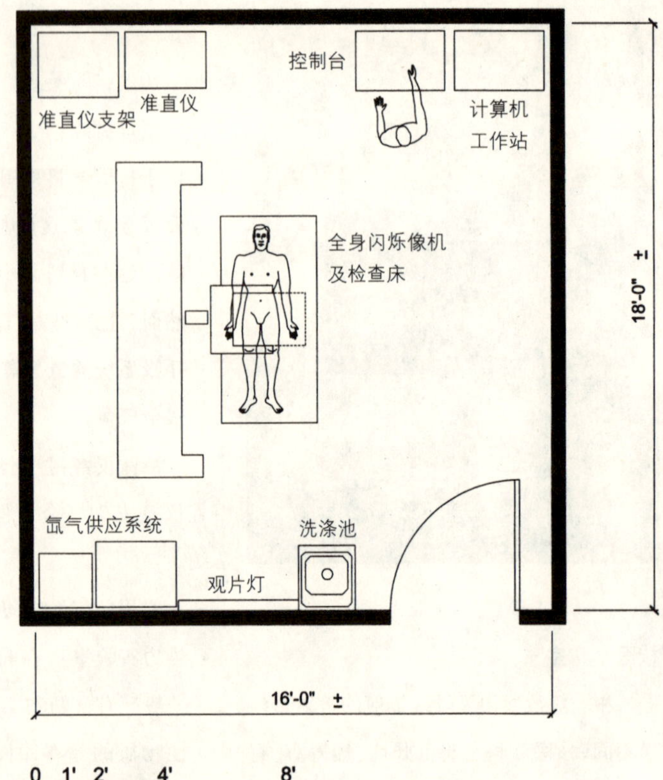

▼核医学全身检查室，麦卡伦地区医疗中心，麦卡伦，得克萨斯州

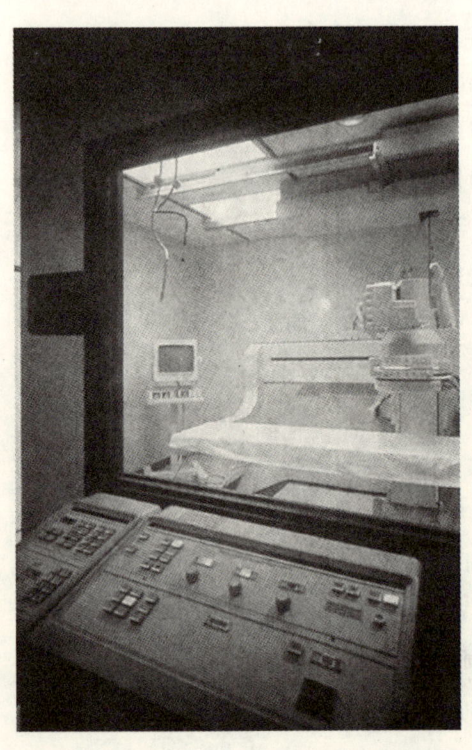

PET检查的费用很昂贵，但却不失为一种有效的诊断工具。

建议房间大小：扫描室为15英尺×20英尺

顶高：10英尺

设计要点：

- 理想情况下，PET扫描室宜紧邻放射化学实验室，而后者必须紧挨着回旋加速器布置。在条件不许可时，可以采用气动管道将放射性药物送到实验室。

特殊设备：扫描仪、诊察台、计算机

专用的辅助空间：

- 回旋加速器室，面积约500平方英尺，10英尺高。由于这类设备较重（一般有120 000磅），最好布置在底层。

- 放射化学实验室，面积约600平方英尺，一般在此配制放射性药剂，宜紧邻回旋加速器室布置。
- 控制室，在此布置各类进行数据采集和处理的计算机设备。
- 病人准备室，可以供轮椅或担架出入。

特殊的放射影像／荧光造影室

特殊的放射影像／荧光造影是指在复杂的诊察或介入治疗过程中采用放射影像或荧光造影等图像手段作参考。

这类检查虽然有很多种，但一般都会使用导管术和各种大型的设备如C臂机等。导管术已经属于介入性操作，因此须采取一些必要的洁净措施。

建议房间大小：操作室需要28英尺×22英尺

顶高：10英尺

设计要点：

- 设备布置应保证从控制显示器上可以清晰地看到病人的头部。
- 许多检查过程是在病人清醒时进行的，并对其所处的环境有清晰的意识，需要为病人创造宜人的室内环境。
- 由于检查需要在准洁净的条件下进行，因此应控制外部的交通干扰。

特殊设备：放射影像／荧光造影臂（取决于单元是否有复合的功能）、视频监视器、诊察台及导管存储器。

专用的辅助空间：

- 控制室　22英尺×12英尺，包括控制台、多制式的摄像机或激光成像仪、洗涤池及储物柜。
- 设备用房　10英尺×22英尺，一般有电气柜等设备。
- 病人的准备和恢复区域。
- 医护人员的更衣准备用房。

辅助空间

以下所列为整个影像科通常所需设置的辅助用房：

- 等候／接待区
- 更衣等候区
- 更衣室或更衣隔间
- 病人使用的卫生间
- 冲洗传统胶片的暗室
- 普通摄像片处理区
- 数字影像处理区
- 光室／质量鉴定室
- 读片室
- 观片或研讨区
- 储片区
- 清洁物品储存室
- 污物处置室
- 职工卫生间、更衣室、休息室
- 储藏室

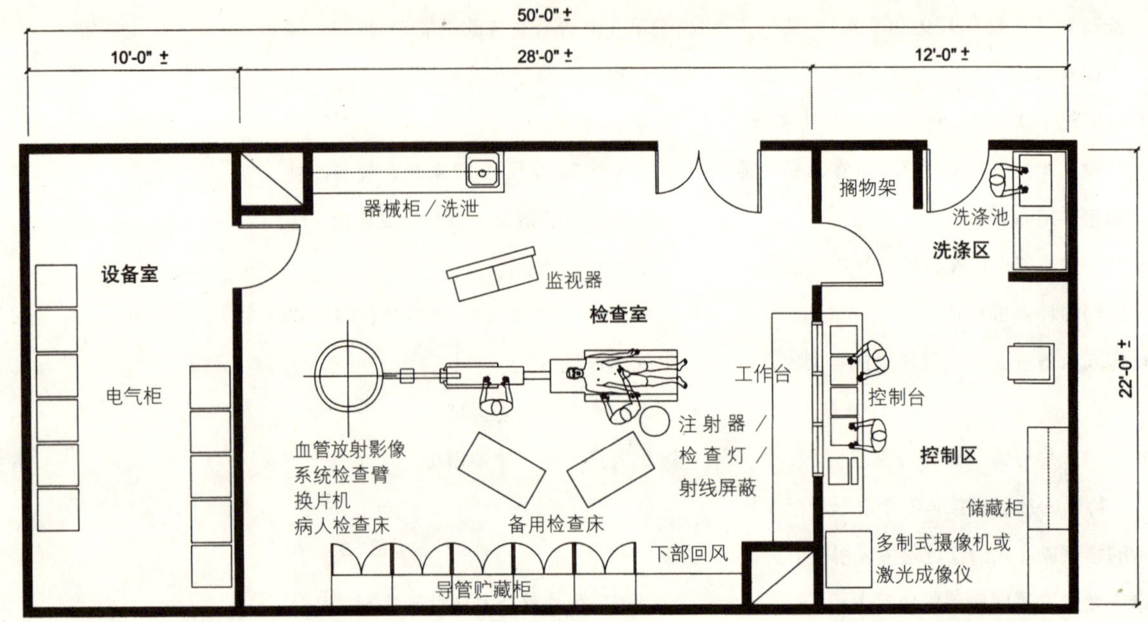

1120 ± 平方英尺

▲典型的特殊检查室平面

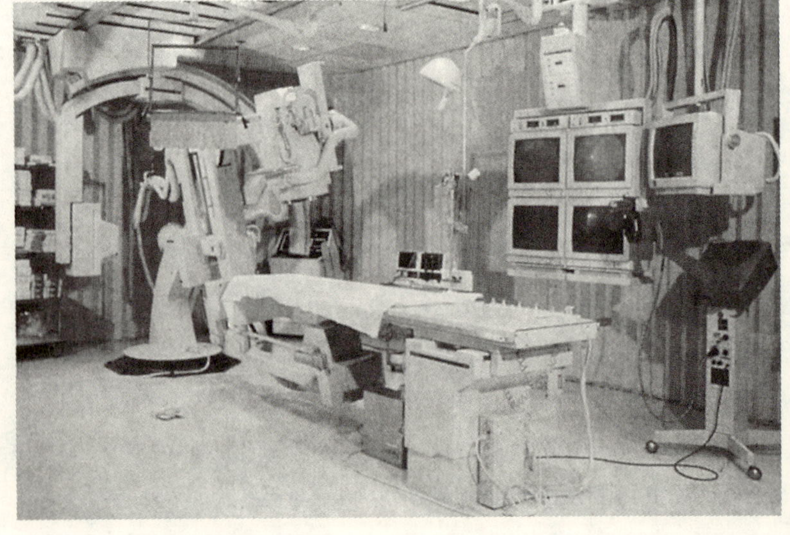

▶血管造影检查室，East医疗中心，伯明翰(Birmingham)，亚拉巴马州

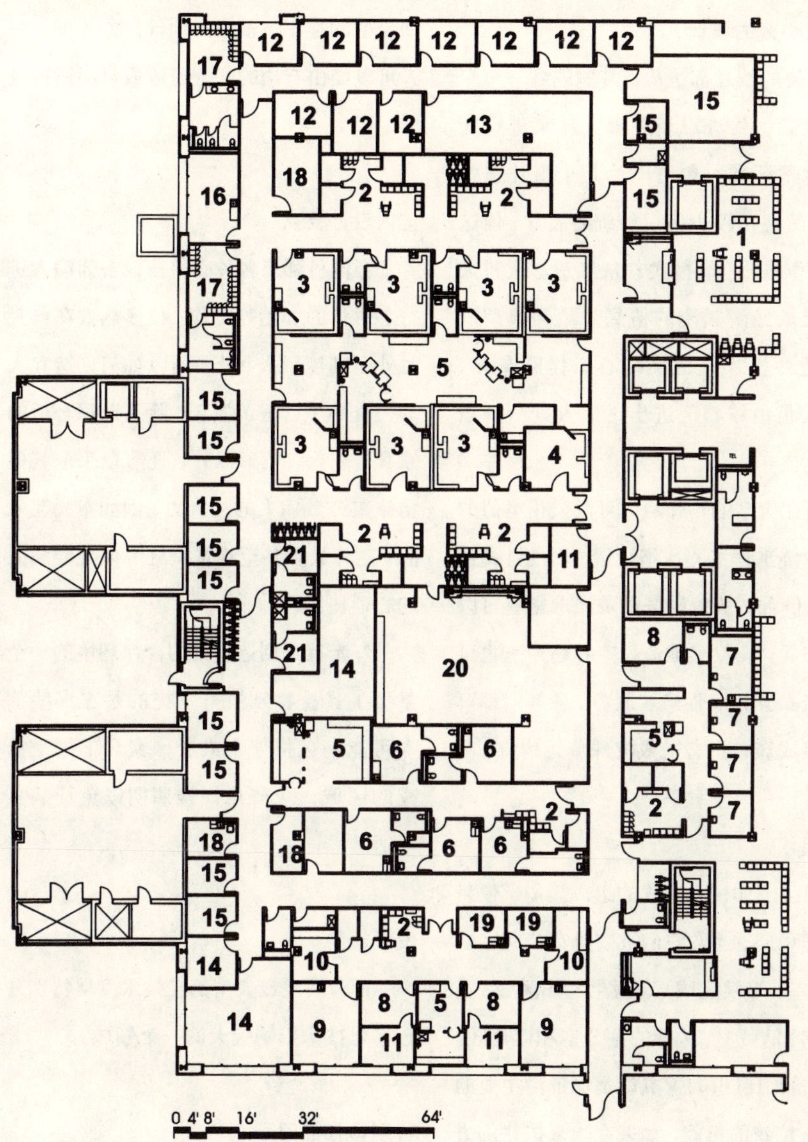

1 候诊／接待
2 更衣
3 放射影像／荧光造影室
4 胸透室
5 质控／工作区
6 超声室
7 乳腺X线摄影室
8 读片
9 CT 扫描室
10 控制室
11 计算机／设备
12 放射科医生办公
13 读片／咨询
14 工作区
15 管理／办公
16 职工门厅
17 职工更衣室／卫生间
18 储藏／设备室
19 准备
20 胶片／档案／工作区
21 休息室

◀影像部平面，菲茨西蒙斯军队医疗中心(Fitzsimons Army Medical Center)，奥罗拉(Aurora)，科罗拉多州

工作核心区的设计

传统的胶片都是从摄片室送到一个专门的显影、检查以及整理区域来进行处理。这种区域一般可以为几个摄片室共用。虽然现在较少使用传统的胶片，但这种“工作核心”的模式却依然是影像科人员配置最经济紧凑的格局。最为典型的布局是各摄片室围绕核心工作区布置，工作人员由核心区进出，病人则从周边进入。

而在大型的影像科，可以采用类似的模式围绕工作核心成组设置，形成链式或簇式。例如，放射影像和荧光造影室可以成组布置，乳腺三维造影室和超声室也可以成组布置为女性患者服务。各部门都可以成组成簇，由普通或特殊单元构成。

部门组织

围绕工作核心布置的组或簇是影像科的工作中心，通常它们被安排在公共区域（接待室、等候区域）和医生工作区域（员工用房、储藏室、医师的办公室和读片区）之间。部门组织的重点就是保证沿主要的通道有扩建的可能。如果在未来扩建的方向上安排了某些空间，那么其形态应该是“柔性的”，易于搬迁调整。

部门的组织还应考虑未来利用一些可移动设备的可能性。这通常需要设置一条辅助的等候区，此区域可以通向载有可移动设备的拖车。根据当地气候的不同，病人可以经由有顶的开敞通道或封闭通道进出。

室内设计要点

影像科利用各种高科技设备为病人进行各种诊断和治疗工作。很多病人在检查时处于高度紧张状态，所以如何创造宜人的检查环境就极为重要。除了选用合适的家具、织物、色彩以外，还可以采取其他措施来分散病人的注意力，例如布置艺术品、室外景观甚至观赏鱼缸等以减轻病人的心理压力。

灯光也是创造宜人的诊疗环境的一个重要工具。特别值得一提的是在那些病人可能躺在担架上或者诊察台上接受检查的区域，应使用间接照明以免让病人不适。

发展趋势

影像科是最典型的受技术发展特别是数字化技术影响较大的一个领域。

特别诊疗部门

功能概述

特殊的诊断检查通常包括非介入性检查、心血管检查和神经方面的检测。这类检查一般采用电子、超声或者闪烁计数器等技术来显示人体结构和生理活动情况，

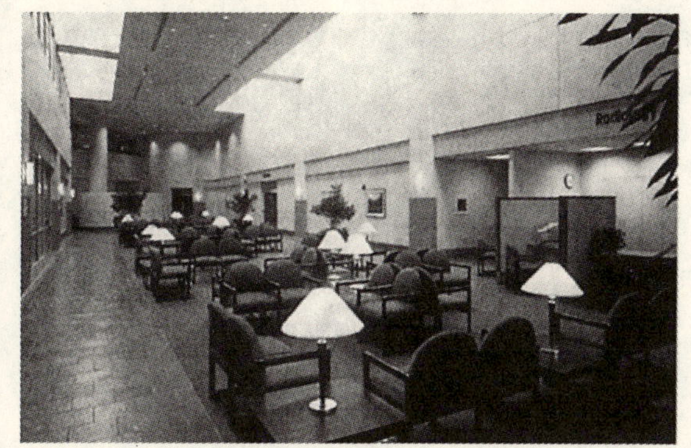

◀影像部检查候诊空间，布里斯托尔地区医疗中心(Bristol Regional Medical Center)，布里斯托尔，田纳西州

▼特别诊疗部平面，默西地区医疗中心(Mercy Regional Medical Center)，拉雷多(Laredo)，得克萨斯州

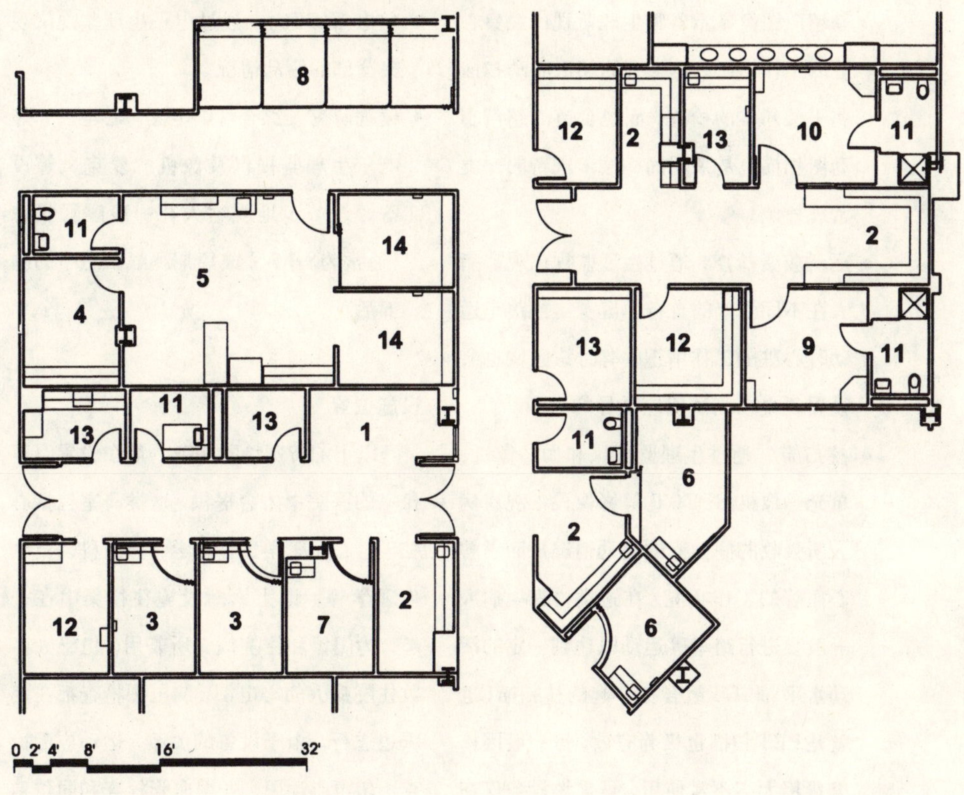

1 候诊	7 控制／观察	13 辅助用房
2 设备／工作区	8 住院病人观察	14 病人准备室
3 心电图	9 脑电图	
4 超声心动图	10 睡眠检查	
5 运动应激检查	11 卫生间	
6 末梢血管检查	12 医生办公	

检查的结果以硬拷贝或数字化形式保存下来以供其他医生调阅参考。大多数检查的时间在5～45分钟之间，但也有一些研究分析需要长达24小时。

*心血管系统非介入性检查*如下：

- *心电图（ECG）* 通过显示器观察心脏的工作情况。
- *超声心动图（Echo ECG）* 通过多普勒超声图像显示器和生理监视仪观察心脏的工作情况，经胸廓的超声心动扫描属于最基本的检查，而经食道的超声心动图扫描也是采用同样技术进行的一类常规检测。
- *运动应激检查* 通过生理监视仪观察病人在不同强度的自行车健身器或踏车运动时心脏的工作情况，有时该区域也会设置斜桌以测试感应诱导的问题。
- *核扫描* 通过生理监视仪和伽马像机、单光子像机(SPECT)等影像设备观察病人所吸收的同位素的运动情况从而了解心血管的工作状况。在这类检查中病人一般要进行踏车等运动以达到一定的活动水平。和CT组合在一起的核扫描，也就是PET扫描也极为有效，但一般因检查费用太高不常使用，目前该设备仅在一些大型教学医院中配备。
- *动态心电图(Holter)监测* 一种可以移动的心电图设备，可以连续24小时通过便携式磁带来显示记录有关心脏的状态和运行情况的电生理数据。
- *起搏器监测* 阶段性及常规地测试植入人体心脏的起搏器的工作性能。
- *外围血管检查(PV)* 采用多普勒超声仪非损伤性测试人体循环系统末端的动脉、静脉以及淋巴系统的状况。

*非损伤性的神经系统功能检查*的项目有：

- *脑电图(EEG)* 通过电子生理监视仪观察脑部的活动情况。
- *睡眠研究* 综合（脑电图、心电图）等电子生理监视仪及像机、麦克风等设备，进一步地观察人在一般睡眠状态（通常为8小时）或短期睡眠状态中的脑部活动。

设施位置

以上的特殊诊断服务一般在设置以下科室的医院中才会提供，这类科室包括心脏学、心血管学、心肺学、神经科以及电生理学等。以上诊断设施往往集中在一起，为门诊和住院病人所兼用，但绝大多数住院病人的心电图、脑电图检查都在病床边进行。由于设备的关系，运动应激检查、超声心动图、外围血管检查和同位素扫描通常集中在一起（除了入院前需要进行的检查外）进行。门诊病人的心电图检查主要在医生的办公室里进行，而动态心电图监测、起搏器检验以及睡眠研究则全

特别诊疗部各单元工作量分配表

单元名称	百分比	平均检查时间	门诊病人百分比	住院病人百分比	住院病人检查场所
心电图检查(ECG/EKG)	20	15分钟	30	70	病房
超声心动图检查(EECG)	15	45分钟	60	40	诊疗部
核扫描	10	45分钟	70	30	诊疗部
运动应激检查	15	45分钟	90	10	诊疗部
动态心电图(Holter)监测	5	15分钟	100	0	
起搏器监测	5	15分钟	100	0	
外围血管检查(PV)	15	60分钟	80	20	诊疗部
脑电图检查(EEG)	10	60分钟	80	20	诊疗部
睡眠研究	5	8小时	100	0	诊疗部

部是为门诊病人服务的。

主要的工作参数

特别诊疗区的规划设计一般基于预期的门诊病人和住院病人的工作量，工作量一般以其平均检查所需的时间和门诊、住院病人的检查数量等来衡量，其中住院病人检查所占的比例较为重要，因为很多住院病人的检查是在病房中进行的，可以减少对集中检查区域的面积要求。

主要的容量决定因素

不同的诊疗服务需要设置不同的用房，分别进行各种检查诊断。应形成有效的工作流线，避免病人过久的等候。有些检查过程，如应激检查等需要病人进行一定程度的体力运动，超声心动图检查中多普勒设备的使用也会产生一些噪声，核扫描检查过程中放射性物质的使用也要求对其进行严格的控制以避免射线伤害。睡眠测试和脑电图检查则要求在没有明显噪声干扰的区域进行。对这些用房间的数量要求主要基于每天8小时，每周5~6个工作日（节假日除外）的日程安排。在设有急诊设施的医院中，这类检查可以24小时进行，但一般在正常上班时间结束后只对急诊开放。

病人与内部工作流线

让病人便利地到达特别诊疗区是设计

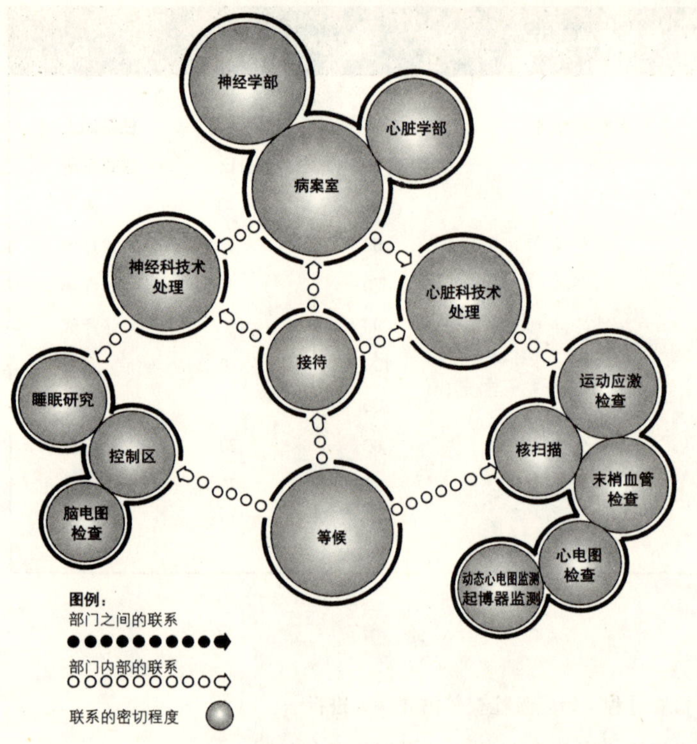

▲特别诊疗区与其他相关部门关系图

的重点。这类用房的设计应主要保证门诊病人的使用。需要有足够的停车位、明确的入口标记和简明的道路引导，方便病人到达接待处和候诊区域。门诊病人可以直接从候诊区到达各检查室，不需要穿越工作人员或医生的工作区域；设计中也应考虑住院病人的使用，住院病人应该有明确的通道通向特别诊疗区，避免穿越公共区域。

技术维护人员需要在检查区附近有自己的工作空间，可以在工作间歇休息一下。检查结束以后，结果可以通过如磁带、摄像带或者电子文件等形式传送到邻近的医师区域进行解读。在该区记录各种报告，存放到医案存储区域。

病人和医师应能够不经公共区域出入特别诊疗区。心脏导管室和特别诊疗区宜紧邻设置或用通道联系，方便心脏病专家在两个区域间的往返。

和其他部门之间的关系

特别诊疗区主要为门诊病人服务，门诊病人应可以方便地从门诊入口到达。特别诊疗区需要和心血管研究中心、核医学科和应激测试等科室共同使用。在这类检查中，病人需要从应激检查室移往扫描室。病人使用量的大小决定了是否需在此区域安装昂贵的扫描像机（伽马像机或单光子像机）。特别诊疗区有时也邻近影像科的核医学部设置，这样所有的放射检查都可以在此进行，从而提高相关设备的使用率。

特别检查服务还包括一些非介入性的诊断，可以通过一些心血管的检查服务进行。这类检查或诊断的介入部分一般是在心脏导管室进行。心脏导管室和手术室、住院部重症护理区域和急诊部都有密切的联系。为了提高工作效率，特别诊疗区和心脏导管室的技术人员往往会安排在同一区域工作，心脏科医师会按计划在两个区

特别诊疗区的主要空间尺度要求

单元名称	建议面积（平方英尺）	建议尺度（英尺）	必要的临近辅助空间
心电图检查(ECG)	80～100	10 × 10	
超声心动图检查(EECG)	120～150	10 × 15	
核扫描	280～320	16 × 20	热力实验室（放射材料）
运动应激检查	150～180	12 × 15	更衣／准备室
动态心电图(Holter)监测	80～100	8 × 10	
起搏器监测	80～100	8 × 10	
外围血管检查(PV)	180～200	12 × 15	
脑电图检查(EEG)	150～180	12 × 15	控制／观察室
睡眠研究	180～200	12 × 15	控制／观察室

域分别工作，需要其他工作人员的配合。这种联系要求将特别诊疗区布置在心脏导管室的附近。

很多住院病人的特别诊察是由技术人员在其病房中进行的。这就要求将一些便携式设备如心电图或超声设备送来送去，因此特别诊疗区需要和住院部之间有便捷的联系以减少工作人员的往返。这种联系可以通过水平或垂直的通道来实现，其关键在于这种联系不应被门诊等公共区域所打断。

在住院部当中，特别诊疗区的医师最常去的地方是重症监护单元、心脏监护室(CCU)和内科护理单元。另外，医师们还可能根据需要到其他的护理单元作各种检查。

主要的空间

联邦和地方法规很少提及特别诊疗区各类用房的尺度，但也有一些最小尺度方面的要求，设计时应该查阅相关法规。

医疗行业内部有一些指导手册，如某些版本的美国建筑师学会的《医院及医疗设施设计和建造导则》给出了一些检查用房的空间尺度要求。

设计要点

特别诊疗区的设计应考虑以下因素：

- 特别诊疗区将一些传统的检查治疗手段如心脏学、神经病学等集为一体，有时还包括核医学。多种检查手段的集中设置便于病人的使用，也有利于辅助用房

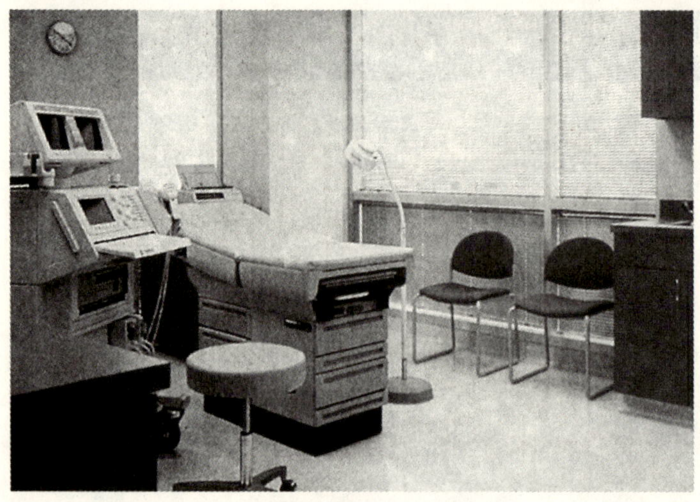

▲超声心动图(echo EKG)检查室，Bayfront医疗中心，圣彼得斯堡(St. Petersburg)，佛罗里达州

的共享，可以更有效地对员工进行培训。在进行空间规划，满足不同功能需求，实现资源共享的同时应保证各功能空间使用的高效。

- 检查区域应相对集中，以便于门诊病人出入。
- 住院病人到检查区域应有独立的通道，避免穿越公共区域。
- 应设置集中的医生工作区域供休息讨论，该区域应邻近检查区设置，既便于房间周转，也有利于减少医生往返。
- 医生阅读报告的区域应设在检查区附近。心电图(ECG)(硬拷贝阅读)、超声心动图(echo EKG)、末梢血管（可通过视频复核）和脑电图(EEG)(硬拷贝阅读）等宜有独立的工作区域。
- 多功能脑电图(EEG)检查、睡眠检查和多功能应激检查宜集中设置。

发展趋势

随着医疗技术的发展，将不断地推出新的替代性的影像和生理测试设备。它们可以更快地得到检查结果，对病人更少伤害性，比现有的手段更可靠。那些致力于简化病人诊察的过程和减少对工作人员专业知识等方面要求的努力会促进一些可以在现场使用的更小、更易于携带、更快的测试设备产生。只要这些设备还由于费用或不易移动等原因不得不集中在一起使用的话，那么就会建立一些快速诊察中心以集中这类设施为那些需要检查的门诊病人和需要做入院前检查的住院病人提供方便的服务。

介入部

日间处置单元

功能概述

门诊手术　也称为“日间手术”、“当天手术”等，指的是在专门的房间中由受过训练的专业人员所进行的手术。

这类手术并不需要用到医院全部的设施，病人一般也不需要在医院中过夜。日间处置单元（APU）提供以下的服务：非卧床（门诊病人）手术、内镜手术、特殊的治疗恢复（心脏导管插入等）和观察床位。其中门诊手术的治疗范围如下：

输血

临床检查

整复外科手术

膀胱镜手术

糖尿病检查

内镜手术

胃肠病学

普通外科手术

妇科手术

神经外科手术

眼科手术

口腔外科和牙科手术

矫形外科手术

耳鼻喉科手术

疼痛处置

儿童牙科手术

儿童外科手术

光疗

内科检查

血浆置换

整形手术

足病学手术

血管外科手术

创伤处理

日间处置单元包括以下部门：

门诊手术 非卧床处置病人是指接受手术治疗的门诊病人，这类手术可以在门诊手术室进行，也可以在医院中一些特定的区域如心脏导管室、内镜单元等房间中进行，或者在独立的手术中心进行。门诊病人在手术当天入院，经过术前准备接受手术，手术结束后经过苏醒恢复，然后离开医院(23小时之内)。门诊手术区域包括门诊病人接待、手术准备和（可能的）门诊病人专用手术室，麻醉苏醒室（PACU，第一阶段）和术后恢复室（第二阶段）。

内镜手术 内镜手术一般是为门诊病人服务。病人事先不需要住院。内镜手术包括呼吸系统气管镜手术、泌尿系统的肠镜手术和消化道的胃镜手术等，一般利用内镜伸到器官内部对其内部腔体进行检查治疗。

特殊的治疗恢复 内镜手术、心脏导管插入及类似的治疗一般恢复时间在24小时以内。

观察单元 观察单元是指为门诊病人提供床位，由医院的护士或其他工作人员对其进行阶段性的观察。

运营影响因素

通过计算一定时期内就诊病人总的数量并比较已设置的病床数量，就能够分析出需要的日间处置单元的规模。这种分析可以以时或日为单位进行计算，主要工作区域包括：病人预检室及术后病人恢复室。

▶日间处置单元与其他相关部门关系图

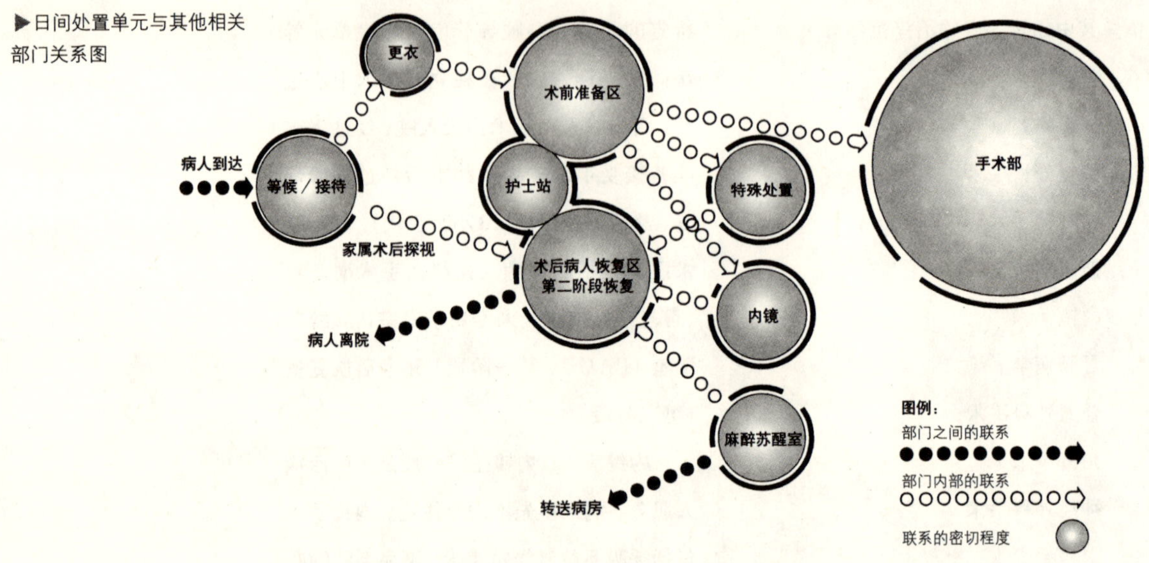

门诊病人应可以方便地到达接待处和候诊室。病人登记后，他或她将被陪送到某间检查室或更衣区，医师会在一间私密性的检查室里与病人讨论其病情。一旦治疗方案得到认可，病人就要进行各种术前准备，然后接受手术。手术的复杂程度不一，有些病人要在麻醉苏醒室（PACU）中苏醒，然后送到术后护理区中恢复；有些则被直接送至术后护理区，通常他们都由一位家庭成员陪同。病人恢复以后即离开医院。整个流程设计的要点是保证病人的单向移动，同时医生也应该可以方便地进出病人恢复区及家属谈话室。

其辅助部门包括：中心供应室、洗衣房、药库、化验室、物资管理部门及有关的设备用房。其中，中心供应室应邻近手术室布置，可以以水平或垂直的方式进行各类清洁物品和器械的运输。药库应邻近制剂室，检验科宜在手术区附近设置一个小的单元，以便于手术过程中制作分析冰冻切片及传送样品。

空间概述

通常日间处置单元包括两个主要区域，术前区和术后区。这些区域由一系列房间或空间构成，其中术前区主要为术前检查室（区），每人120平方英尺（10英尺×12英尺）；术后恢复区，每人120平方英尺（10英尺×12英尺）。

这类空间通常可以细分为以下区域：

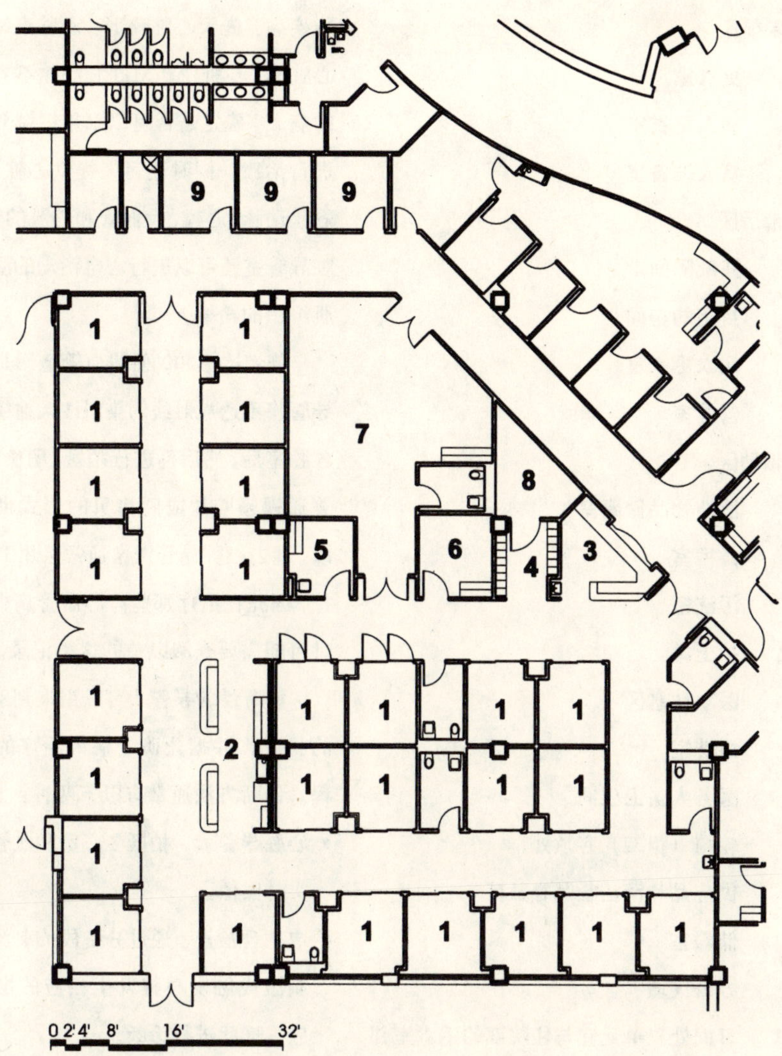

1 准备／恢复区
2 护士站
3 工作／接待
4 病人更衣
5 污洗室
6 洗涤室
7 住院病人观察
8 设备储藏
9 咨询

◀日间处置单元平面，华盛顿地区医疗中心，费耶特维尔(Fayetteville)，阿肯色州

术前区

更衣室

病人更衣室

病人准备室

术后区

开敞隔间

封闭的房间

病人更衣室

营养室

辅助区

清洁物品储藏室

器械室

污洗室

护士站

医生休息区

污洗室

医务人员卫生间

轮椅（担架）存放处

供应品和清洁物品存放区

储藏室

办公区域

日间处置单元宜与住院部的手术室邻近设置，以便于人员和器械的共享。当前的趋势是将介入性的影像和疼痛处置部门也设于日间处置单元内。

心脏导管室

功能概述

心脏导管术主要针对那些患有冠状动脉疾病、先天心脏畸形、心脏衰竭、急性心脏病（心肌梗塞MI）和心律不齐等疾病的病人，确定是否可以采用机械介入手段进行治疗，同时还可以提供心脏各腔室、冠状动脉、心瓣、大血管和心肌的情况。心脏导管室还可以进行心电活动的测试和心肌组织的检查。

荧光造影和X射线血管造影是先通过导管将不透放射线的染料注入血管或心脏各腔室后，然后再进行拍摄。图像以数字、普通视频胶片或硬拷贝的形式供医生判读。过去心脏导管图像通常采用35毫米胶片，因此在治疗那些有心血管病史的病人时可能需要查阅以前的这类记录。

*诊断性的导管术*可以用来判别心血管的状况，并据此确定病人治疗的最佳过程。诊断方法通常有以下两种：

- *心脏导管术*　拍摄各心室和血管结构的实时图像。
- *电生理检查*　通过分阶段的刺激手段去刺激或触发心脏发生相应的电生理反应，据此进行诊断。

*治疗性的导管术*可以用来改善血液循环或心脏的工作情况，治疗过程有以下几种：

- *气囊血管成形术*　针对由于动脉粥样硬化而变窄的冠状动脉，通过一种微型气囊扩充血管壁来压缩那些阻塞血管的物质，也称为PTCA，也就是经皮冠状动

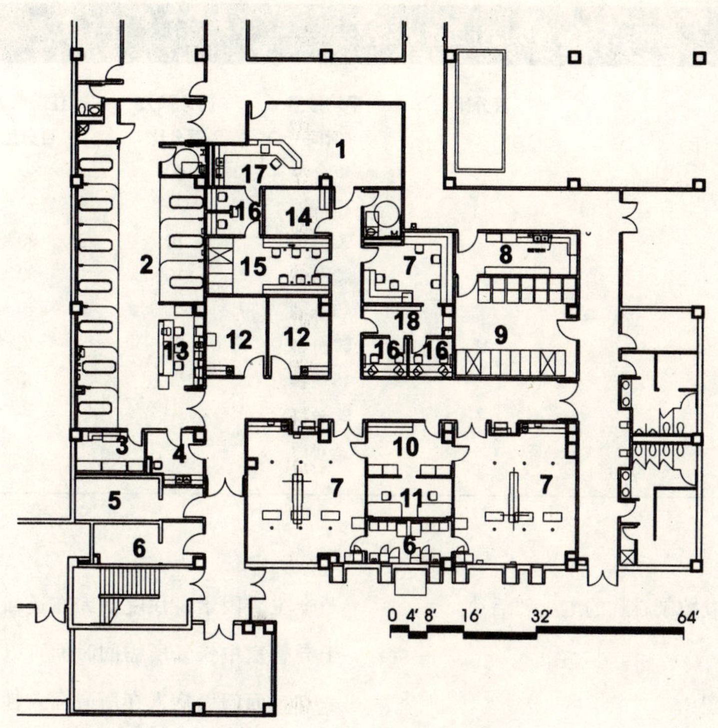

◀心脏导管室平面，尤马日间护理中心(Yuma Regional Ambulatory Care Center)，尤马，亚利桑那州

1 候诊
2 恢复
3 洗涤室
4 污洗室
5 设备储藏
6 配电室
7 心脏导管室
8 呼吸治疗准备
9 呼吸治疗／储藏
10 洁净品储藏
11 控制
12 操作室
13 护士站
14 肺功能室
15 超声心动图检查室
16 读片室
17 接待
18 储片室

脉腔内成形术。和溶解血栓方法一样，气囊血管成形术也是治疗心脏冠状动脉阻塞的一种主要方法。

- *支架植入术* 气囊血管成形术的另外一种补充手段，在已做过气囊血管成形术清理后的血管中植入一种微型导管，以减少未来血管再次阻塞的可能。
- *起搏器植入* 将一种由电池供电的电子设备植入体内，联接到心肌上，通过放电刺激来调节心脏跳动情况，除去心脏

心脏导管室各类治疗工作量分配表

检查治疗项目	百分比	平均诊察时间	门诊病人百分比	住院病人百分比
诊断性导管术（单式）	40	45分钟	60	40
诊断性导管术（复式）		20分钟	30	70
电生理检查	5	90分钟	10	90
起博器植入术	10	20分钟	10	90
气囊血管成形术	30	45分钟	60	40
起搏器植入	15	60分钟	60	40
病人准备	—	45分钟	60	40
病人恢复(住院病人)	—	90分钟	—	—
病人恢复(门诊病人)	—	6小时	—	—

纤颤或控制心脏的电生理活动。

设施位置

当前40%～60%的心脏导管室都附属于门诊运行。这类检查操作的风险、急诊和住院病人的需求以及影像系统的成本等众多因素都要求将心脏导管室附设在综合医院中。个别导管室也许会附设于独立的门诊设施中，但这只能作为特例而非一般情况。

主要的工作内容

心脏导管室的设计主要是基于其门诊病人和住院病人的使用量。这类工作量的计算可以合计反映成门诊和住院病人的使用例数和平均诊察时间（见上表）。病人的苏醒恢复时间是确定空间大小的一个主要因素，住院病人在返回病房前于导管室中恢复所需的时间可以相对短一点，而门诊病人在所有介入性治疗项目中接受导管室诊疗后恢复所需的时间最长。

容量决定因素

心脏导管室和病人的准备/恢复室的数量、大小决定了整个部门的容量和大小。一般诊断和治疗活动在同一个空间中进行。如果房间大到可以放下所有需要的设备，那么电生理检查（EP）也可以在导管室内进行。通常电生理室还进行一些其他的心血管治疗，如起搏器植入等。

病人准备/恢复空间的布置主要是一个平面问题。所有的门诊病人都需要在此

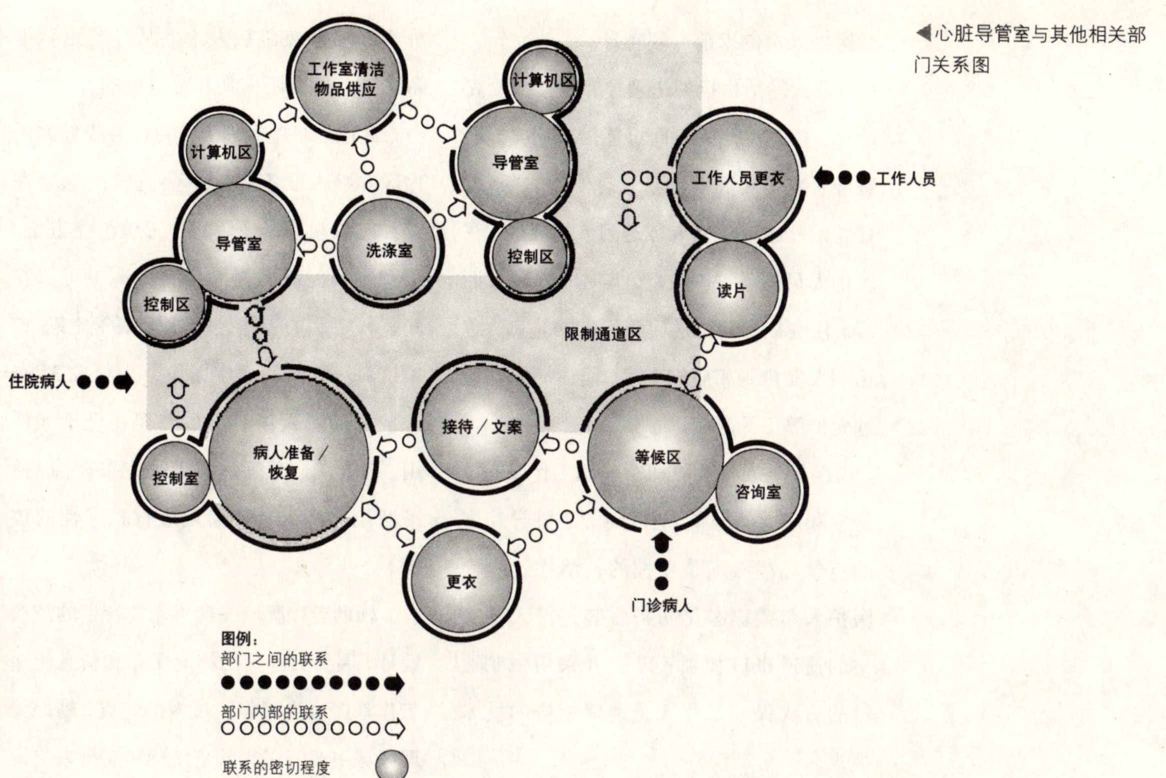

◀心脏导管室与其他相关部门关系图

进行术前准备，一般需要5～6小时进行恢复。住院病人在返回病房前需在此恢复60～90分钟。治疗室和病人准备/恢复空间的确定是基于每天8小时，每周5～6天（节假日除外）的工作日程安排。如果需要考虑急诊的要求，则这项治疗应24小时运作。

心脏导管室要求有相应的供医师们复核和阅读检查报告的工作区域，工作人员的休息、聊天区以及各类记录的储存空间。目前趋向于医师和技术人员共用一个工作服务中心，但需为心电图、超声心动图/外围血管、神经诊断工作提供专用的工作区域，上述区域可以作为整个工作服务区的一个重要组成部分。

病人与内部工作流线

心脏导管室的病人主要由经过预约的门诊病人和住院病人组成，另外还有一些急诊病人。所有病人在进行治疗前后都需要通过准备/恢复区。门诊病人需要在此更衣。门诊病人和住院病人还可以在此接受医护人员的术前心理辅导。

病人随后由担架送到导管室接受检查治疗。检查治疗的时间可能因人而异。心脏导管室需要和手术单元有便捷的联系。检查治疗结束后病人被送到恢复区域，在医护人员的监护下恢复，其时间也因人而异。住院病人会被送回到原来的病房，急诊病人安排到相应的病房，门诊病人则通过轮椅等工具回家。

医护人员主要在两个区域工作——导管室和病人的准备／苏醒区。心脏导管室的空气环境必须是受控的，治疗过程中医护人员需穿净化防护服装。进入导管室的通道也应加锁管理，并采用强制通过的方式保证工作人员遵守相应的技术规定。

在受控的区域通常有一个核心工作区，可以和各个导管室相连通。这种布局可以保证导管和其他供应物品在导管室外集中储备。医护人员应可以不经导管室直接到达核心工作区。所有的导管室都有其专用的控制室，配有相应的计算机设备，可以直接阅读图像报告。如果条件许可，各导管室可以设置一条共用的通道通向清洗室。

准备／恢复区一般设在洁净的核心工作区外侧。探视人员在术前术后都可以来探望病人。病人可以由病人走廊从准备／恢复区直达导管室。该通道一般和核心区分离，尽量控制病人术后从导管室到准备／恢复区的距离是非常重要的。

其他的一些管理工作可以在受控的治疗区和病人准备／恢复区外进行。医生在读片室里观看影像资料，记录治疗方案。读片室应配备必要的设备，医生可以在此复核手头的工作，查阅以前的档案。档案资料一般采用数字图像、视频或35毫米胶片的形式保存，后者现在已不太使用。咨询室应邻近病人等候室布置，以便于医生和病人及其家属进行私密性的谈话。

辅助管理区域一般不需要特别的流线设计，因为大部分的档案保存和信息传递工作都在医生工作区域内部完成，辅助管理区域主要的工作就是接待和安排来就诊的病人及等候的家属。工作人员需要有专用的门厅和休息室，并根据性别分别设置更衣室。

与其他部门的关系

保证能够将危重护理单元（特别是心脏监护病房）的病人以及急诊部的病人迅速送到心脏导管室是最为重要的，而门诊病人从门诊入口顺利地到达也同样重要。在紧急情况下，应可以不经过公共区域将病人从心脏导管室直接送至手术室。然而，这种关系并不强求二者要直接相邻。

在很多最近建设的项目中，有一种趋势是将所有病人需要接受介入性处置的治疗项目集合在一起，设置一个集中的准备/恢复区域。这种布局可以灵活地利用空间满足各类准备和恢复的需要，同样也可以平衡一周内不同治疗项目的不同工作量的需要，在有些情况下可以减少医护人员的数量，提高医疗资源的利用率。这一理念意味着心脏导管室将会和其他介入性治疗设施（如血管造影术、介入放射、手术和内镜检查治疗等）集中在一起设置。

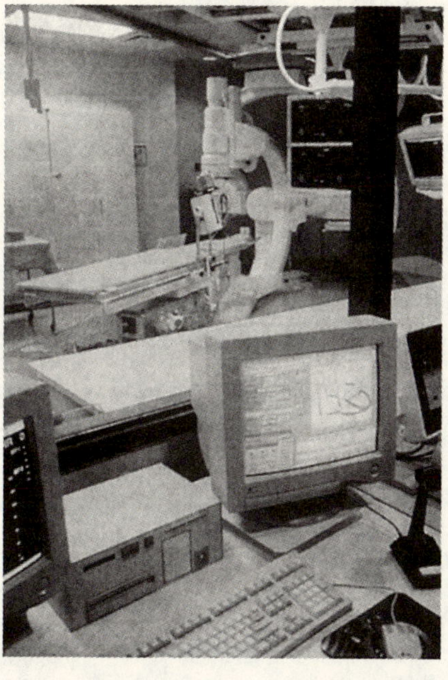

◀心脏导管室，瓦利儿童医院(Valley Children's Hospital)，马德拉(Madera)，加利福尼亚州

心脏介入性治疗一般由心血管医师在心脏导管室中进行，而非介入性的治疗一般设置于特殊诊疗区。事实证明有必要将这两个区域分开设置。特殊诊疗区因其使用人群的比例应便于门诊病人进出，而导管室则宜邻近医院的急诊区域。从功能上来说，两类治疗的过程各不相同，从医护人员的工作配置上也是分开的。二者合并设置可能带来的好处包括可以共用管理人员以及心血管医师的集中化，但无论在哪

心脏导管室主要空间尺度要求一览表

房间名称	建议面积（平方英尺）	建议尺度（英尺）	必要临近的辅助空间
导管室（单式）	600～700	24 × 28	控制室、计算机房、储藏室、供应核心区
导管室（复式）	600～700	24 × 30	同上
电生理检查室	750～900	26 × 30	同上
控制室	120～150	10 × 15	
计算机室	100～120	8 × 15	可以与导管室合并设置，但最好单独设置
病人准备／恢复空间	80～120	140 × 10	更衣／准备／卫生间

种情况下都应注意保障各自病人流线的通畅。

主要的空间

联邦和各州的建筑法规规定了心脏导管室的最小尺寸，很多法规还强制规定了病人恢复空间和辅助空间的大小，特别是需要医护人员强制通过以保证环境净化要求的空间。这些法规在设计时应经常查阅以保证满足最小尺寸的要求。从经验来看，条文规定的最小尺寸往往不能满足技术变化后心脏导管室的设备要求，因此一般房间尺寸应把最小值适当放大以保证未来使用的灵活性。而且，这类法规一般都未提出电生理室的最小尺寸，其尺度通常都比普通的导管室大一些。

当前医疗产业使用的实践指南包括某些版本的美国建筑师学会的《医院及医疗设施设计和建造导则》，其中提出了一些治疗室的空间尺寸要求。

设计要点

心脏导管室的设计应遵循以下原则：

- 心脏导管室的使用者包括经过预约的非卧床病人和急诊病人，二者应有分别的通道。
- 应集中安排病人的术前准备或术后恢复区域，这样可以显著地提高人员和设备的使用效率。如有可能，可以将此区域和其他介入性治疗的准备和恢复区域组合在一起，这些治疗包括门诊手术、血管造影、介入放射等。
- 需要设置洁净的治疗区。该区域应不被公共人流和其他无关的工作人员穿越。进入该区域的医护人员应通过专门的更衣区，病人则需通过相应的前室。准备和恢复区必须位于此区域以外，但可以不经医护区直接到达治疗区，医护人员也能够从治疗室直接到相关的辅助区而不必与病人或公共交通交叉。
- 可能的情况下可以将治疗区和供应辅助核心组合成一个公用的中心区域设置。
- 虽然病人在治疗过程中往往处于镇静状态，但一般会很快苏醒，病人在整个准备／恢复过程往往都是清醒的，因此给病人创造一个舒适宜人的环境，帮助其放松要比仅仅让病人处在传统的医院氛围中更为合适。

特殊家具与设备要求

导管室有很多特殊的设备，一般可以分为以下几类：

- *影像系统*　心脏导管室基本的设备通常是由供应商所提供的一套综合的系统。系统包括实时的影像仪、C 臂上的影像增强器、视频处理器、监视器、电子管和记录系统、普通胶片的曝光处理系

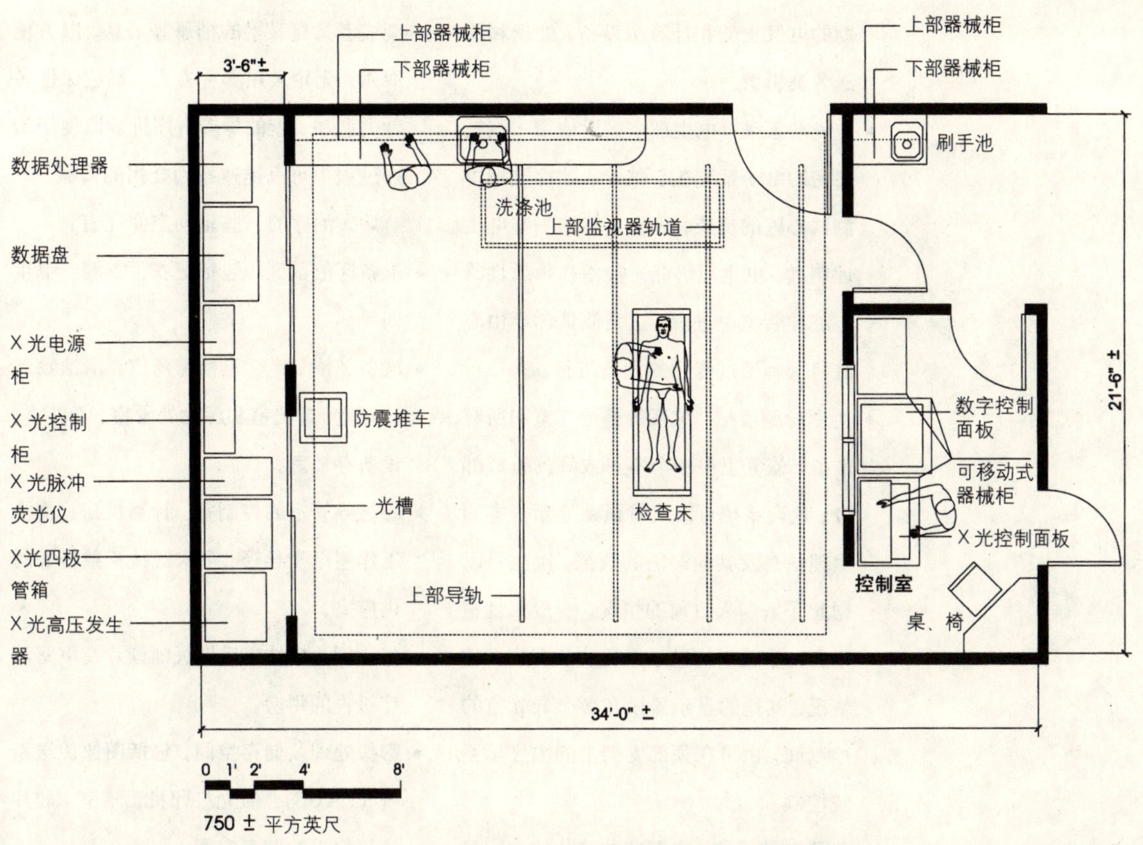

▲典型的心脏导管室平面

统、可以自动调节的治疗床、远程控制系统及远程控制室中的集中控制台。这些设备可以吊装，也可以固定在地面，还有些通过顶部导轨滑动以满足使用要求。在急诊的情况下，越少占用地面空间就意味着可以有更多的空间保证抢救的需要。一些特殊的电气支架和壁橱也是系统的一部分，有一些设在导管室内，另外一些设在邻近的计算机房里。导管室通常都采用单式系统，也就是每次只形成一幅图像，虽然图像本身是连续的。复式图像系统每次可以同步地取得两幅图像，可以减少取得多图像所需的时间。这种技术通常用在儿科病人以及那些需要尽快得到结果的成年病人身上。然而复式图像技术比较起来收费要昂贵得多，因而除了在一些大型的儿科中心设置外较少使用。

- *计算机图像处理系统* 通常邻近心脏导管室会设置一间计算机房，布置一些辅助的电气支架和计算机设备，处理和传送各类影像。

- *电刺激系统* 电生理室需要使用一些较精密的电子系统在心脏导管治疗过程中测试心脏的反应，分析其他的一些电生理刺激。电生理研究一般不在诊断性的心脏导管室中进行。这类测试需要由心脏科医师通过专门的设备进行。
- *生理检测系统* 该系统是治疗室和所有准备/恢复室中一个不可或缺的组成部分。这套系统可以实时跟踪显示基本的生理信息及其他必需的数据，医生可以据此了解病人目前的情况。一般恢复室中有一个集中的显示器反映所有病人的情况。其他的显示器设在各个导管室的控制间，由吊在顶部支架上的主显示系统控制。
- *影像判读系统* 在医师的读片室中一般设置视频显示器、计算机、图像切换观察以及激光打印等设备，由于一些旧的资料是采用35mm的胶片的方式保存的，因此可能需要一台放映机。然而，很多情况下这类资料已被翻录成视频格式保存，可以避免添加额外的设备。
- *影像资料储存* 计算机文件、胶片和摄像带都可以作为导管治疗过程的影像保存手段。现在所有的影像资料都采用数字化形式压缩保存。
- *导管储存* 导管储存一般利用特殊的支架或者又宽又平的抽屉等工具，以方便取用。无论采用哪种方式，都应保证各种类型和长度的导管有序排放以便于治疗过程中可以迅速找到合用的器械。

病人治疗的一些辅助空间还有：

- 准备区的前区，包括更衣、衣橱、卫生间等。
- 准备/恢复区，包括配药室、清洁物品储存室、清洗室和污物处置室、营养室、设备存放室。
- 心脏导管室的控制室、计算机房、清洁工作室以及导管、手术器械及敷料等的供应室。
- 每一例治疗结束后供医师读片及填写治疗报告的用房。
- 影像处理及储存空间，包括图像传送系统（PACS）、激光打印机、暗室、胶片或摄像带的储存空间。
- 病人的等待空间（在准备/恢复区离治疗室太远的情况下）理想的设计应不需要设置这种空间，因为这会导致医护人员工作岗位的重复设置，并降低病人情况监控的连续性。
- 使用后的床单、被服等的存放室。

后勤管理和医务人员的辅助空间如下：

- 接待处/登记处/预约工作区
- 等候区及附设的医师咨询区
- 办公室

- 医务人员的工作站
- 数据储存室（硬拷贝形式，保存时间为3～7年）
- 医务人员的休息室及点心间
- 男、女更衣室和卫生间（与病人卫生间分开）

规划设计的特殊要点

心脏导管室的特殊设计要求包括以下几点：

- 导管室采用X光技术，需要进行防护以免影响治疗室外的人员。应选用由铅板防护的墙体和门，同时还需要选用铅玻璃的观察窗以便于观察控制区。平面布置需采用迷路设计。
- 应通过设计或防护材料等的使用避免放射线泄漏。
- 通用的放射影像室设计对于导管室来说同样是一个有用的概念，因为它的设备也可能会每隔5年左右更新一次，这些设备有些固定于顶部，有些则固定于楼面，还有些固定在墙上，因此墙体和吊顶结构化的设计可以保证设备系统方便地安装和更新。这种设计从根本上保证了主要影像设备供应商的设备可以根据其不同的结构要求进行安装使用，同时还可以安装附墙或楼面的线槽以保证各设备间的电缆和电路控制线的固定。在绝大多数情况下，对楼板的要求主要是需要安装检查床的基础，一般在设备安装后由盖板固定。如果需要安装新的系统或者原房间不是为此用途设计时，需要在楼面上另行钻孔固定。为避免以上问题及减少设备对楼面的占用，有些设备设计成可以完全悬吊在顶棚上。
- 电生理检查是更全面的介入性检查过程。一些心脏学家认为这种检查应该在比一般心脏导管室更为严格的空气环境下进行。气流的方向和换气量应满足更为严格的标准，就像现在的手术室那样。通过采取这些措施，改善洁净技术以满足长时间介入检查的要求，然而到目前为止，建筑法规还未对此提出类似要求。
- 房间顶棚的荷载设计应可以满足设备悬吊的荷载要求。
- 设备系统的设计要求有很多，必须以满足心脏导管室对环境的洁净要求以及各种电气设备要求。
- 其他的一些特殊要求包括影像系统、动力滤波器和稳压器、可靠的声音／数据联系、生理情况的监视仪和记录仪、报警系统、内部通信系统、影像设备和门的连锁控制系统、不同水平的灯光照明要求以及围绕顶部悬吊设备框架的照明等。
- 由于导管室主要的影像都是通过监视器

显示，因此需要在控制室和治疗室采用不同的灯光控制。

- 治疗室应采用硬吊顶结构，内部材料应抗菌和易清洁。
- 通常这类区域均有特殊的建筑条文规定。

发展趋势

心脏导管室的治疗目前正逐步趋向于划入门诊治疗范畴内，因此保证病人能够按时恢复出院就越来越重要。“以病人为中心”的设计模式有助于将导管治疗作为一种替代心血管手术的低风险、低成本的介入治疗方法。而随着非损伤性影像手段的发展和应用，心脏导管术作为一种诊断性工具的作用正逐步弱化。

内镜单元

功能概述

作为医疗设施的一个重要组成部分，内镜通常用来进行消化系统或胃肠疾病的诊察治疗。诊察治疗采用称为内镜的特制的器械来探查或治疗人体内的出血、炎症及异常组织的情况。内镜是一种细长的配有镜头和光源的柔性管，通过光纤技术将光线送到人体内的腔室，并透过镜头将实时图像在视频监视器上播放。内镜中心还有微小的管道，可以将细小的器械如镊子、剪刀或吸管等送到观察点进行操作，进行活组织检查或者去除可疑的组织和异常的增生组织。

胃肠系统的检查有时还需用到荧光检查仪及其他的一些检查设备。这些检查一般都在内镜室中进行，常常要用到一些影像和外科器械。那些器械除了胃肠检查外，在其他检查过程中也需要使用。

作为一种有效的诊断和治疗技术，内镜不仅仅在消化系统检查中使用，其他可能用到的内镜包括气管镜、腹腔镜、喉镜、结肠镜和关节镜等。在以上内镜中，由于其使用环境条件的要求，气管镜最常和普通的内镜复合在一起设置。

通常内镜检查治疗有以下四类：

- *上消化道检查*，由口腔伸入内镜进行检查。一般检查食道的上部器官，包括喉咙、胃及胆囊，也可以通过内镜进行活组织检查等。
- *下消化道检查*，检查消化道下部器官如直肠、结肠及小肠等。通常会采用一些特殊的内镜进行，如乙状结肠镜作直肠检查，结肠镜作结肠和小肠检查，也可以通过内镜进行活组织检查等。
- *ERCP 检查*即内镜逆行胆胰管造影检查，对胆囊和胰腺的结构进行观察。这项检查是利用内镜观察消化道的情况，并同时通过放射荧光仪图像观察胆管和胰管的情况。可以同时通过内镜进行活

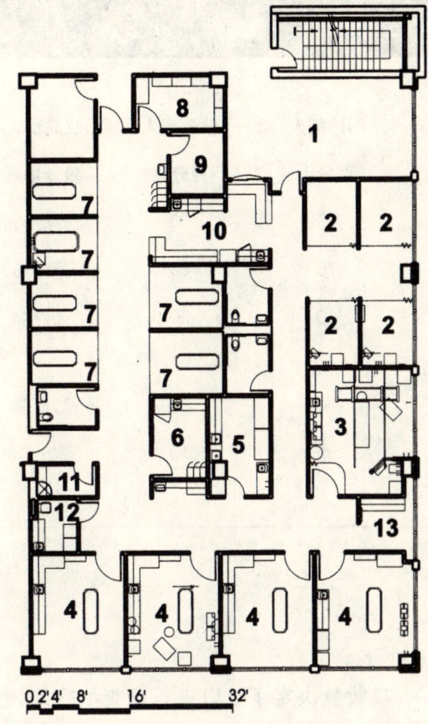

1 候诊
2 术前准备
3 荧光检查室
4 内镜室
5 内镜洗涤室
6 门厅
7 恢复
8 清洁物品储藏
9 办公室
10 护士站／治疗／营养室
11 日常用品储藏
12 污洗室
13 医案室

◀内镜单元平面，安德森博士肿瘤中心，休斯敦，得克萨斯州

组织检查。这项检查需要用到放射影像／荧光仪等设备。

- *气管镜检查*，通过一种特殊的内镜——气管镜由口腔伸入检查呼吸系统的情况，可以检查上呼吸道、肺及气管等的组织细节，也可以通过气管镜提取呼吸道分泌物，进行活组织检查。

设施位置

内镜单元可以设在很多区域，通常布置于急诊部附近，满足急诊病人和住院病人的使用需要。规模小一些的医疗机构可以在某间手术室中进行内镜检查，但内镜检查一般不需要像手术室一样有严格的净化要求。当前的趋势是设立单独的内镜部。然而，内镜室最主要的服务对象为门诊病人，因此可以附设于门诊部。内镜室也可以临近由胃肠道医师主持的独立的消化道治疗中心设置。由于需要设置病人的准备／恢复空间，因而私人诊所一般不提供该项检查，但在一些医师的合作诊疗中心内可能会设置这

内镜室各类检查工作量分配表

单元名称	百分比	平均检查时间（分钟）	门诊病人百分比	住院病人百分比	住院病人检查场所
上部消化道检查	40	45	70	30	病房
下部消化道检查	38	45	70	30	诊疗部
内镜逆行胆胰管造影(ERCP)检查	10	60	70	30	诊疗部
气管镜检查	10	15	50	50	诊疗部
运动表征检查	2	15	90	10	

项服务。同样由于这个原因，内镜室通常在医院中集中设置，以充分发挥人员和设备的作用，为门诊病人和住院病人服务。

主要工作参数

内镜单元的设计一般基于其服务的门诊和住院病人的数量进行，其工作量通常将门诊病人和住院病人分类统计，如上表所示。

主要的容量决定因素

内镜单元的运作形式及医师的工作模式是决定其服务量及所需空间的主要因素。每日的有效工作时间及每周的工作日数量决定了可以进行检查治疗的例数及准备/恢复空间的大小。一般胃肠道上部检查单元和下部检查单元是可以互换的。控制交叉感染的方法是将胃肠道病人和呼吸道病人分开，避免使用同一间检查室。

一般内镜室医生的工作安排是每天上午进行所有的检查治疗，下午则在诊所或医院进行巡回检查，其结果是治疗室每天只有4~6小时得到充分的利用，而其余时间则空着。内镜单元除了接待处、准备和恢复区外不需要其他的辅助空间。恢复区宜设置病人的卫生间，而在进行下部胃肠道检查的内镜检查室也应附设卫生间。

需要设置医师的工作区，可以直通各治疗室及病人的准备和恢复区。该区域内应设置一个单独的、通风良好的房间供清洁、保养、贮存各类内镜。应设置护士的休息区，从该区域可以直接观察到病人的情况。还需要设置各类药物、供应物品、床单等的贮存空间。医生则需要在办公室里记录医案。最好能在病人等候区边上设置一间咨询室。另外，还需要设置护士长办公室、接待/职员室及医案室。内部人员的辅助用房包括更衣室、休息室及卫生间等。

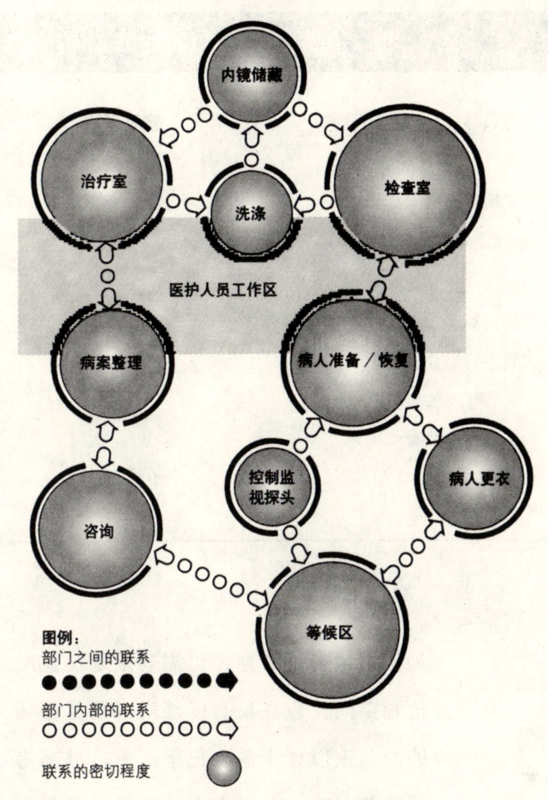

▲内镜室与其他相关部门关系图

病人与内部工作流线

设计内镜单元时最重要的是要能够让门诊病人方便地到达接待处和等候区域，门诊病人可以直接到准备/恢复区。如果内镜单元同时也为住院病人服务，那么住院病人最好也可以直接到达准备区，而不需要穿越门诊病人等候区。

病人的准备/恢复区宜重叠设置，这样医护人员可以同时照顾处于准备和恢复期的病人，既便于提高医护人员的工作效率，又可以根据需要对床位进行调配使用。该区域应与检查室有直接的联系，以减少病人往返的时间。根据麻醉情况的不同，有些病人可以自己走到检查室，有些则需靠担架抬过去。门诊病人在接受检查前则需要有一个更衣的空间。在设计检查室的入口时应充分考虑病人的私密性要求。

病人进出恢复区的路线应直接隐秘。医护人员从病人进入等候区开始将陪护着病人进入准备/恢复区并进出检查室。医护人员还需要将用过的内镜送到洗涤室清洗，并负责检查室的清理，为下次检查作准备。内镜的洗涤储存可以集中设置，也可以每两三个内镜单元设一个洗涤室以减少医务人员的往返。后一种布

内镜室主要空间尺度要求一览表			
房间名称	建议面积（平方英尺）	建议尺度（英尺）	必要临近的辅助空间
内镜检查室（上消化道或下消化道）	225～280	15 × 15	卫生间（下消化道）内镜洗涤室、清洁内镜储藏室
气管镜室	225～280	15 × 15	
内镜逆行胆胰管造影(ERCP)检查室	320～350	16 × 22	控制室
病人准备／恢复空间	80～120	10 × 10	更衣／准备／卫生间
内镜洗涤室	100～150	10 × 15	

局使用起来更方便，但需要重复设置岗位和空间。应在检查区域附近设置医师的办公室以便于医生记录医案，提高房间的使用率。如果在办公室附近设置病人咨询室则更佳。

最后，应保证住院病人在紧急情况下可以方便地进行各类检查治疗，其流线应不穿越公共区域或门诊病人的准备／恢复区。

与其他部门的关系

内镜室应和门诊入口、登记及接待区有便捷的联系，其位置主要取决于与门诊入口的关系，应尽量减少门诊病人的行走距离。

内镜逆行胆胰管造影检查(ERCP)需要用到放射影像／荧光造影设备，因而邻近影像科也很重要。由于这类检查数量较少，一般可以在影像科预约后进行，也有在内镜室中采用可移动的影像设备辅助进行。另外还可以在内镜单元中设置一两间配有固定的影像设备的内镜室。

应保证从住院部有方便的垂直或水平通道通往内镜室，而不需要穿越公共区域。虽然有时急诊病人也需要内镜检查治疗，但不必因此设置直接的通道。

在很多新的医疗设施设计中，设计者往往将所有介入性治疗的准备／恢复区域集中设置，以提高空间使用的灵活性，同时还可以兼顾一周内各类检查治疗数量变化的要求，某些情况下还可以减少工作人员的数量。这种布局要求将内镜室和其他介入性检查设施布置在一起，例如影像科的心血管造影术和介入性放射医学中的心脏导管室等。

主要空间

联邦和各州的建筑法规规定了内镜室的最小尺寸。在设计时应经常查阅，这些法规以保证满足最小尺寸的要求。当前医疗产业使用的实践指南包括美国建筑师学会1996—1997年版的《医院及医疗设施设计和建造导则》，其中提出了某些用房的空间尺寸要求。

设计要点

内镜室的设计应注意以下各点：

- 内镜室的设计要考虑到住院病人和门诊病人的不同需要。治疗中门诊病人和住院病人的检查没有什么不同，但其准备/恢复过程则有重要的区别。应保证所有病人的私密性要求。最好能设置单独的更衣空间。如果能够设置分开的准备/恢复区，并共用其中的更衣室则更佳，这种布局还可以保证陪护者能够一直伴随着病人。
- 理想的设计应保证检查室和准备/苏醒区之间有直接的联系。病人和医师都需要在这些区域内活动。而内镜洗涤和管理等辅助工作区应邻近核心工作区域布置。
- 在将病人准备区与恢复区合一设置时，应有一个中心护士站，可以观察照护所有的病人。这样有助于提高空间和设备的使用率，在可能的情况下还可以和其他介入性治疗的准备/恢复区合并设置。
- 病人在整个准备和恢复阶段都是清醒的——其麻醉阶段只是在接受检查期间，而且病人一般都会很快苏醒。因而较之传统的医院氛围，一个亲切宜人的环境更有助于病人放松心情。

特殊设备与家具要求

内镜室的特殊要求相对较少，一般有以下各点：

- 各检查室一般均配有光纤光源、影像显示器、生理监视仪、管理和存储病人信息的计算机设备。这些设备都可以移动，一般都放在可移动的小车上。偶尔有些设备固定安装在顶部的吊塔上。然而，这类方案相对花费较高，不如移动式设备具有灵活性。
- 在作内镜逆行胆胰管造影(ERCP)检查的房间中，可能会设置吊顶式的固定C臂机供放射影像或荧光检查用。
- 内镜检查通常都为病人提供担架，而在支气管镜检查中要用到一种特殊的可供病人坐或躺的可调式检查床。所有的检查床都可以移动，而支气管检查床还需要提供电源。

- 所有的检查室都需要34英寸深、6～8英尺的长的工作台面，可以摆放各种内镜。室内其他设备应都可以移动。
- 检查过程中一般不需用到各种医用气体。然而，如果有住院病人接受检查，检查室和准备/恢复区应设置附墙的医用气体接口，偶尔也有从顶部作气体吊塔以保证检查室内活动的顺畅。

辅助空间

内镜室有以下一些辅助用房：

- 准备区
- 药品、清洁供应物品储存室、清洁床单和使用过的床单等存放处、污洗间、营养室、设备用房。
- 诊疗工作区
- 管理和医务人员用房：

  接待/登记/工作计划区

  咨询室的等候区

  医案存放区

  医务人员的更衣、休息室、卫生间

规划设计的特殊要点

- 由于需要观察显示数据，内镜检查室的灯光应可以根据需要调节。
- 虽然建筑法规未提出强制要求，但宜将支气管镜室单独设置以减少可能发生的交叉感染。
- 病人的准备/恢复区域应通过气流组织和空气交换来排除难闻的气味。建筑法规一般不特别要求这一点，但病人的恢复区域需要有良好的空气环境。
- 无论是采用人工清洗使用过的内镜或者采用专门的洗涤设备，洗涤室都需要采取特殊的排气措施以控制有害物质的扩散，保护医护人员的健康。通常洗涤室需要100%的换气量，设计时需要查阅相关的建筑法规。在工作台面后部常常设置隔离排风设施，如在操作者和工作台面之间设置一道透明的保护屏，这样可以有效地限定空气的流向。
- 所有的检查和恢复区的建筑装修都要考虑抗菌、易清洁的要求。

发展趋势

内镜检查作为一种新技术，其使用量及使用范围均在不断地增长。内镜的应用有效地降低了人们接受放射线检查（X光）和感染（手术治疗）的机率。

将来的趋势之一是手术室和内镜室的界线正逐步模糊化，其中最大的障碍之一就是净化要求的差别。通常手术室的净化要求较高，可能的情况下这项差距可以通过有效地控制病人的流线来解决。由于成本的因素以及越来越多的急性的内镜检查的要求，内镜医师的工作模式也在发生变化，其结果是提高内镜室的利用率，检查服务工作也将按全日制工作来安排，从而可以在保证进行同样数量检查的前提下减少对内镜检查室数量的要求。

产科

功能概述

产科是医院中专门为女性服务的一个部门，主要为产前和生产的孕妇及新生儿提供各种检查治疗。产科单元通常包括待产室、产房、产后恢复室及相关的护理和辅助用房等。

产科的布局主要取决于所采用的分娩模式及产房的数量。目前产科有三种主要的模式：

- *传统型* 产科由一系列相互分离的房间组成，病人在分娩的不同阶段由一个房间转送到另一个房间。通常病人首先被送到准备区，然后分送到待产室，待快分娩时再送到产房，分娩结束后送到产后休息室休息。产后护理单元则是新妈妈在医院中的最后一站。新生儿一般在此单元内或邻近的区域接受照护。在所有三种模式中，这种模式病人移动次数最多。
- *待产/分娩/恢复(LDR)* 产妇在同一个房间内完成分娩的所有阶段，然后再被转送到产后护理单元。新生儿或送到婴儿室或者和母亲在一起。对那些不希望在生产的同一间房间里接待家人的产妇来说，这是一种较好的模式。
- *待产/分娩/恢复/产后休养(LDRP)* 产妇住院后使用同一个房间。新生儿可以与母亲同室照护，也可以接受短程或全程的监护。这种模式下病人移动次数最少。

设施位置

产科通常可以设在教学医院、地段医院或社区医院的急诊部。目前产科单元常设计成类似家庭氛围的环境。在一些大型社区当中，产科正趋向于和其他的诊疗设施结合在一起设置，形成融专职医师和兼职医师为一体的综合医疗中心。

影响因素

主要的工作及容量决定因素

产科单元设计时，其主要工作量的计算标准即分娩数量。辅助的工作则包括产前和产后的一系列活动。在规划产科单元时，通常要分析医院当前的管理模式，然后根据下列因素及分娩模式确定未来各类用房的数量：

- 根据人口统计学及市场分析确定未来一段时间内分娩的数量。
- 根据医院日常的统计分析确定产科的使用率。

- 确定高峰期和低谷时产科单元内病人的数量。
- 确定使用可能会采用剖腹产手术的高危分娩的数量。
- 确定平均住院日(ALOS),包括待产、分娩和恢复阶段。
- 确定需要进行产前检查的高危产妇的数量。

根据以下的数据可以基本计算出一所医院产科规模的大小，无论其采用的传统模式或LDR、LDRP模式。

美国妇产科学协会建议在传统模式下：

每250例分娩设1间待产室，每400~600例分娩设1间产房，每2间待产床位设1间恢复室。

在LDR模式下：每350例正常分娩（平均住院日为12小时），设1间LDR室。

在LDRP模式下：

$$\text{LDRP室数量（总数）}=\frac{\text{分娩数}\times\text{平均住院日}}{365\times\text{设计使用率}}$$

病人与内部工作流线

考虑到分娩时病人的急迫要求及由此而来的焦虑紧张的情绪，由停车场及医院入口处开始就应有明确的指向和引导通向产科单元。病人可能通过不同的渠道来产科，如妇女诊疗中心、急诊部（下班期间）及医师诊所等。产科和急诊部、手术部之间应有独立的水平联系或由专用的尺寸特别放大的电梯联系。

目前在绝大多数医疗设施中，病人先到达一个集中分级区，病人在这里经医师诊断后决定是继续观察还是送到LDR/LDRP室，或是立即送手术室进行剖腹产手术。集中分级区可以邻近剖腹产恢复区设置，以方便医护人员的工作，提高床位的使用率。为了保证抢救的时间，该区域应与剖腹产房有直接的联系。

当病人出现分娩先兆后，应被送到待产室或LDR室、LDRP室，家属成员可以陪护在病人身边。LDR/LDRP室应尽可能布置在建筑的外围，有自然的采光，并且与集中分级区、剖腹产房、产后恢复室及新生儿重症监护室（NICU）有直接的联系。良好的环境氛围有助于产妇的顺利分娩。而同时也应采取足够的措施以控制公共人流对产科单元的穿越干扰，以保护母亲和婴儿的健康。

在LDRP模式中，医护人员与病人的接触从接待处开始，随后到集中分级区、待产室、产房、产后恢复室以及后来的产后护理单元直至出院处。按LDR/ LDRP的理念，病人在待产、分娩的过程中将由同一位医护人员照护。医护人员需要将清洁物品送进产房，将使用过的器械物品送出去。出生后新生儿在送去作进一步的检

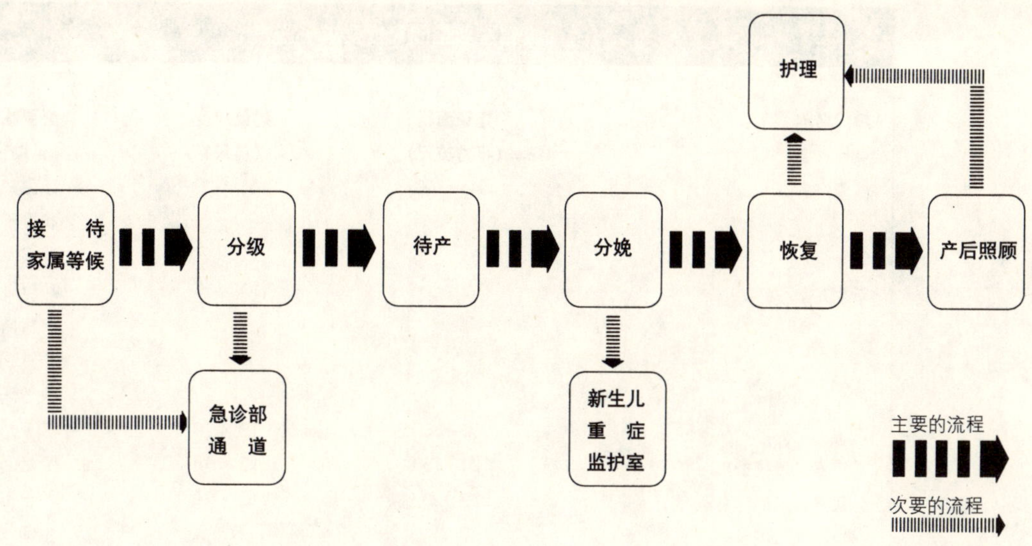

▲产房内部的流线关系

查、清洗和包裹前将和母亲一起待在产后恢复室里。情况不佳的新生儿将直接送到观察室或新生儿重症监护室。在剖腹产手术结束后，母亲一般送到产后恢复区，新生儿则在邻近产房的观察室或苏醒室中接受监护。

像手术室一样，产房里工作的医护人员应呈单向流动，医护人员的工作区域应邻近病人区域分散设置以加强医患之间的沟通，提高护理工作的效率。

与其他部门的联系

产科是综合性的妇女诊疗中心的重要组成部分之一，和其他的一些部门有密切的联系。因为频繁的转运新生儿的需要，新生儿重症监护室应在其邻近位置设置。

产科护理单元需要与产房有便捷的联系，该联系应不受公共交通的干扰。急诊部、手术部和产房之间应设置专用的通道，以便紧急情况下的联系。

在最近的一些设计中，正趋向于将为女性设置的医疗服务项目如围产期检查、儿科检查、乳腺健康检查、妇女健康教育和分娩服务等集中在一起设置。

产科主要空间尺度要求一览表

房间名称	建议面积（平方英尺）	建议尺度（英尺）	必要临近的辅助空间
剖腹产房	360～400	20 × 20	新生儿室单边长度不小于16英尺
新生儿室	150	10 × 15	可以设在剖腹产房内，净面积40平方英尺／床
产房	300～350	18 × 18	
待产室（传统型）	120～150	10 × 15	卫生间
分级室／产后休息室	80～100/床	10 × 10	护士工作区，卫生间，供应物品储藏室
LDR/LDRP	360～400	18 × 20	包括卫生间和器械储藏

▼新生儿重症监护室，瓦利医疗中心，普罗沃(Provo)，犹他州

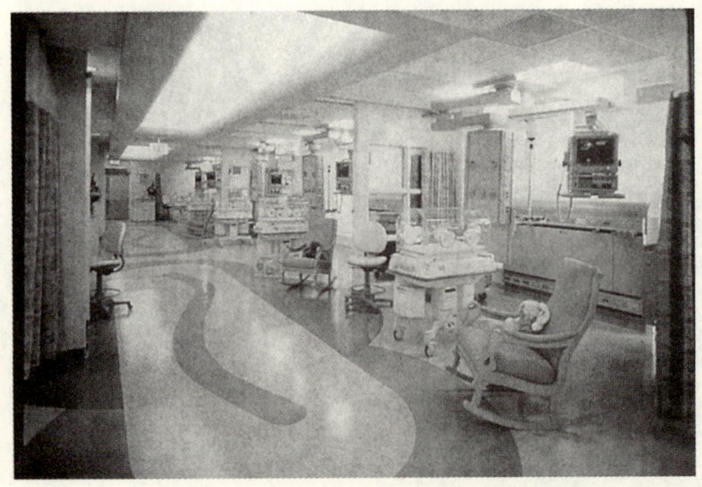

主要的空间

联邦和各州的建筑法规规定了产科用房的最小尺寸。在设计时应经常查阅这些法规，以保证满足最小尺寸的要求。当前医疗产业使用的实践指南包括美国建筑师学会1996—1997年版的《医院及医疗设施设计和建造导则》，其中提出了有关用房的空间尺寸要求。

设计要点

- 应首先明确医院所采用的产房模式（传统型、LDR或LDRP），这一点会直接影响到其他辅助区域如产科护理单元、医护区域以及医护人员工作区的布置。

- 为保证病人转运的方便，集中分级区和／产后恢复室、剖腹产房之间应有直接的联系。
- 新生儿从产房到观察室、婴儿室及新生儿重症监护室等应有顺畅的联系。
- 在LDR、LDRP模式中，应安排好医用设备的储存和运送。设备可以一室专用或多室共用，可以集中或分散储藏。

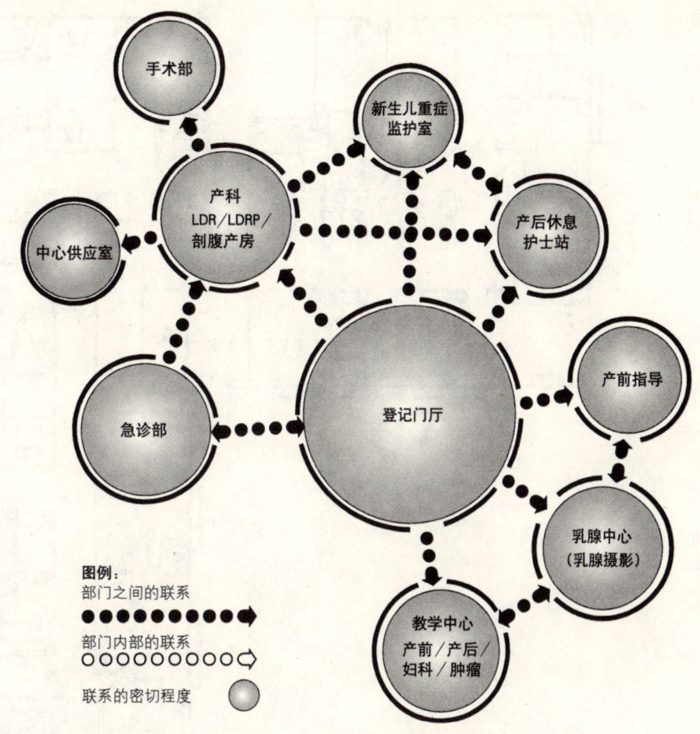

▲产科与其他相关部门关系图

特殊设备和家具要求

产房部有不少特殊的设备和家具，主要集中在LDR、LDRP室：

- 产房的灯光应是可移动的、暗装的或可调节的。在最近几年的设计中，常采用由遥控器控制的暗装或可调节型灯光系统。如果使用可移动的照明系统，则应在产房附近设置相应的储藏室。
- 分娩过程中需要用到不少可移动的设备，如产床、搁脚凳、镜子、麻醉车（很多情况下用到）以及婴儿车或早产儿保育箱。这些设备通常在邻近的储藏室存放。储藏室可以独用或共用，尤其是采用LDRP模式时。
- LDR/LDRP模式下每间产房都需设置洗涤池、工作台及储藏空间。
- 在母婴护理区的附近应设置心脏和胎儿情况监护系统，可以采用固定式设备或安装在移动的小车上。
- 病人及其家庭成员使用的家具包括母亲用的摇椅、可供家庭成员休息的卧具及病人的私人物品储藏室，通常还配有电视、录音机和影像播放设备。
- 母婴可能使用到医用气体系统。
- 剖腹产房一般按常规手术室设计布置，并根据法规要求设置相应的医用气体系统以实施婴儿抢救作业。

辅助区域

下面所列为联邦条例所规定的产房单元所需的辅助区域内容，可根据各州法规

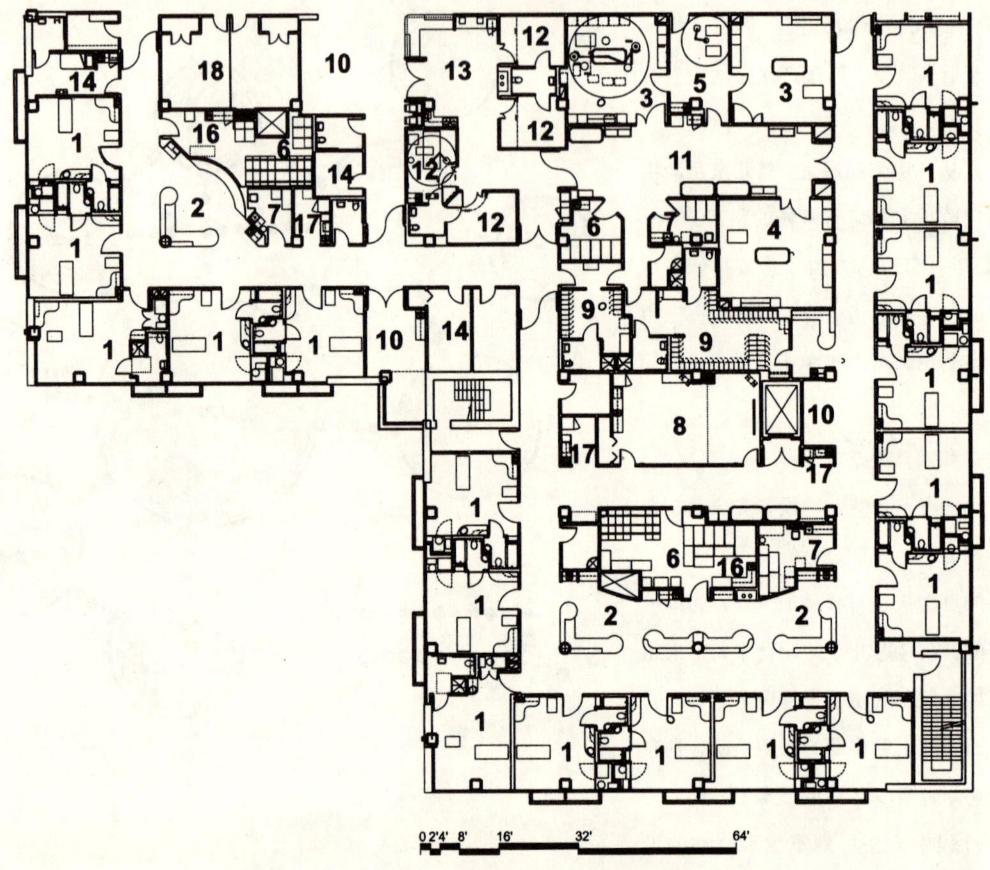

1 LDR
2 护士站
3 剖腹产房
4 高危产房
5 婴儿苏醒
6 清洗／器械
7 污洗室
8 门厅／谈话
9 更衣
10 等候
11 洗涤区
12 抢救
13 抢救洗涤
14 办公室
15 麻醉储藏
16 治疗
17 营养品
18 示教室

▲产科单元平面（LDR 模式）

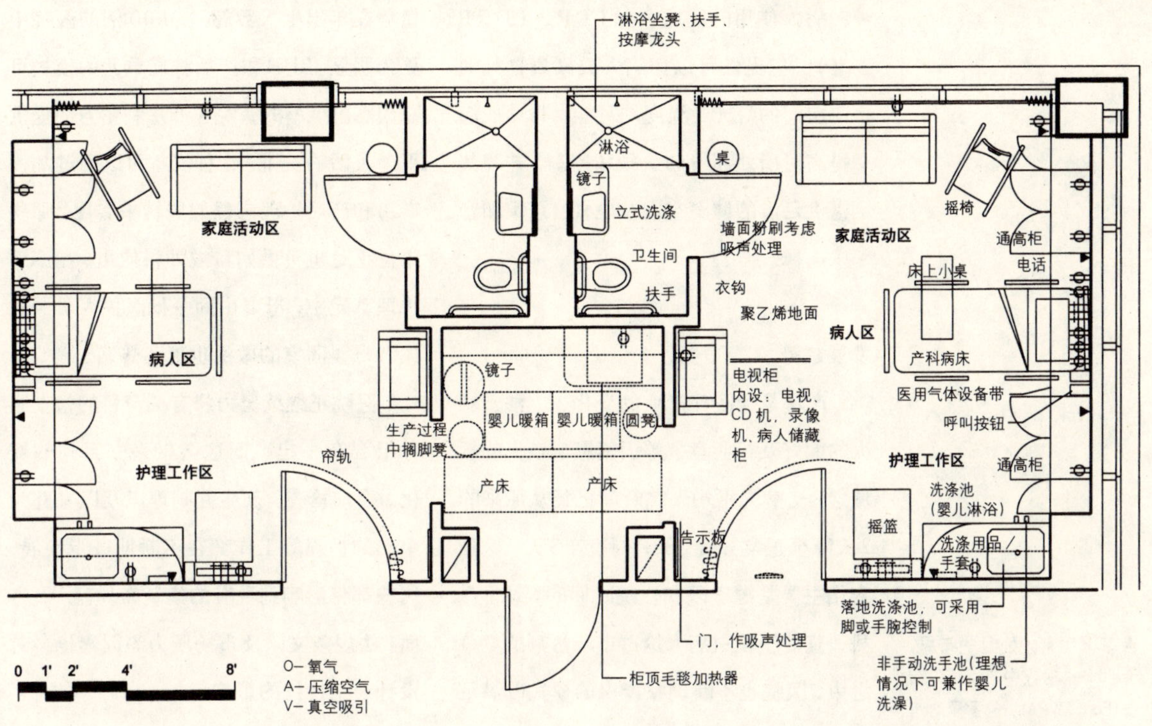

▲典型的LDR室平面

有所调整。

- 病人和家属成员的接待室／等候区域。
- 护士工作区。
- 药品、营养品、清洁物品、设备、污物等的储藏空间。
- 剖腹产房的专用辅助区域。
- 办公室、医护人员的更衣、淋浴、休息室、卫生间等。

规划设计的特殊要点

产科设计中还有以下一些注意点：

- 设计应保证来探视的亲属出入方便，但其路线应和病人的物品供应路线分开，并应注意保护病人的隐私。
- 通过合适的建筑材料、装修和色彩的使用，尽可能地创造一种家庭化的环境氛围。室内设计中可以选用丰富多彩的艺术作品以形成积极的视觉中心，创造理想平和的气氛。作品选择时，应综合考虑各类病人及家属的心理感受。
- 给病人提供与日常生活一样的环境，并尽可能为其提供外部景观。

- 在病人使用的区域（如LDR、LDRP室），应提供可以让病人或家属自行调节房间的灯光、温度的可能，帮助他们提高对所处环境的认知和控制，并为其提供足够的储藏空间及电视、录像和音乐选择。

发展趋势

产房是受医疗产业的变化、立法、病人的偏好及行业竞争等因素影响较大的领域之一。病人平均入院时间已经从原来的3天降至正常分娩2天，剖腹产3天。这种变化主要是源于限制住院时间的要求，产科一直处于吸引病人抢占市场份额的竞争之中，医院也不断调整产房的模式以满足病人和市场的发展变化的需求。

在过去十年中较为流行的LDRP模式正在由更为灵活的LDR模式所替代，这种趋势在年出生人数超过3000例的医院中更为明显。LDR和产后护理单元的模式可以为高出生率的医院在产房利用方面提供更为灵活的安排。这种安排可以通过加快产房和产后护理床位的周转来实现，那些床位平时也可供妇科或外科使用。在产后护理单元中，母婴由同一批医护人员照护或者母婴同室的做法也更为普遍。

医院正继续努力将有关产科的检查服务组合在一起，而这会带来一系列的变化。产前检查、新生儿护理以及以家庭为中心的护理等工作都在不断地进步发展，这些都将影响到现有的建筑布局。另一方面，法规条文以及市场压力等因素也会对设计产生持续的影响。

手术部

手术部是医院中最重要的部门之一，

◀LDRP室分娩时的布局，HealthPark医疗中心，迈尔斯堡(Fort Myers)，佛罗里达州

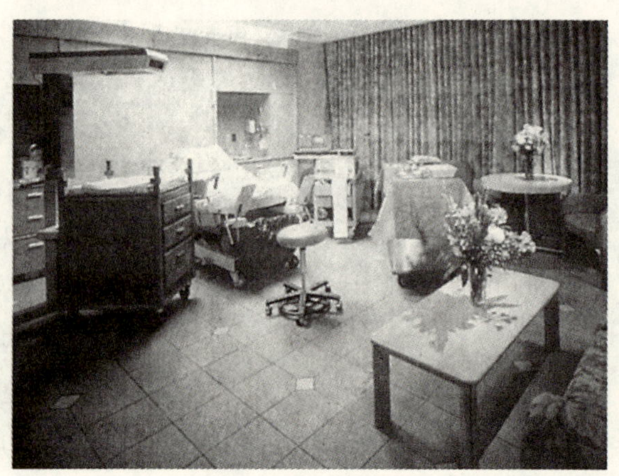

▼LDRP室产前或产后的布局，HealthPark医疗中心，迈尔斯堡，佛罗里达州

其设计规划牵涉到很多的条文规定。设计时必须考虑到病人及其家庭成员的感受。医疗机构当中没有任何其他部门能像手术部这样给病人带来如此大的压力。因此在手术部的前期规划设计时应考虑到各方面的因素，包括管理方、手术医生、麻醉师、手术室的护士、手术辅助区的代表（清洁物品、药品、中心供应及化验室等）以及可以反映病人和他们家庭要求的代表。

病人可能因为很多不同的原因接受手术治疗，如治疗一种可能会有生命危险的疾患或提高现有的生活质量。手术可以在专供门诊病人使用的日间手术室中进行，也可以在门诊病人和住院病人共用的手术部里进行。

*日间处置单元*在前面已经详细介绍过。简言之，日间处置单元可以单独设置，也可以与集中的手术部相邻分开或合并设置。通常日间处置单元包括门诊病人接待处、手术准备、门诊手术室、麻醉苏醒室和最后阶段的恢复室等。

通常手术医生倾向于按时间表在同一个手术单元为门诊和住院病人进行手术。住院病人是指那些在手术前就已经住院的病人和由于手术的严重性术后必须住院的病人。在某些情况下，也会在此为急诊病人进行手术。门诊病人一般经过登记、术前准备、手术、术后恢复等阶段，并在同一天内离开医院。

功能概述

手术过程尽管复杂，但还是可以简化成三个相对清晰的阶段，“术前”、“术中”和“术后”。每个病人都要经历以下这些步骤：

▶门诊手术室，卫理公会医疗中心，舒格兰（Sugar Land），得克萨斯州

▼门诊手术病人恢复区，默西地区医疗中心日间护理部，拉雷多，得克萨斯州

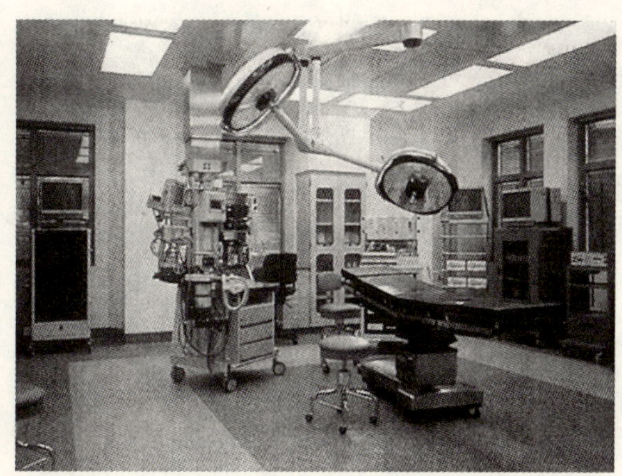

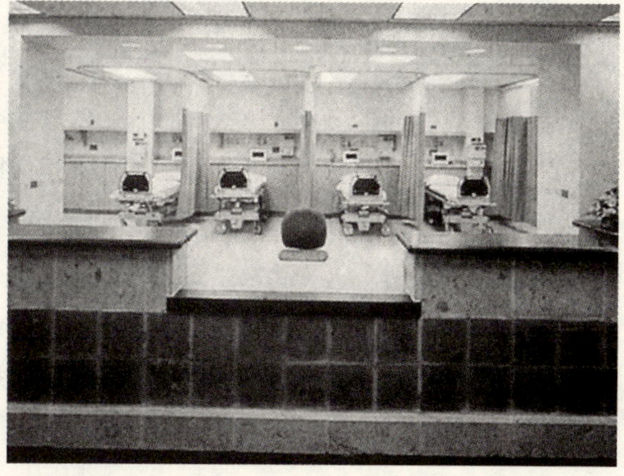

术前：在任何手术前，麻醉师或手术医生都会向病人简要介绍手术的各个步骤，回答病人提出的问题。其后，病人签字同意接受手术。一般住院病人在病房或准备室进行术前准备工作，门诊手术病人则在准备区内进行。

术中：手术过程首先由麻醉医生对病人进行麻醉，麻醉医师将全程监控病人的麻醉情况。而手术小组一般由一位主刀医师、一位辅助医师和一位住院医师组成，其他的医护人员包括手术护士及巡回护士等。

术后：根据不同的手术情况和麻醉程度，病人最长可能会在苏醒室停留3小时。如果住院病人苏醒后无异常情况，将会被送往病房，门诊病人被送往第二阶段的术后恢复室继续休息。在某些情况下，例如接受心血管手术的病人会被直接送往重症监护单元接受监护。

主要的工作区域

手术部由很多不同的区域组成，基本的区域包括麻醉区、术前准备区、手术区、苏醒室、第二阶段的术后恢复室。其他部门的相关辅助区域还有药房、检验科、中心供应室等。

麻醉区：病人在这里接受麻醉，一般需附设麻醉设备及药品的储藏室及麻醉医生办公室。

门诊病人准备／等候区：接受手术的门诊病人通常在此区域进行术前准备，手术后也从此区域离开医院。当签署完必需的文件后，病人会被带至一间等候室更衣，在此还可以和医生就手术的情况进行探讨。在术前的准备工作就绪，病人同意接受手术以后，病人被送到手术室开始手术。手术后病人会被送返术前准备区进行第二阶段的恢复。一般在此阶段经医生批准，病人家属可以来探望病人，陪伴病人一起渡过这段时间。这段时间一般在1～3小时。待完全恢复后病人就可以离院回家了。设计的重点之一就是为进出的病人提供不同的出入口。术前准备区和第二阶段恢复室可以设计成一个个小隔间或者用帘子划分成的空间，具体的分隔方式应听取管理层及医护人员的意见。术前准备区不需要使用医用气体，除非考虑到灵活使用的要求，可能兼作术后恢复用，而术后恢复区则需考虑医用气体。另外，护士站的位置应可以照看到各隔间的病人。

住院病人等候区：住院病人在此登记并进行术前准备，该区域需设医用气体，并应处于护士的直接监护下，可以用吊帘分隔成一个个小间。

手术部：手术部会进行很多不同类型的手术。各手术部的“内区”应是净化程度较高、细菌较少的区域。根据各类手术

的特点，对手术室的大小、净化程度等有不同的要求。有些手术室可以进行很多种手术，有些只能供特定的手术使用。然而，绝大多数手术室都会用到大量的医用气体如氧气、一氧化二氮、压缩空气等。这些医用气体一般通过手术室顶部吊下软管或采用医用气体吊塔的形式供应。手术部还会应用到一些荧光照明设备和真空吸引系统，以及为满足条例规定的每小时换气量而设置的空气调节系统等。另外，法规还规定必须设置紧急情况下的备用电源等。一些特殊的手术室还需要用到显微镜、层流系统以及其他的一些特殊仪器和辅助用房。

麻醉苏醒室：在“术后”部分已作论述。

手术类型

各医院根据其自定位、所配置的设备及医务人员的情况开展各种不同的手术，主要的手术类型如下：

心胸科手术

牙科手术

耳鼻喉科手术

普通外科手术

妇科手术

神经科手术

肿瘤手术

眼科手术

矫形外科手术

儿科手术

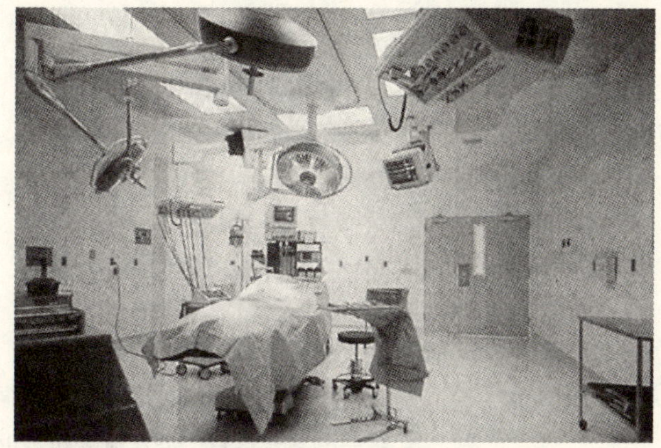

▲普通手术室，HealthPark医疗中心，迈尔斯堡，佛罗里达州

▲手术病人家属等候区，圣公会医院，沃思堡，得克萨斯州

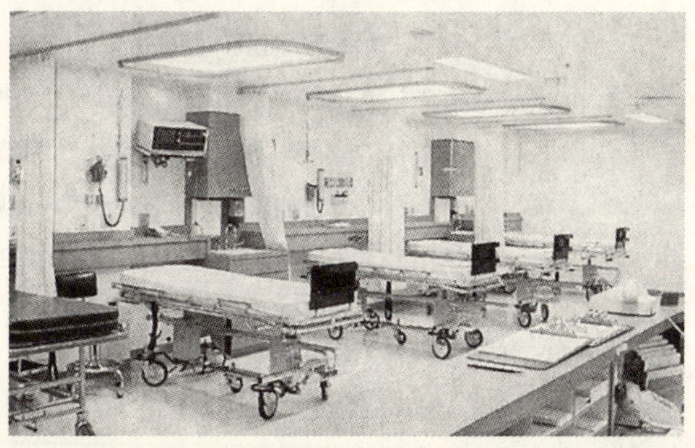

▲麻醉苏醒室，邓肯医院(Duncan Regional Hospital)，邓肯，俄克拉何马州

整形手术

器官移植手术

烧伤科手术

泌尿科手术

血管手术

与其他部门的联系

手术部一般和入院检查及日间处置单元组合在一起，设在便于病人出入的位置。该区域可供门诊手术病人作术前的检查以及作相应的管理等。

主要工作参数

确定手术部大小的主要依据是手术室的间数，而手术室的间数主要决定于每年所进行的手术例数及每次手术平均所需的时间。可以通过计算确定每年可能进行的手术总数。

手术总数/手术时间　一定时间内可进行的手术数量与每台手术平均所需时间(包括手术时间和清洁所需时间)成反比。手术时间一般安排在从上午7：00开始的7~8小时内，一周按5个工作日计算。另外也可能由于急诊或其他原因在周末进行手术。如果出现手术室不足的情况，往往会安排到晚上或周末进行手术。

主要的容量决定因素

一定工作时间内预计要进行的手术总数可以用来计算所需手术室的数量，而以手术室数量为基准可以确定手术准备区大小、麻醉苏醒室床位的数量及第二阶段恢复区的大小，其他相关的内容包括药库、化验室及器械室等。目前联邦和各州的条例都对其各类用房的大小作了规定。

各类流线

手术部的主要流线可以分为以下几种：病人流线、探视流线、手术医生流线、手术护士流线及后勤供应流线。

病人流线：病人从住院部、日间处置单元或急诊部进入手术部。住院部病人一般在术前准备室作手术准备，然后到相关手术室进行手术；门诊手术病人则直接到各手术室进行手术。手术后病人送到麻醉苏醒室恢复，然后或送回病房或送至第二阶段恢复室。

探视流线：手术时探视者在家属等候区等候。在有些医院里，住院病人家属或探视者可以在病人的单间里等候，而门诊病人或日间手术的探视者可以在术前准备区等待。病人手术结束后，部分探视者可以被允许探望在第二阶段恢复室内的病人。

医务人员流线：所有的医务人员都需要在更衣室里换上干净的衣服，再通过走廊进入手术部，他们可以查看手术室的计

住院病人
等候
手术
麻醉
苏醒室
病房
门诊病人
术前
准备区
手术
麻醉
苏醒室
术后
休息区
离院
医护人员
更衣
过厅
手术
谈话室

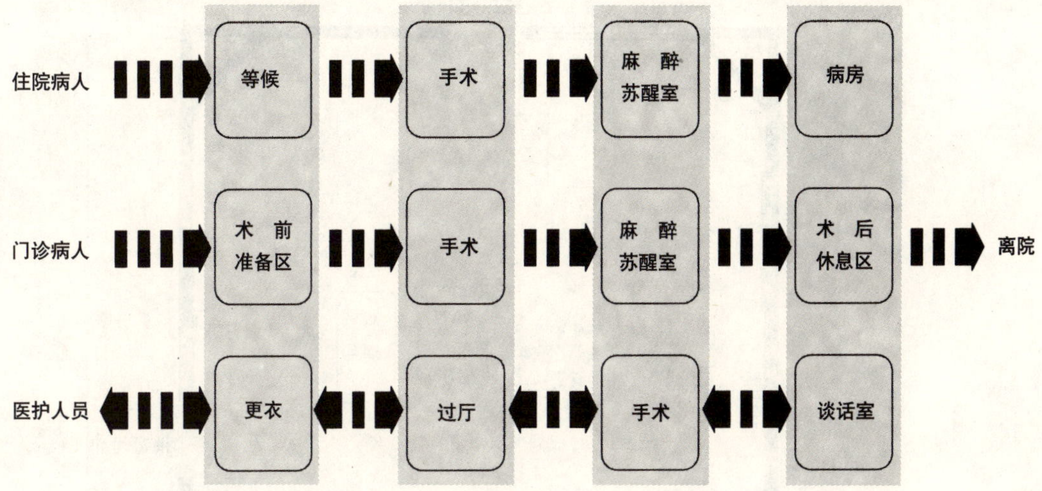

▲手术部内部的流线关系

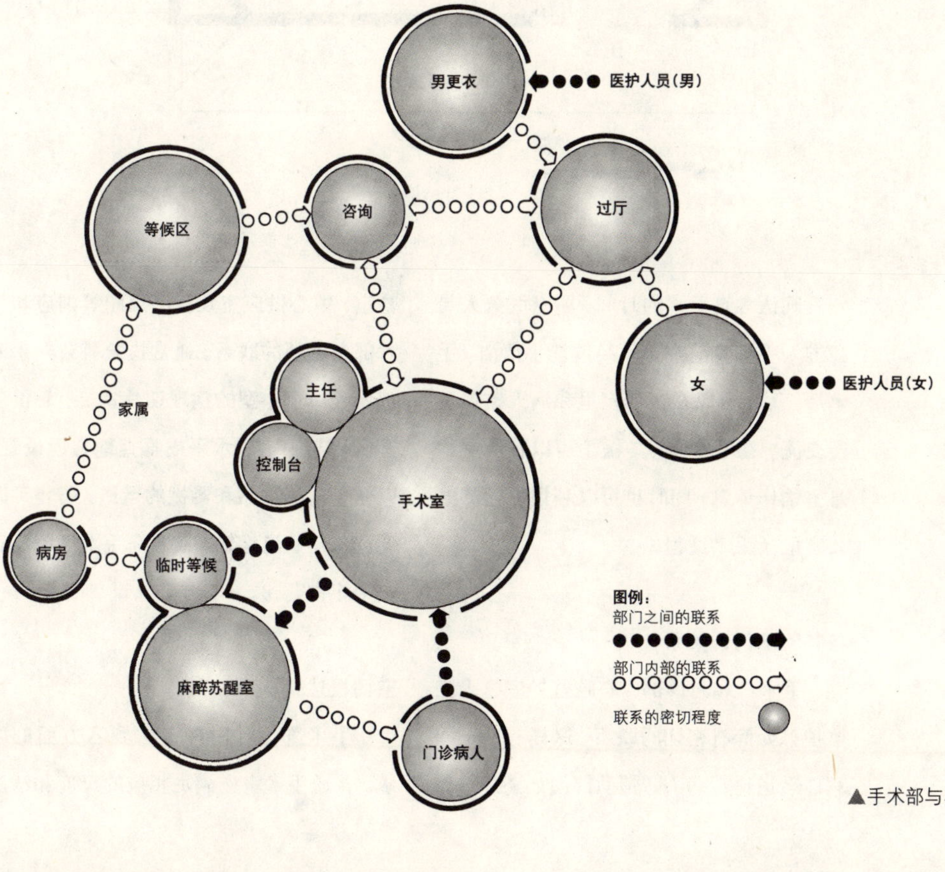

男更衣
医护人员(男)
等候区
咨询
过厅
主任
家属
女
医护人员(女)
控制台
手术室
病房
临时等候
麻醉苏醒室
门诊病人
图例：
部门之间的联系
部门内部的联系
联系的密切程度

▲手术部与其他相关部门关系图

▶普通手术室平面

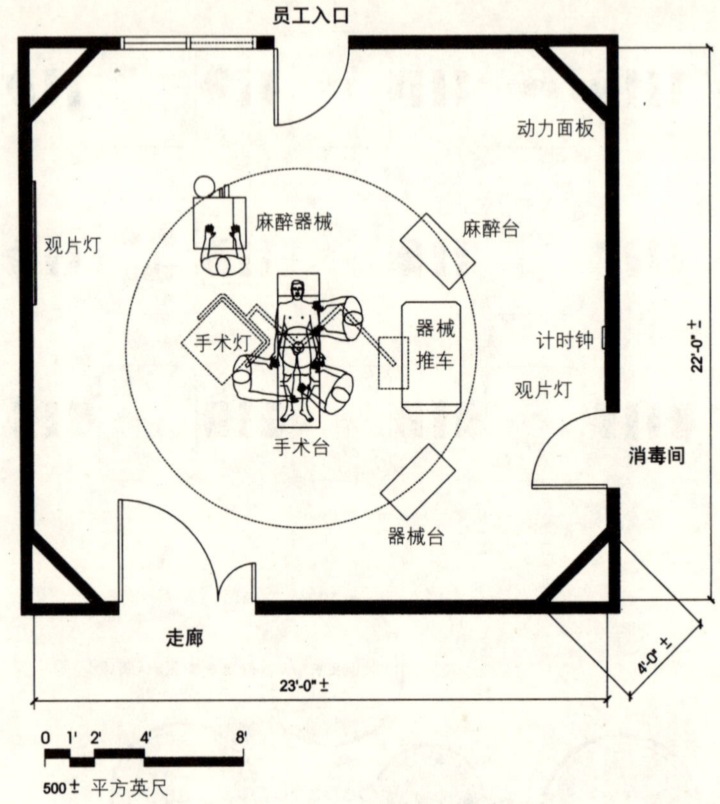

划表确认各自手术的时间，所有医务人员在进入手术室前都必须经过洗手清洁。手术后，医生可以在谈话室里和病人家属进行交流。在手术间歇，医生可以在医生休息室稍作休息，同时也可以利用附近的办公室记录手术过程。

与其他部门的关系

手术部和急诊部、心脏监护室、重症监护单元等有密切的联系，这样有助于顺利地运送抢救病人。辅助部门如药库、化验室、中心供应室及后勤部门等则应和手术部有方便的联系。通常检验科会在手术部设置一个小型的病理切片室。中心供应室需要与手术部水平或垂直地临近设置，以便于清洁物品和器械的运送。药物可以通过气动管道运输，或者在手术部中设置一个小型药房。

空间概述

手术部设计时应考虑到各方面的要求。普通手术室应满足相应的尺度和洁净

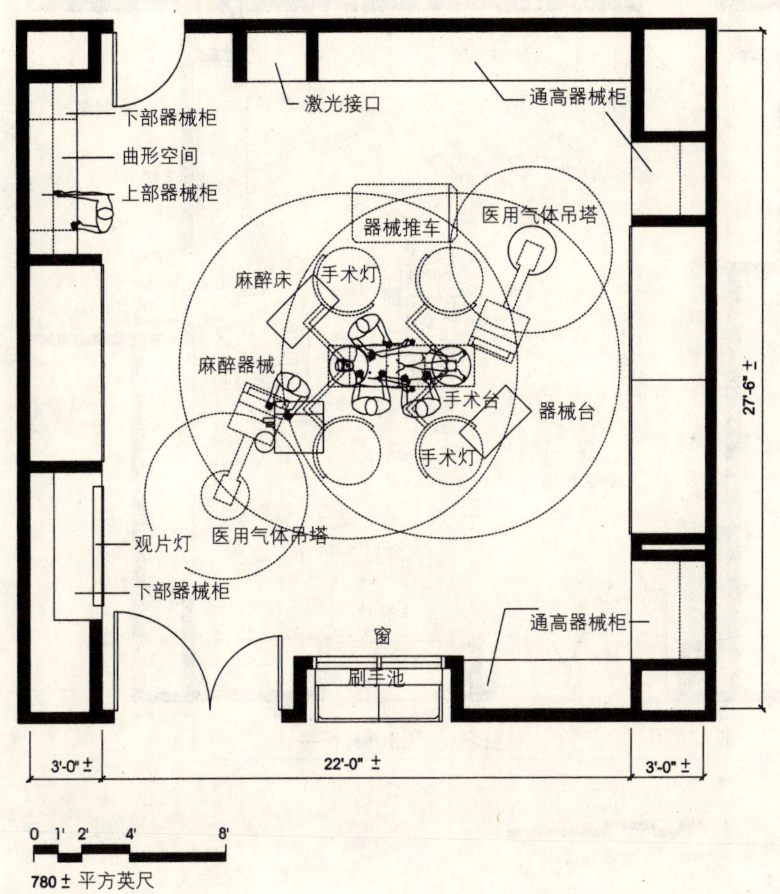

◀矫形外科手术室平面

度的要求，其形状最好是方形。作特别用途的手术室的大小应和其使用功能密切相关。下面列出了一些特殊手术室的面积和尺度要求，设计时还应查阅有关的法规条文。所有的面积均为净面积，不包括各类壁橱等。

普通手术室：400平方英尺，短边至少20英尺。

心血管手术室：600平方英尺，短边至少20英尺，需要邻近设置一间泵房。

膀胱镜手术室：350平方英尺，短边至少15英尺。

矫形科手术室：600平方英尺，短边至少20英尺，需邻近设置一间储藏室。

神经科手术室：600平方英尺，短边至少20英尺，需要邻近设置一间储藏室。

▶心血管手术室平面

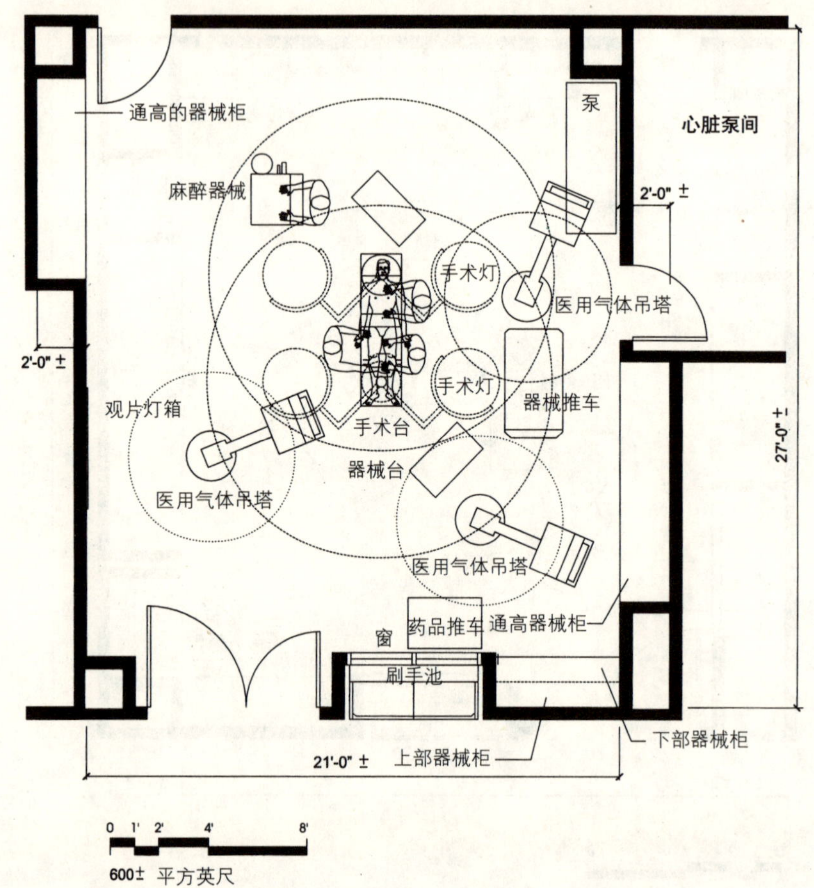

手术室的各种布局形式

决定手术室的布局形式有以下一些因素：综合性的手术室或仅供门诊手术用；走廊模式或核心工作区模式；独立式或集中清洁物品供应式等。

综合性手术室／独立的门诊手术室：这种区别决定了门诊手术室的位置。门诊手术室可以作为综合手术部的一部分，也可以单独设置所需的准备区和手术室。是否单独设置门诊手术室将影响到医护人员的配置和医院的管理模式。

周边工作走廊式／内部核心工作区式：采用环行工作走廊形式环绕手术室的。这种布局利用同一条走廊来供病人、医护人员、清洁物品和术后物品通行。清洁的物品和术后用品小车密封处理，术

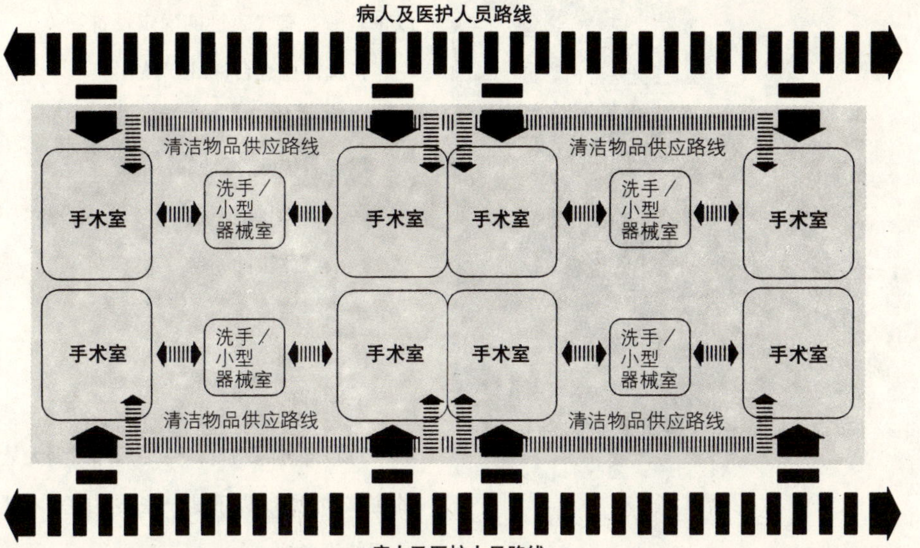

◀走廊模式手术室图示

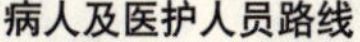

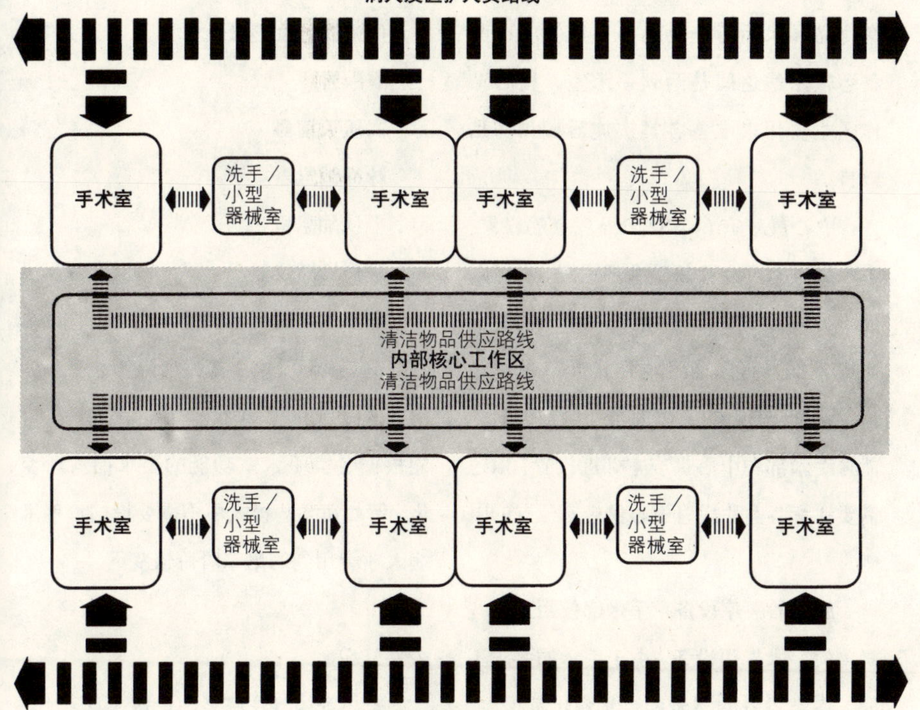

◀核心工作区模式手术室图示

▲手术部内部工作区，麦卡伦地区医疗中心，麦卡伦，得克萨斯州

后的废弃物则用双层包装以保证环境的清洁。内部核心工作区的布局可以将洁净物品和术后污染物品分开运输。在两条运输路线之间是两列手术室，核心工作区主要用来准备各类实施器械和药品敷料。

中心供应室（CSS）分开或邻近设置：中心供应室可以紧邻手术部设置，也可以设于另外的楼层，如果是设在手术部的上方或下部，可以通过电梯或升降机来联系。虽然两部门的工作人员一般都倾向于能将手术部和中心供应室邻近设置，但还需要注意各类法规对中心供应室位置的限制。

固定的医疗设备 手术部使用到一些贵重的手术专用设备，由于手术的要求不同，各类设备的型号和数量变化都很大，以下是一些有代表性的固定设备：

膀胱镜检查台(可移动的)

观片灯

层流系统(选择性的)

医用气体供应系统

残余气体排除系统

护士呼叫系统

洗涤池

无影灯

可移动的医用设备 手术部用到大量的可移动设备，以下是一些典型的手术部使用的设备：

可调节的手术床

便携式激光仪

C臂放射投影仪

麻醉机

高压灭菌器

脉冲消毒器

毛毯加温机

超声诊断仪

像手术室这样功能复杂的部门有很多专门的工作区，由于篇幅所限不能一一列出，下面列出了一些最常用的工作区，可能根据各类手术室功能的要求而有所变化。例如在某些模式中不需要设门诊手术病人才会用到的第二阶段恢复区。

公共区域

家属等候（住院／门诊病人）

谈话室、咨询室／告别室

接待室／档案室

收费处

公共厕所

门诊病人准备／第二阶段恢复室

更衣室

准备／恢复室

病人卫生间

病人衣橱

护士站

营养室

轮椅／担架存放处

清洁物品储藏

污物间

卫生室

手术室

普通手术室

主要手术室

心血管手术室

体外循环室（邻近心血管手术室）

矫形外科手术室

矫形外科储藏室

神经外科手术室

洗手室（两手术室之间设置）

备用手术室／膀胱镜室

清洁器械储藏

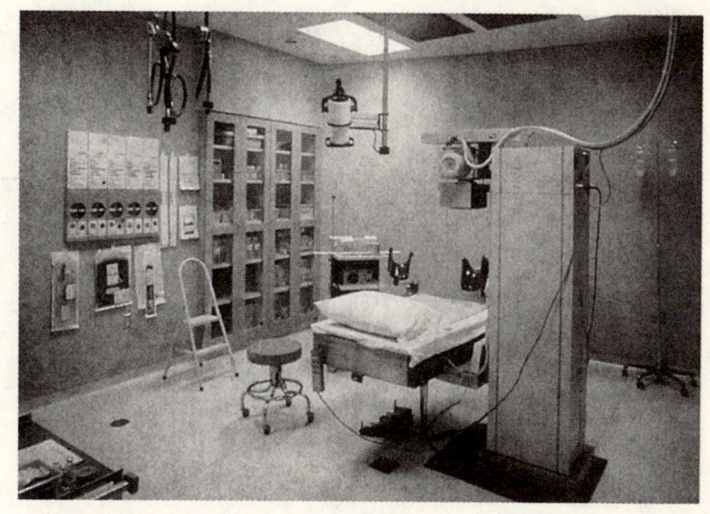

▲膀胱镜室，汉诺威医疗中心(Hanover Medical Park)，汉诺威，弗吉尼亚州

辅助区域

C 臂凹室

洁净用品储存／车辆存放

配药室（水池、冰箱、麻醉品库）

护士站

控制室

电气显示面板

污洗室

冰冻切片室

医用气体储藏

设备用房

储藏室

血库

轮椅／担架存放

麻醉苏醒室——第一阶段苏醒室

等候／麻醉、准备区

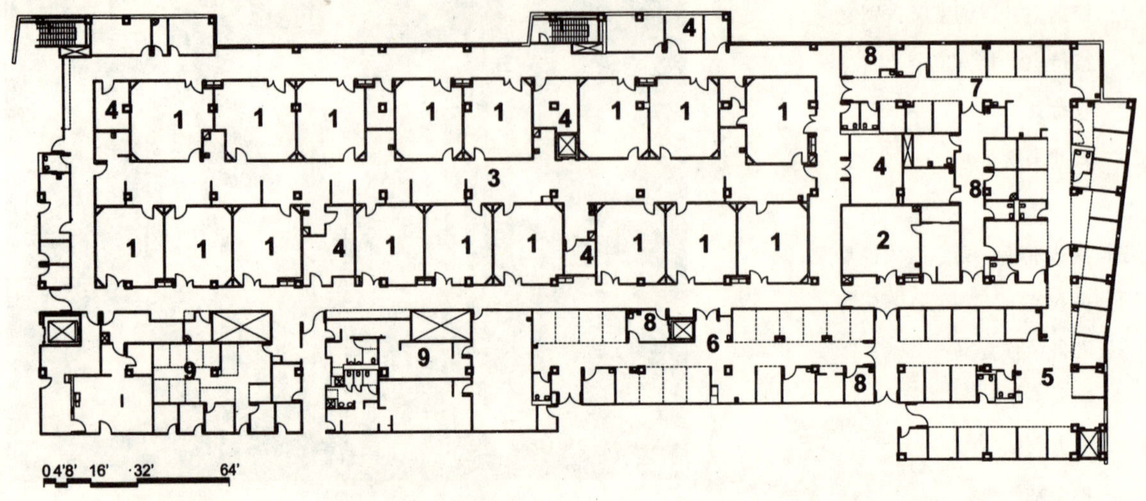

1 手术室
2 特别处置室
3 洁净走道
4 手术用品储藏
5 术前准备室
6 术后苏醒室
7 第二阶段恢复室
8 辅助区
9 办公室

▲手术单元平面，麦凯迪医疗中心，奥格登，犹他州

病人苏醒室

隔离室／接待室（推荐设置）

护士站

清洁物品／设备

污洗室

污物存放

配药室

办公室

医用卫生间

洗手池（每4床设一个）

担架存放

医护人员区域

医师门厅，可以和护士门厅合并设置

男更衣室

男卫生间、淋浴间

女更衣室

女卫生间、淋浴间

医生休息室

办公区

办公室

外科主任办公室

秘书室

麻醉科

麻醉主任办公室

麻醉医生办公室

会议室

资料室

休息室

技术室

储藏室

值班室（附设卫生间）

发展趋势

手术部正趋向于将门诊病人手术和住院病人手术分开，然而，另一种趋势是将门诊手术室和住院病人手术室合并设置，以提高人员和设备的使用效率，减少运行的成本。而利用住院病人手术部的设施为门诊病人服务并达到相应的标准将给医护人员提出新的要求。门诊病人将继续要求可以从门诊区直接方便地进出手术区。随着新的减少痛苦的方法不断出现，疼痛控制作为一项新的服务也正在不断扩展。病人准备区是进行疼痛控制处理的主要场所。未来将更多地把介入性的影像设施如心脏导管室和手术室结合在一起以便在手术部的洁净环境中进行介入影像检查治疗。以上所有这些趋势的目的都是为病人提供更好的手术服务。

治疗部

肿瘤治疗部

肿瘤治疗主要是为患有恶性肿瘤的病人服务。治疗肿瘤病人的两种基本手段是化疗和放射治疗。化疗是采用静脉注射的方法通过化学药品杀灭肿瘤细胞；放疗则是将肿瘤细胞暴露在放射线下，可以通过导管直接将放射源送入体内或由直线加速器、屏蔽的放射源等发出的射线来照射相应的部位。由于放射线治疗时对所杀死的细胞没有选择性，因此放疗治疗方案较为复杂。无论是化疗或放疗都需设置病人准备区及恢复室。大多数化疗和放疗服务在综合医院里设置。由于其治疗方法的不同，放疗和化疗可以分开设置。然而，30%的肿瘤治疗方案都要同时进行化疗和放疗。

▼直线加速器室，惠灵顿地区肿瘤中心（Wellington Regional Cancer Center），惠灵顿，佛罗里达州

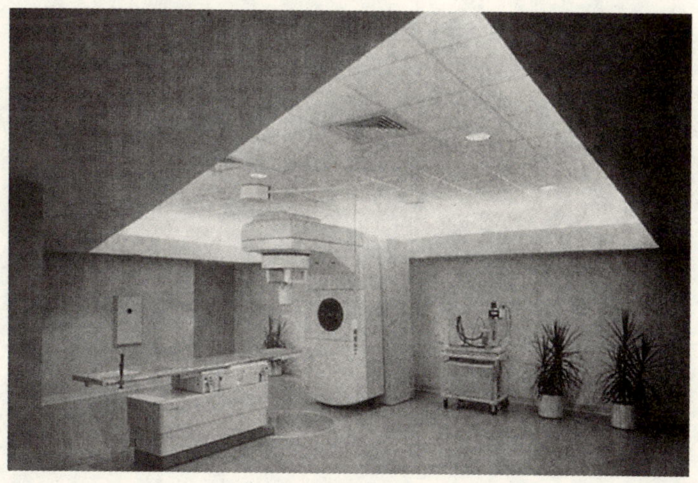

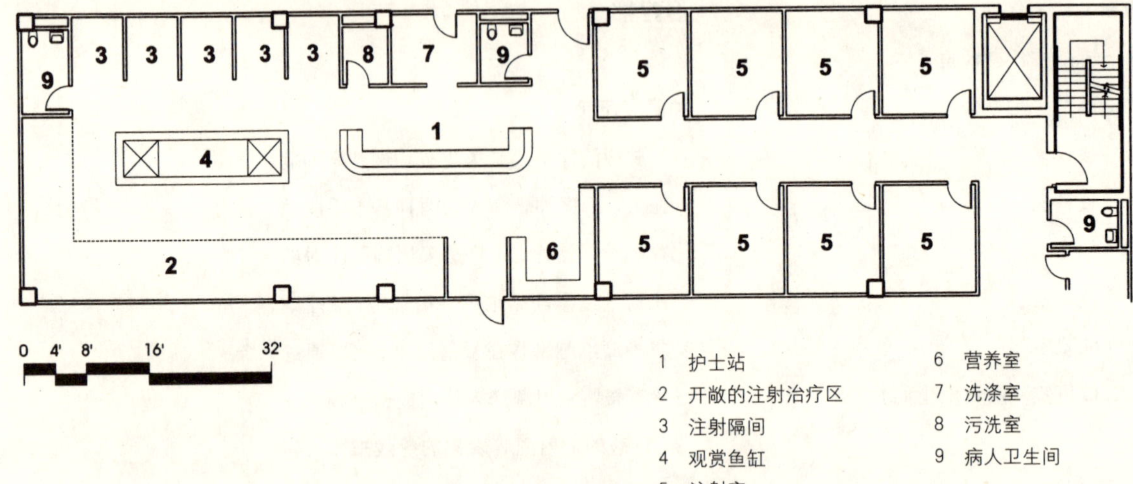

▲化疗／注射治疗单元平面，顺佩特肿瘤中心（Schumpert Cancer Center），什里夫波特（Shreveport），路易斯安那州

病人的检查、治疗以及治疗方案的确定是肿瘤治疗部门的主要工作。需要治疗的病人人数以及治疗所需的环境要求决定了空间的形式。放疗对设备及防护的要求极其复杂，无论放疗或化疗都需要有合理的医护路线以提高空间的使用效率。

化疗可以在一个相对宜人的非技术性的环境中进行。化疗过程一般都有一定的损伤性，时间也较长，病人通常都有点紧张，空间的大小主要取决于接受治疗的病人的数量及所需治疗的方案。相互隔离的一个个房间可以为病人提供所需的隐私，而开敞的治疗区则可以为病人相互之间交流帮助提供方便。化疗室设计的首要目标是为病人提供适宜的治疗环境。

放疗则必须由专门的医务人员利用高技术性的设备进行，一般采用直线加速器，因此必须考虑相应的放射线防护的问题。

病人流线

由于病人进行治疗的方案一般都是经过仔细的计划安排，因此病人的数量、流线通常都可以预测到。需要为那些身体虚弱的病人提供相应的辅助设施。放疗需要设置检查室、咨询室以及确定治疗方案的计划室，确定放射具体部位的模拟定位室和治疗室等用房。化疗和放疗都包括一系列不同阶段的治疗。

由于大多数肿瘤病人都是可以走动的，因此肿瘤治疗部和医院的其他部门联系相对较少。设计中重要的一点是要考虑到病人的私密性要求，最好有一个对外的入口可以直接到达化疗或放疗室。肿瘤治疗部需要和急诊设施保持联系，但不必直接和急诊部相通。化疗室还需要和药房有一定的联系以准备那些受控的药物。

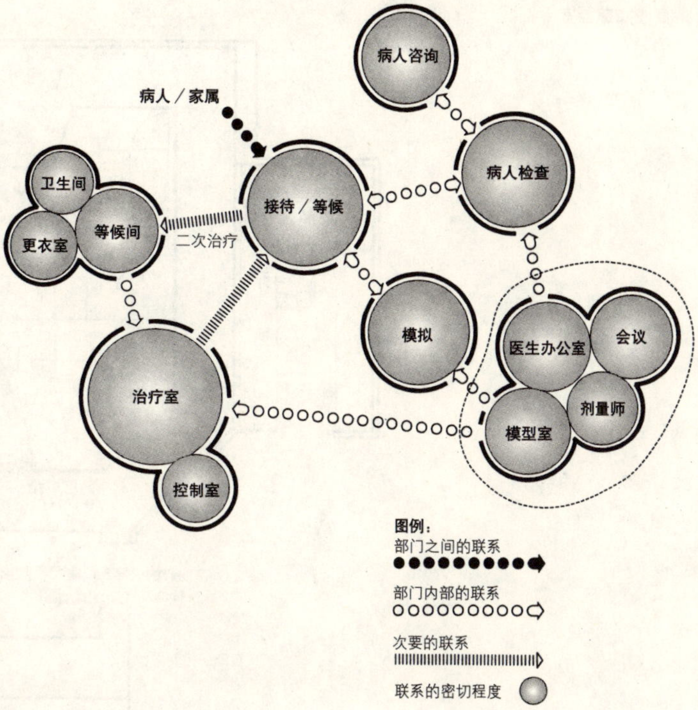

▲肿瘤治疗部与其他相关部门关系图

主要的空间

肿瘤治疗部最特殊的一点是放疗部的设备和防护要求。直线加速器将产生极强的放射线，为确保射线的治疗效果，需要采用密实的放射防护措施。虽然铅和钢铁的防护性能更好，但由于造价的原因更常使用成本较低的混凝土作为防护材料。8英尺厚的密实混凝土可以屏蔽18～20兆伏的直线加速器产生的射线。

为满足治疗的要求，直线加速器应能作360°的旋转。因此，加速器机房需要10英尺的净高以及360°方向的防护。由于这类设施建设的永久性，必须在规划时就考虑好机房的位置。

主要放射用房的尺度要求如下：

治疗室：600平方英尺（高能量）

500平方英尺（低能量）

控制室：130平方英尺

设备室：100平方英尺

迷路：140平方英尺

模拟室：300平方英尺

计划室：200平方英尺

剂量师办公室：120平方英尺

模型室：250平方英尺

病人卫生间：60平方英尺

病人等候区：20平方英尺／人

家属等候区：18平方英尺／人

后装治疗是将放射源植入肿瘤组织之中或在其附近进行放射治疗。放射源的植入可以采用辅助的手术或导管进行。病人在治疗过程中必须一直处于监护之中，通常治疗是在经过专门防护的病室中进行，以免影响到其他人。

▶直线加速器室平剖面

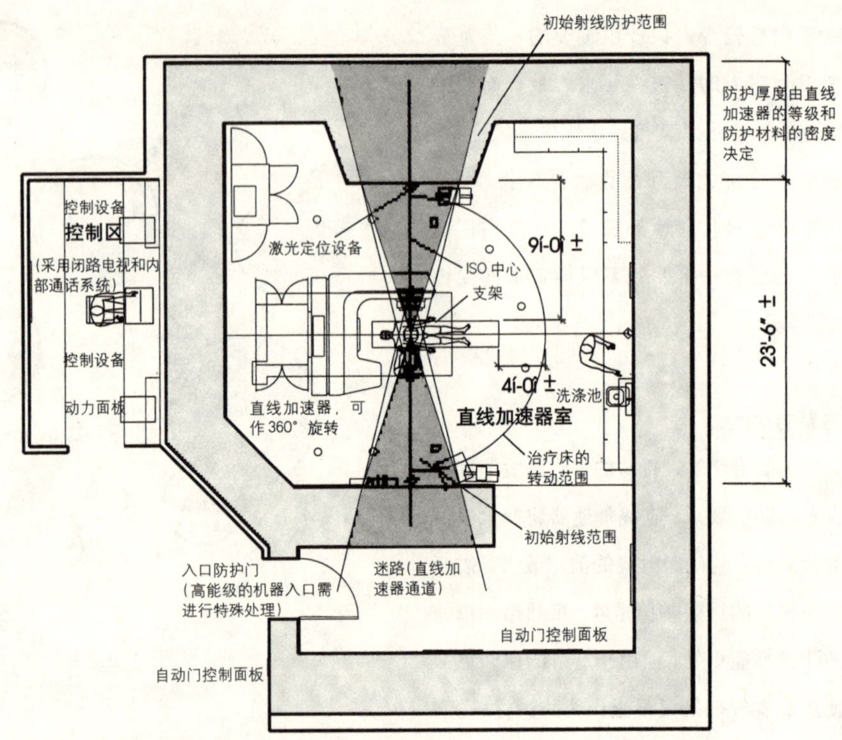

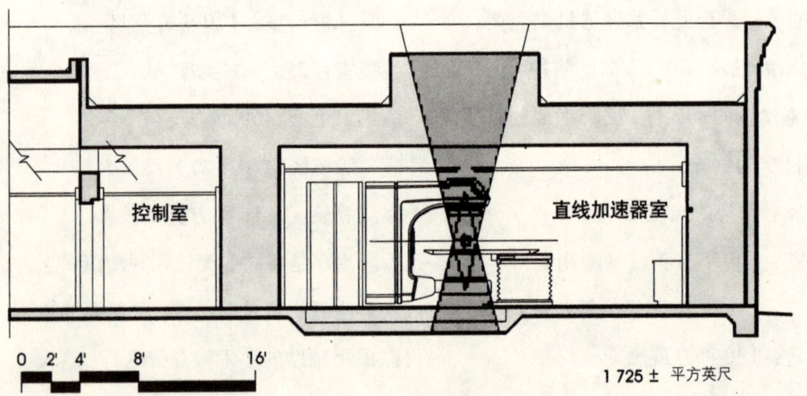

1 725 ± 平方英尺

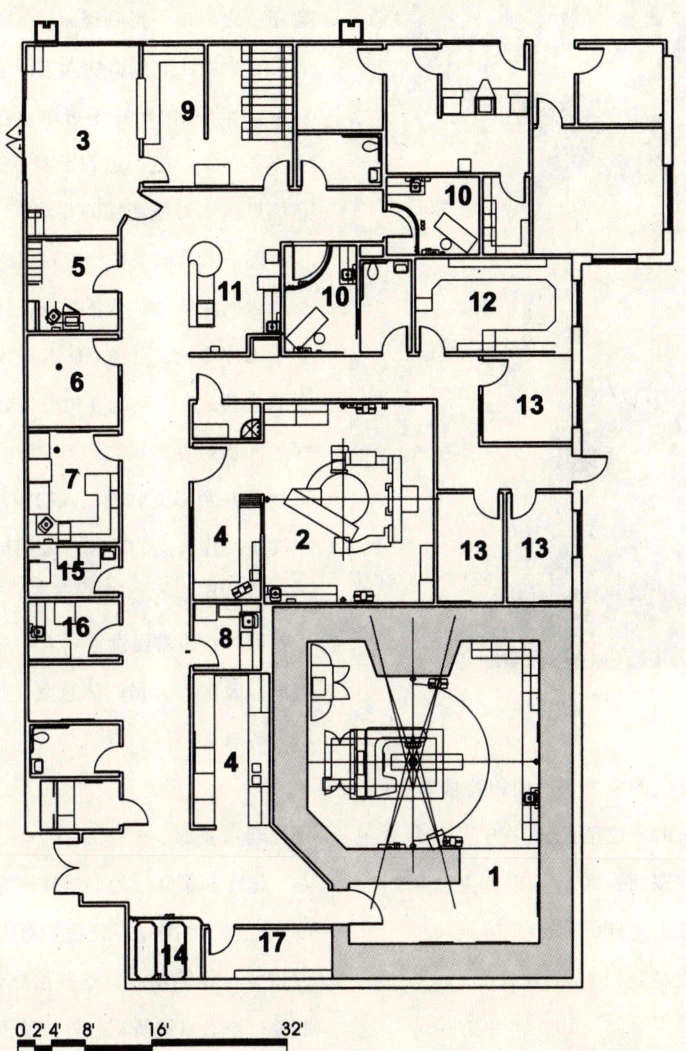

◀肿瘤治疗部平面，路易斯·奥比奇纪念医院(Louise Obici Memorial Hospital)，萨福克(Suffolk)，弗吉尼亚州

1 直线加速器室
2 模拟/CT室
3 等候
4 控制室
5 工作室
6 咨询/会议室
7 阻塞室
8 暗室
9 接待/医案室
10 检查室
11 护士站
12 计量室
13 办公室
14 担架存放
15 污洗室
16 洗涤室
17 储藏

▶肿瘤治疗区，顺佩特肿瘤中心，什里夫波特，路易斯安那州

化疗区的主要用房面积要求如下：

开敞的治疗区：60平方英尺

治疗隔间：60～80平方英尺

治疗组：100～150平方英尺

护士站：150+平方英尺

病人卫生间：50～60平方英尺

家属等候区：15平方英尺

检查室：120平方英尺

设计要点

很多癌症病人都会感到焦虑和沮丧，如果能有机会和其他病人有一些交流，获得相互间的支持，那么病人的这类情绪将会在一定程度下得到缓解。在肿瘤治疗部的设计中应注意创造病人之间进行交流的机会。由于肿瘤治疗不可避免会对病人的身体和形象产生一定的影响，设计时要注意满足病人对私密性的要求。

医护人员需要在治疗过程之中及以后一段时间保持对病人的监护。计划室是医生的工作场所，应避免病人进入或听到其中的谈话。热力室是存放准备好供后装治疗用的放射性物质的地方，房间必须作防护处理并紧邻放射物植入的用房。在药房中准备化疗药品的区域应采用层流设备以满足对洁净度的要求。

另外，还需要设置病人的更衣室、卫生间以及医务人员的休息室、办公室、更衣室等辅助空间。

理疗与康复部

理疗和康复部为那些身体方面有障碍的人士提供治疗，以便他们可以最大程度地恢复机体的功能。这些治疗包括理疗、职业疗法、言语矫正、听觉缺损治疗以及其他一些特殊治疗方法，需要应用到矫正学和修复学的一些最新成果。理疗和康复治疗可以为住院病人、门诊病人或家庭病人等提供服务。

理疗

理疗主要通过基本的神经、肌肉和骨

骼的活动来使身体和肌肉恢复原有的运动、循环和协调功能。理疗用房一般由治疗隔间或房间组成，包括热疗室、电疗室、按摩室和推拿室等。

健身房一般是大空间，设置有各种运动设施，如垫子、平台、步态训练楼梯、平行抓杆、投掷器械及其他一些耐力训练设施、矫正和修复设施。健身房还可供运动比赛（如轮椅篮球）和社区活动等使用。在长期疗养康复设施中，理疗部还可以为病人提供一些娱乐性的治疗项目。

水疗是利用容器中循环的温水或热水对病人进行治疗。容器的大小可以容纳下身体的一部分，也可以淹没全部身体。另外，也有采用一些特殊形状的容器以便于手臂可以充分伸展。环绕身体或四肢的循环热水或温水可以刺激血液的循环，改善治疗效果，缓解疼痛。更大型的治疗池还可以让病人在其中进行运动，病人在水中漂浮能够减少体重对身体的影响。水疗室应注意通过机械通风系统的设置，控制好环境的湿度。

职业治疗

职业治疗主要是通过让病人进行一定的身体运动提高病人的独立生活能力。治疗包括日常的生活培训（ADL）、职业培训及某些强化性的工作项目等。

日常生活培训的内容主要为个人日常生活所需完成的常规动作，其治疗用房一般有模拟的卧室、厨房和浴室。在这些用房里，病人在一位治疗师的帮助下学会完成基本的烹饪、清洁和更衣等工作。

职业培训区域布置有多种类型设备，如计算机、收银机、电话交换机等，模拟某些工作场所。该区域也可能设有木工和金工车间，有些职业培训区域还设置一些

▲普通健身房，达拉斯康复中心，达拉斯，得克萨斯州

▼水疗区的治疗池可以淹没全部身体，温泉康复中心，达拉斯，得克萨斯州

强化的工作培训项目，模拟一些工业生产环境，在更为真实的工作环境中对病人进行治疗和培训。病人将学会在完成工作任务的同时保护自身免受伤害。由于设备工作时可能产生噪声，职业培训区应注意声环境的处理。

言语矫正和听觉缺损治疗

病人由于受到伤害或疾病等原因可能导致交流上的障碍，其中最常见的原因是脑中风和头部外伤。治疗的目的是帮助病人控制自己或适应特定的交流障碍。交流障碍包括言语上和听觉上的问题。听觉缺损治疗最常用到的是两间隔声的小间。在小间里可以精确地测定听觉的损失程度以及助听设备的效果。

特殊的治疗项目

理疗和康复部还有一些特殊的治疗项目，如疼痛控制、心脏疾病的恢复运动以及针灸治疗等。这类项目可能对空间有一些特殊要求，但绝大多数的格局都和以上提到的类似。

设置

理疗和康复治疗部可以设置在多种类型的医疗设施中，如综合医院、门诊中心以及其他的一些疗养康复设施等。治疗由受过专门培训的理疗学、矫正学、神经学、心脏学等多学科的医师进行。一些特殊的治疗项目还包括以下一些疾病伤害的恢复，如脑中风、脊椎伤、头部外伤、截肢、发育障碍、老年性神经痴呆、骨折、心脏病及遗传紊乱等。

运作因素

理疗和康复治疗部的大小、内部联系要求以及设置位置等取决于其工作量的大小，而工作量的大小决定于开放时间内所治疗的门诊病人和住院病人的数量及进行治疗的种类，其空间大小由治疗隔间、垫子、护理站、知识培训室及水疗容器等一

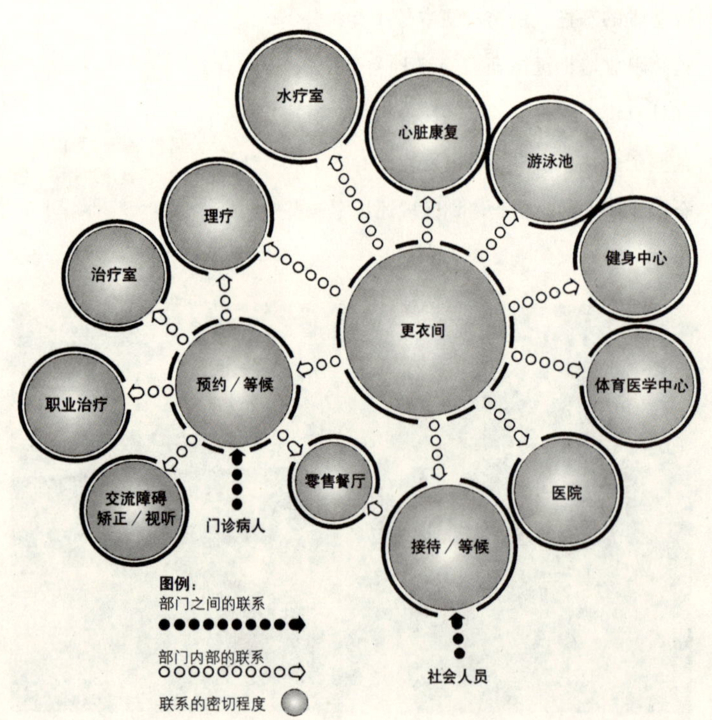

▼理疗和康复治疗部与其他相关部门关系图

些代表性空间或器械的数量决定。

病人和医护人员的路线决定了理疗和康复治疗部的布局。由于病人不同程度地存在一些障碍，因此要保证病人能够方便地就诊。在大型医疗设施中，理疗和康复部常设在底层邻近电梯的位置。该区域可以兼顾门诊病人和住院病人的需要。医护人员应可以看到来往的病人。在护士站附近还可以设置小型的理疗室供行动不便的病人治疗，还有些治疗活动可以在病房里进行。

理疗和康复治疗部的治疗和院内其他科室有一定的联系，较密切的是矫形外科、心脏科、神经科等护理单元。理疗和康复部宜邻近门诊病人入口，最好从停车场有专门的通道相连。

辅助区

理疗和康复治疗部有以下辅助区域：

- 休息室、个人更衣室、卫生间，可能的情况下设淋浴间。
- 供长期培训用的示教室。
- 处置室、污洗室、设备用房、轮椅和担架储藏空间。

大型的理疗和康复治疗部还设有矫正和修复部，可以提供一些辅助设备协助病人进行灵活性和技巧性训练，这类设备有假肢、辅助用具、支架、矫形架、轮椅等等。

空间需求

根据美国建筑师学会1996—1997年版的《医院及医疗设施设计和建造导则》规定，典型的理疗和康复治疗部主要由五大区域组成：

- 管理办公区
- 理疗区
- 职业治疗区
- 言语矫正／听觉缺损治疗
- 辅助区

以下是一般所需设置的各类用房

- 接待和等候室
- 管理办公室
- 病人卫生间
- 轮椅和担架储藏室
- 清洁用品储藏室
- 示教室
- 理疗室：单人理疗间（最小70平方英尺），洗手处，健身房，洁净纺织品存放，设备用房，器械存放空间，污洗间，病人的更衣室、淋浴室和柜子(根据需要设置)，水疗室(根据需要设置)
- 职业治疗：病人工作区，洗手区，设备、器械存放空间，日常生活区
- 言语矫正和听觉缺损治疗：测定和治疗区，设备、器械存放空间
- 矫正和修复：工作区，调整和评价室，设备、器械存放空间

以上这些用房的设计应有助于病人的

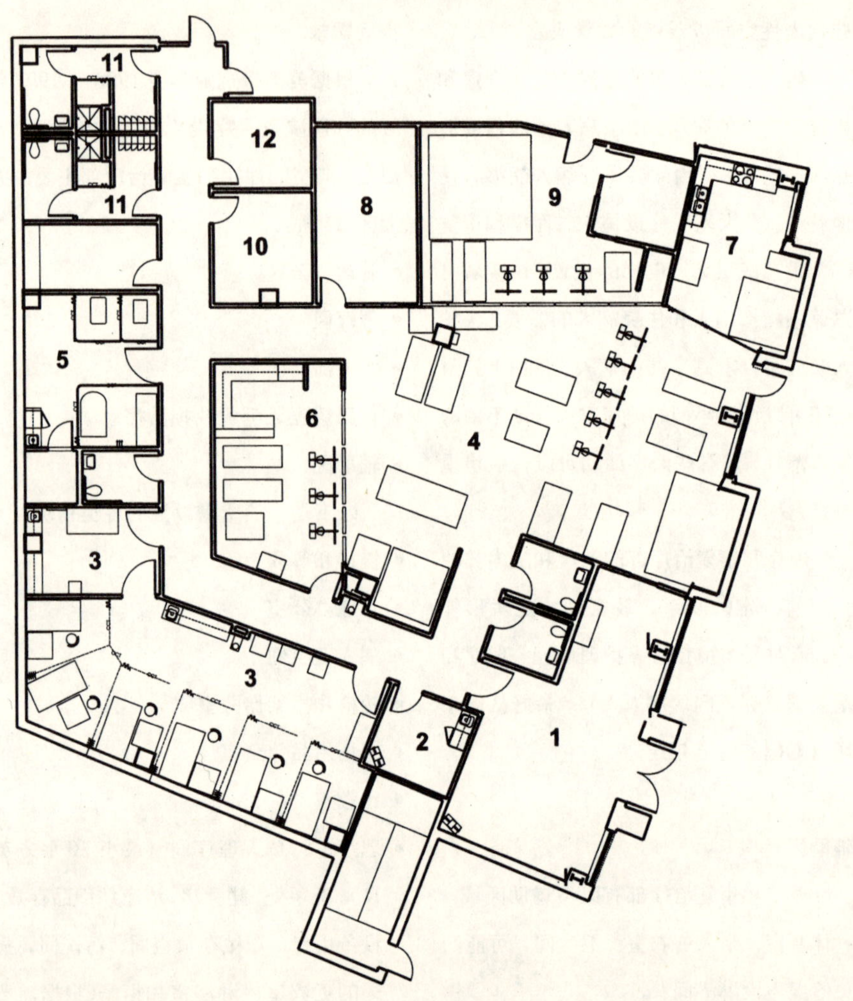

1 接待等候区
2 语言疗法
3 基本治疗
4 健身
5 水疗
6 心肺功能恢复室
7 日常生活训练
8 医护人员工作区
9 恢复／适应区
10 主任室
11 更衣／卫生间／淋浴
12 办公室

▲理疗和康复治疗部平面，路易斯·奥比奇纪念医院，萨福克，弗吉尼亚州

治疗，便于医护人员的工作。

规划设计的特殊要点

理疗和康复治疗部设计的一个重点是便于有障碍人士的行动。治疗区的空间应不仅可以保证病人和治疗医师的活动，还应可以使用各类运送病人的工具如轮椅、担架或学步车等。地面应注意防滑，避免病人摔跤，还要便于轮椅等的通行。

理疗和康复治疗部的设计应满足相关的采暖、通风及空调的要求。水疗部及治疗池区应控制好湿度，矫形、修复的生产区域需作声学处理，控制灰尘和气味的影响。

发展趋势

理疗和康复治疗将越来越多地在门诊设施和家庭中进行。为了便于病人的治疗，其分布将越来越分散化。有一种趋势是建立一些专门的康复中心，如脑中风恢复中心、头部外伤康复中心等。然而，理疗和康复治疗将继续在外科治疗领域扮演重要的角色。

肾透析

肾透析是为那些患有慢性晚期肾衰竭或急性肾衰竭的病人提供肾功能的补偿，这种补偿有两种方式：血液透析或腹膜透析。

血液透析是通过过滤血液以除去血液中尿毒和多余的水分，这些工作原本应由肾完成。透析是用一台机器以大孔的阀针塑料管和人体的静脉联结后完成。

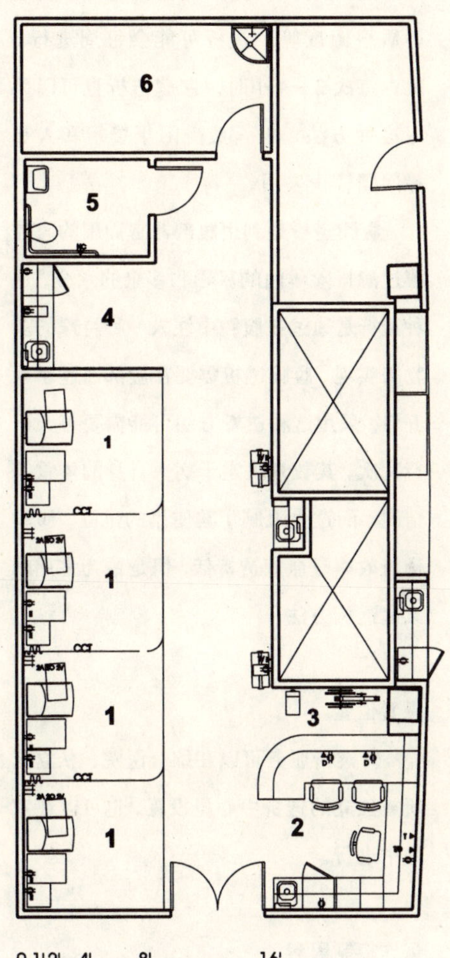

1 透析站
2 护士工作区
3 体重秤
4 营养室
5 卫生间
6 储藏室

◀肾透析部平面，路易斯·奥比奇纪念医院，萨福克，弗吉尼亚州

这些阀针可以接在手术形成的瘘管上或人工植入人体，一般位于手臂上，也有位于脖子或腿部的。血液透过过滤膜循环，同时除去其中的尿毒和多余的水分。病人身边的显示器显示其当前的生理参数，如体温、相关的血液量、血细胞比例及电解质平衡度等。透析可能会每周进行3次，每次2～4小时。家庭透析也可以采用这种方法，但一般受限于费用和人员等问题较少采用。

腹膜透析是利用腹部器官周围的腹腔膜过滤排除体内的尿毒和多余的水分，这种透析是通过在腹腔中注入一种特殊的药物来实现。腹膜透析需要在腹部通过手术开口。采用这种透析方法可能需要每天进行几次，其数量决定于病人自身的体重等情况，而这也限制了其使用的范围。腹膜透析效率较血液透析低，但是最为常用的家庭透析方法。

设置位置

肾透析服务可以在综合医院、私立诊所或独立的透析中心里设置，也可以在家庭中进行。

运作控制因素

肾透析单元的设计主要由以下几个因素所决定：治疗病人的数量、病人每次治疗所需的时间和频次及设施开放的时间。肾透析单元的容量取决于透析诊位的数量。

肾透析单元病人的治疗包括以下几个步骤。病人到达后需要称体重，然后将病人连接到透析机上开始血液透析，机器被设定好工作的时间。病人离开透析机后需再次称体重，并记录减去的液体的重量。随后住院病人返回病房，门诊病人回家休息。目前医院中可移动的透析机正逐步普及，以便于病人在病房中进行治疗。

治疗区域可以是开敞的，也可作局部隔断，但应保证护理人员视野的通畅。护士站一般设在治疗区的中心，可以观察到所有病人的情况。每个治疗区至少应有80平方英尺，并与另一个治疗区保证4英尺的距离。治疗区的设计应考虑到病人对私密性的要求。为了防止发生感染，可以设置隔离透析间。在透析椅或透析床边还可以设台面以方便病人使用。

如果透析部附近设置医师办公室，则肾病医师可以在肾透析时进行诊疗。诊疗工作不仅可以由肾病医师进行，也可以由营养师或社工指导病人的饮食。

住院病人的透析服务应邻近住院部布置，以便于病人往返。透析结束后病人可能会很虚弱，因此门诊透析单元宜紧邻停车场设置。

辅助区域

病人在进行肾透析治疗时需设置以下的辅助区域：

- 护士站
- 配药室
- 检查室（不小于100平方英尺，即9.29平方米），如果要作家庭治疗培训，应单独设一间120平方英尺(11.15平方米)的房间。
- 清洁室
- 污洗室
- 单独的后处理区
- 营养室
- 储藏室
- 卫生室
- 水处理及透析准备室
- 病人卫生间及个人用品存放
- 门诊单元应设等候区及医师办公室

所需用房

根据美国建筑师学会1996—1997年版的《医院及医疗设施设计和建造导则》规定，一般肾透析单元设置下列用房：

接待等候区（门诊设施）
治疗室
隔离治疗室
护士站
配药室
家庭操作培训室（根据需要设置）
检查室
清洁用品及织物储藏
污洗室
后处理室（根据需要设置）
营养室
机修室（根据需要设置）
库房
集中批量分发系统及水处理室
病人卫生间
病人用品储存
辅助的医师办公室（根据需要设置）

特殊设计要点

设计肾透析单元时应充分考虑进行透析治疗时病人的要求。通常，病人是在透析椅或透析床上进行治疗，因此灯光和吊顶的设计就极为重要。在将病人连接到透析机时，应有足够的照度。当病人开始透析后就宜采用间接照明。不少医院提供电视供病人消遣。然而，由于很难有大家都感兴趣的节目，因此最好能为每位病人单独设置电视。另一方面，由于不少病人习惯在治疗时休息，对声环境也需作特别的处理。

发展趋势

由于人口老龄化的趋势，患有晚期肾衰竭的病人不断增加，肾透析中心也在不断地建立。当前，美国境内约50%的透析患者由大约10家主要的医疗服务提供商进行治疗。随着新的设备出现，透析过程会越来越简化，家庭透析也将得到不断地发展。

呼吸治疗

呼吸治疗是指对呼吸系统主要是肺的治疗，可分为两大类，一类为吸入治疗，其治疗手段包括简单的吸氧辅助疗法以及采用呼吸机、呼吸器等，另一类则是通过对肺功能的测定及动脉血气的分析确定呼吸系统的运行情况。

概述

虽然传统上呼吸治疗的两大功能设置在一起，但实际上却有很大的区别。吸入治疗一般在病人身边进行，如在护理单元或门诊治疗室内进行，甚至可以在病人家中进行。目前，吸入治疗正分散到需要进行治疗的各个护理单元如肺科单元、重症监护单元及新生儿单元等。在很多情况下，吸入治疗师成为护理小组的成员或者由护士接受吸入治疗的培训。肺功能的测定则继续作为一项单独的检查项目，需要特定的检查设备，可以单独设置，也可以和医院里其他的诊断项目一起形成多功能的检查中心。

运作控制因素

吸入治疗工作量的标准是进行治疗的例数或治疗的时间。然而，由于这类治疗一般不在特定的用房内进行，因此决定其工作量主要是治疗师的数量及设备的数量。肺功能测定工作量的标准是测定的例数，决定其工作量大小的是检查室的数量。

肺功能测定的病人和工作人员的流线与其他功能检查科的流线类似。病人抵达后登记，等候，进行检查，而后离开。检查结果则经过记录判读后存档。

吸入治疗过程就相对复杂一点，如上所述，吸入治疗一般在病人身边进行。治疗后，治疗师应记录对病人的观察情况。传统上，这些工作在回到呼吸科办公室后

▼肺功能室与其他相关部门关系图

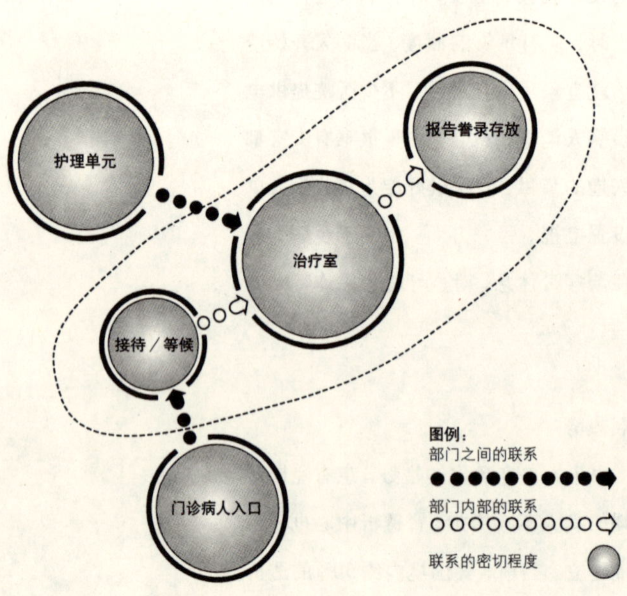

进行。随着计算机病案及特殊的手持设备的发展，记录病情可以在护士站甚至治疗时进行。

另外一种必需的步骤是将设备回复到备用状态。每次使用后都应对设备进行清洗消毒以备下一位病人使用。现在，很多和病人直接接触的部件都是一次性的，设备的其余部分则需要经过灭菌清洗，可以在集中的灭菌室进行，也可在邻近护士站分散进行。

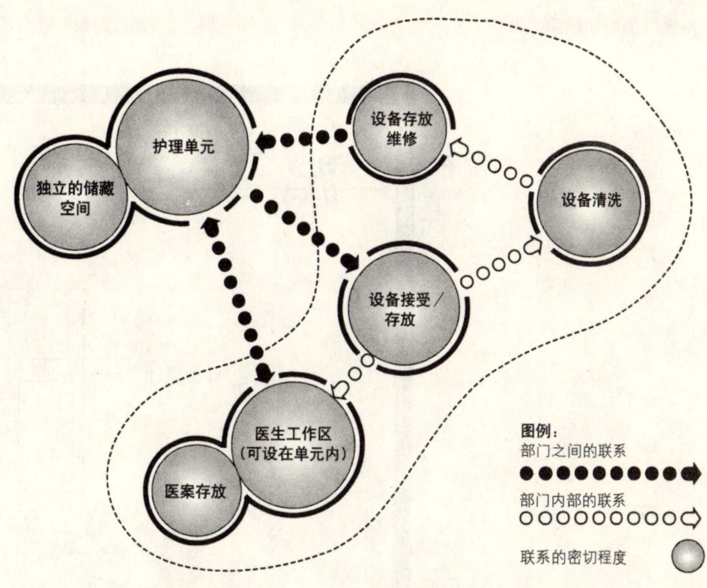

▲吸入治疗室与其他相关部门关系图

和其他科室的关系

吸入治疗一般在重症监护单元进行，也可能在急诊部、观察室和日间处置单元内进行。肺功能测定服务于门诊病人和住院病人，应便于门诊病人从接待处到达。肺功能测定通常和心脏诊断设施组合在一起形成心肺检查部。

空间概述

肺功能测定室

肺功能测定是通过肺活量计（测量吸入和呼出的肺活量）确定肺的功能，肺活量计不是一件很大的设备，然而可能会同时和踏车一起使用以测定病人在压力条件下的肺功能情况。

推荐尺寸：单件肺活量计，10英尺×12英尺；兼设踏车或采用小隔间形式，18英尺×12英尺

顶高：8英尺

设计要点：

- 应在通用空间里设置一些特定的工作区，如进行动脉血气分析的工作区。
- 在设置踏车时，应考虑急救设备的使用要求。

特殊设备：肺活量计，可能设踏车。

专用辅助空间：无

辅助空间

- 设备接收/消毒室
- 检查室
- 设备储藏、维护室
- 治疗师休息/工作室
- 储藏室

▶典型的肺功能室平面

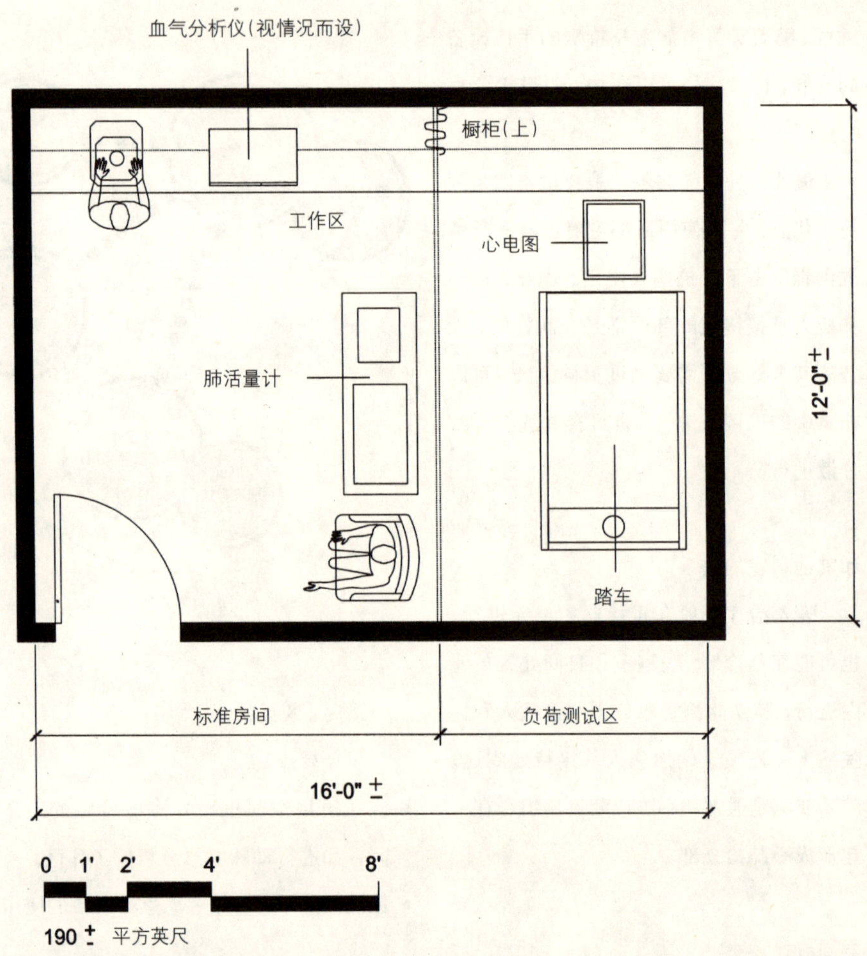

- 会议室
- 医案室

规划设计的特殊要点

分散化

吸入治疗将继续分散化设置。随着护理小组工作的扩展，分散化的趋势将不断继续，从而将这项治疗与肺功能测定彻底分离。

生物毒性废物的清除

由于吸入治疗设备在治疗过程中可能接触感染性分泌物，因此应采取措施处理这些分泌物。感染性分泌物的储存和消除应和院区总的生物毒性废物处理系统结合起来设置。

发展趋势

随着控制费用的压力不断增加，吸入治疗将更多地在家庭中进行，这样可以最大限度地减少费用。这一趋势也是得益于新的设备正变得体积更小、操作更简单，价格更便宜。

后勤供应部门

中心供应室

功能总览

中心供应室是负责对准备给病人使用的医疗/手术用品和器械进行清洗、消毒、整理、存放直至发放的部门。主要工作是对手术部、待产室及产房等部门所使用的物品、器械进行灭菌消毒。该部门还负责清洁无菌的一次性用品的分发。当前对中心供应室的要求是可以更快、更高效、更安全地处理手术器械。在规划设计未来的中心供应室时，应考虑无菌用品分类存放及器械管理等方面的要求。

与其他部门的组合

中心供应室通常紧邻手术部设置，可以设在手术部的上方或下方，需要利用电梯或升降机将清洁供应物品从中心供应室送到手术部，回收手术部使用过的可重复使用的器械。在某些医院里，中心供应室和物资管理部门设在一起。

运作控制因素

中心供应室的面积大小取决于医院内一定时间内所进行手术数和分娩的例数，以及需要储备的清洁物品的量。另外，还需要考虑一定时间内可能进行的开胸手术和矫形手术的例数。供应室的供应量则受所配置的消毒机的数量和品种，物品分发体系和器械存放、设备清洁制度等的影响。

工作流程

中心供应室可以划分为三个区域：

1. 清洗消毒区
2. 打包／灭菌区
3. 存储和分发区

中心供应室的工作流程主要围绕着污染器械在各区域的处理进行，应严格划分污染区和清洁区。在污染区或清洁区工作的人员严禁跨区操作。

清洗消毒区 可重复使用的物品及污染的器械等从手术部、产房及其他部门送来作初步的清洗消毒。这些用品可以由人工或自动清洗机进行清洗灭菌和化学消毒，运送的小车应由通过式的洗车台清洗，并在发放区存放以便将清洁物

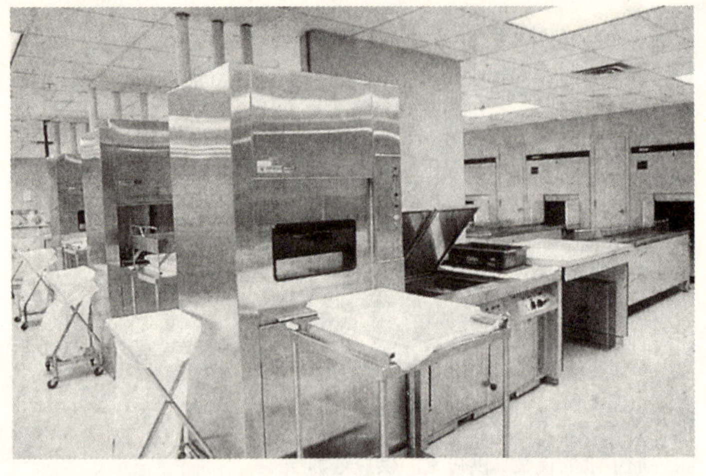

▲清洗消毒区，贝勒大学医疗中心(Baylor University Medical Center)，达拉斯，得克萨斯州

品运回各部门。在该区域使用到的设备如下：

生物毒性废物处理系统

洗涤／消毒机——清洁耐热物品

超声清洗机——手术器械在人工清洗后，在灭菌前去除器械上小的污物。

医用消毒系统（通过式的清洗消毒机或隧道式清洗机）——将需灭菌的器械放在有齿孔的托盘或支架上进行灭菌消毒。

▼打包／灭菌区，贝勒大学医疗中心，达拉斯，得克萨斯州

洗车系统——对运输的小车或其他工具进行消毒。

打包/灭菌区 器械经过清洗检查后，根据相应的规定成套或成盘摆放。每套（盘）器械可以用无纺布袋包装或硬的包装盒盛放，以便作最后一次灭菌处理。然后器械就可以准备分发、存放或作进一步的处理，洁净器械转送到无菌物品存放室待下一步分发。在此区域最常用的设备如下：

高压灭菌系统（蒸汽或电）

低压灭菌系统

ETO（环氧乙烷）气体灭菌器

ETO充气器

化学灭菌系统

微波灭菌系统

存储和分发区 经过灭菌处理后，各种器械在无菌存放室存放或分送到各部门。本区的其他一些功能还包括运输车辆的准备、发送，发送车次的记录、整理，各类电话及物品通知单的存档及病人护理用品的分发等。

与其他部门的关系

和中心供应室联系最密切的是手术部，因此中心供应室宜与手术部直接相邻或在手术部的上方或下方，通过电梯或升降机联系。产科也需要从中心供应室领取洁净用品，但较手术部而言其使用量排在

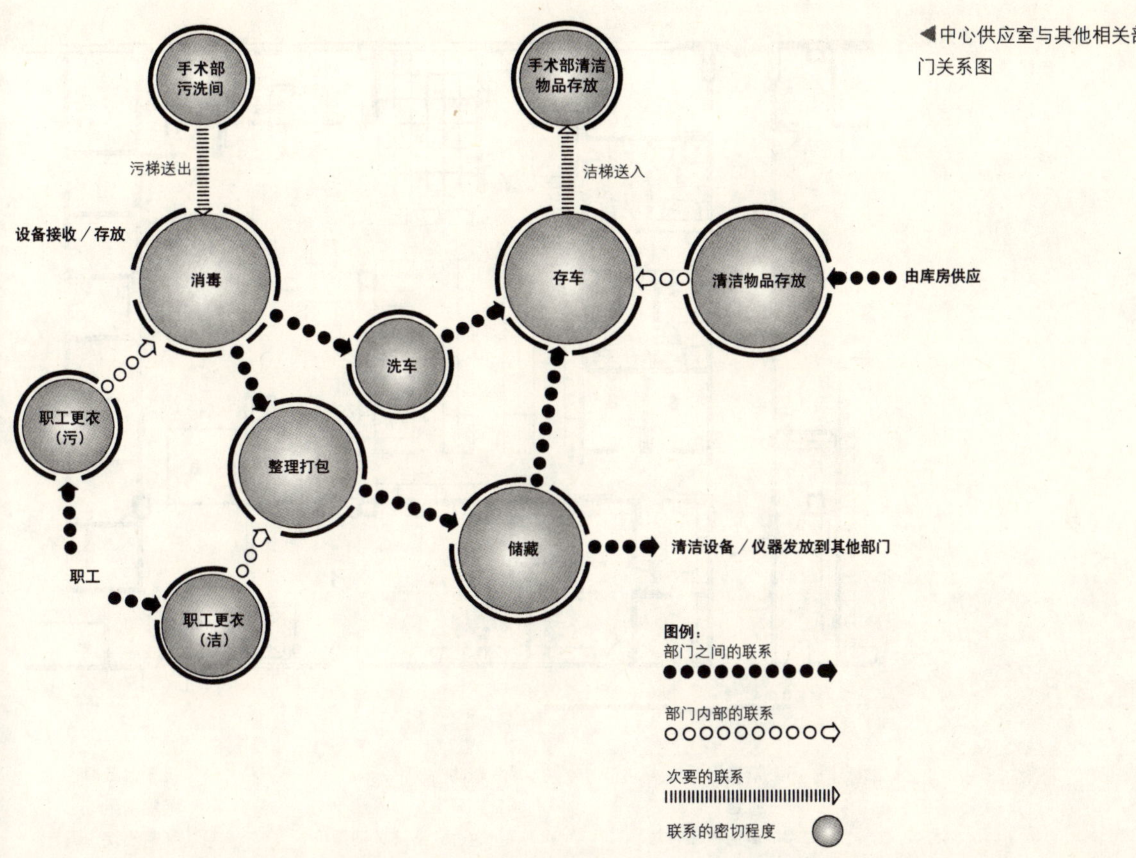

◀中心供应室与其他相关部门关系图

第二位。物资管理部门负责处理中心供应室产生的废弃物及其他一次性物品。一般日用纺织品由外部供应商供给，但如果需用来作无菌包装用也会先送到中心供应室进行灭菌处理。

空间概述

虽然中心供应室使用各种复杂的设备，但其空间要求比较简单，设计时应查阅相关的地方和联邦条文规定。如上所述，中心供应室一般划分为三个区域，每个区域有一些特殊的工作区。

清洗消毒区

- 污染车辆停放
- 清洗消毒工作区
- 生物毒性废物处理系统
- 超声清洗机
- 卫生消毒系统（通过式清洗消毒机）
- 洗车机
- 污物收集
- 污区卫生间／更衣室／前室

▶中心供应室平面，麦凯迪医院中心，奥格登，犹他州

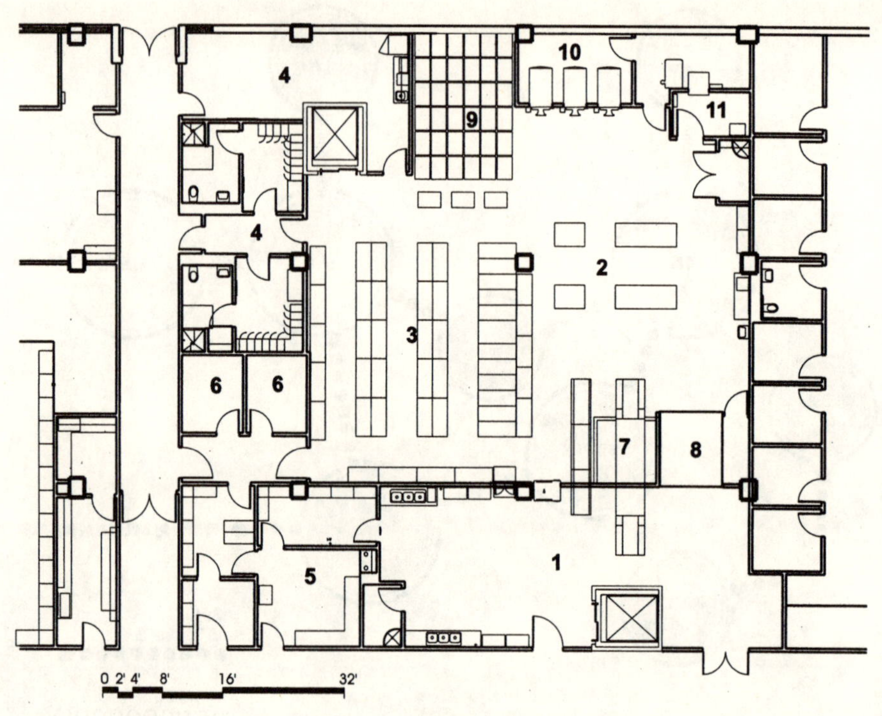

1 清洗消毒
2 打包
3 清洁物品存放
4 更衣
5 辅助
6 办公室
7 通过式清洗／消毒机
8 洗车
9 推车储藏
10 终端消毒
11 环氧乙烷消毒

设备用房

污区卫生用品存放

化学灭菌器

洁净区更衣室

洁净区卫生用品存放

打包／灭菌区

洁净工作区

灭菌区

高压灭菌系统（电或蒸汽）

低压灭菌系统

ETO（环氧乙烷）气体灭菌器

ETO 充气器

存储和分发区

办公室

处理后器械存放

设备存放

车辆停放

发展趋势

中心供应室正趋向于和手术部结合在一起设置，这种趋势主要是为满足医师对手术器械及时处理的要求以及由护士准备消毒灭菌的手术用品的需要。

餐饮部

餐饮部负责医疗设施内各部门的食品、营养品和饮料的供应，其主要工作是为门诊病人和住院病人提供营养和饮食照护，另外，还为医院员工、探视者、医生等提供餐饮服务，以及负责院内其他的一些饮食零售服务和附属机构如儿童监护中心的餐饮供应，餐饮部还负责为院内所有的科室、长期护理单元等提供营养学方面的指导培训。

设施位置

经济性和方便性决定了餐饮部的位置。一般的医疗设施都附设有院内的餐饮供应部门，其运作的规模及复杂程度主要与成本有关。餐饮设施也可以由外部独立的机构经营管理，这种方式需要一些特殊的设备及操作程序上的要求。

运作控制因素

餐饮部的工作量随供应的餐数而定，另外，像食品的生产方式、菜单的选择、员工以及工作的时间等都有较大的影响。决定餐饮部供应量的因素包括食物的制作方法，生产设备的能力、各类原料的储藏空间以及切配、冷菜和热菜加工场所的大小等。

▲食品供应台，瓦利儿童医院，马德拉，加利福尼亚州

工作流线的优劣也会影响到餐饮部的工作。交通路线的交叉、物资的反复传递及混乱的管理都会影响生产的成本、工作的效率及食物的质量。一般来说，制作食物应按以下程序进行：

1．接收区

2．准备区

3．切配、烹饪区

4．配餐

5．分发

6．洗涤

为保证工作流程的顺畅，提高工作效率，餐饮部及其辅助区域应按合理的流程进行规划安排：

▶餐饮部内部流线图

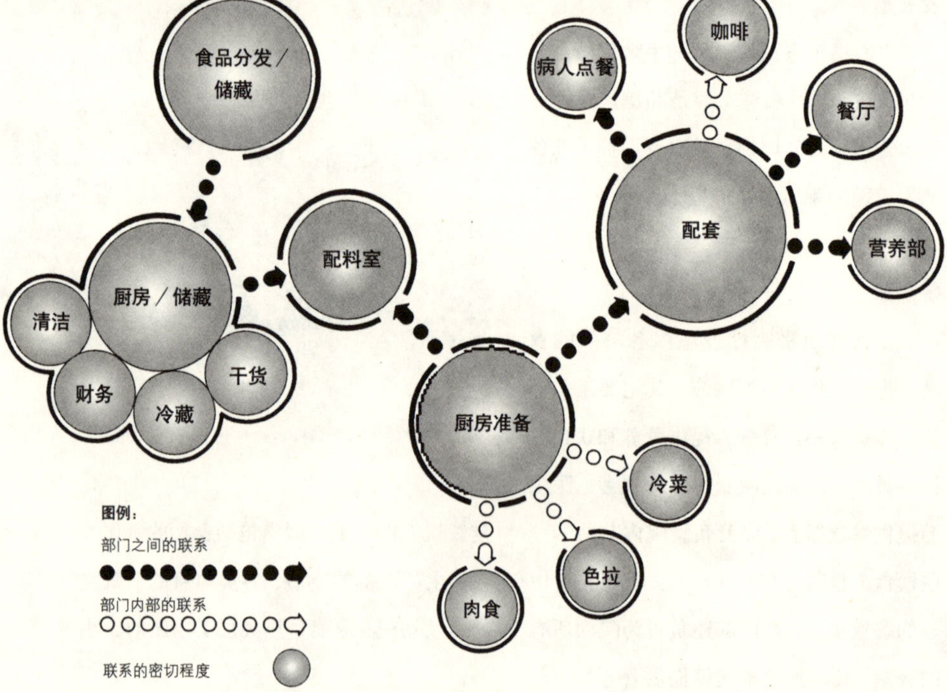

食品分发／储藏

厨房／储藏

清洁

财务

冷藏

干货

配料室

厨房准备

冷菜

色拉

肉食

配套

病人点餐

咖啡

餐厅

营养部

图例：

部门之间的联系

部门内部的联系

联系的密切程度

▼餐厅，罗斯维尔医院(Roseville Hospital)，罗斯维尔，加利福尼亚州

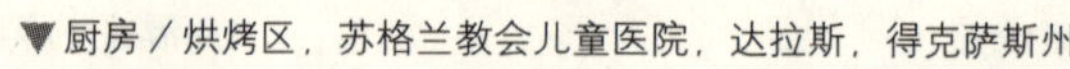

▼厨房／烘烤区，苏格兰教会儿童医院，达拉斯，得克萨斯州

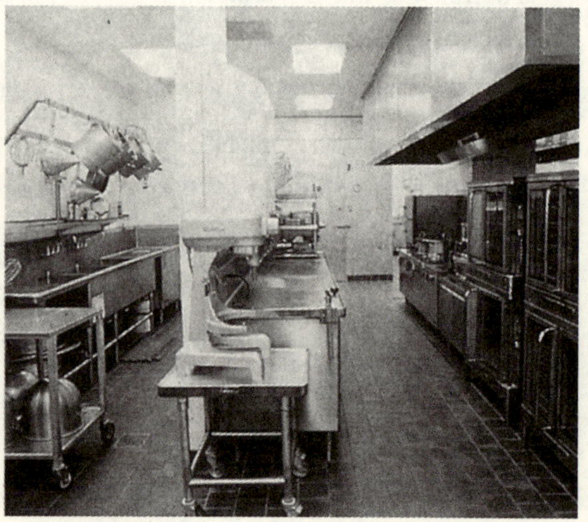

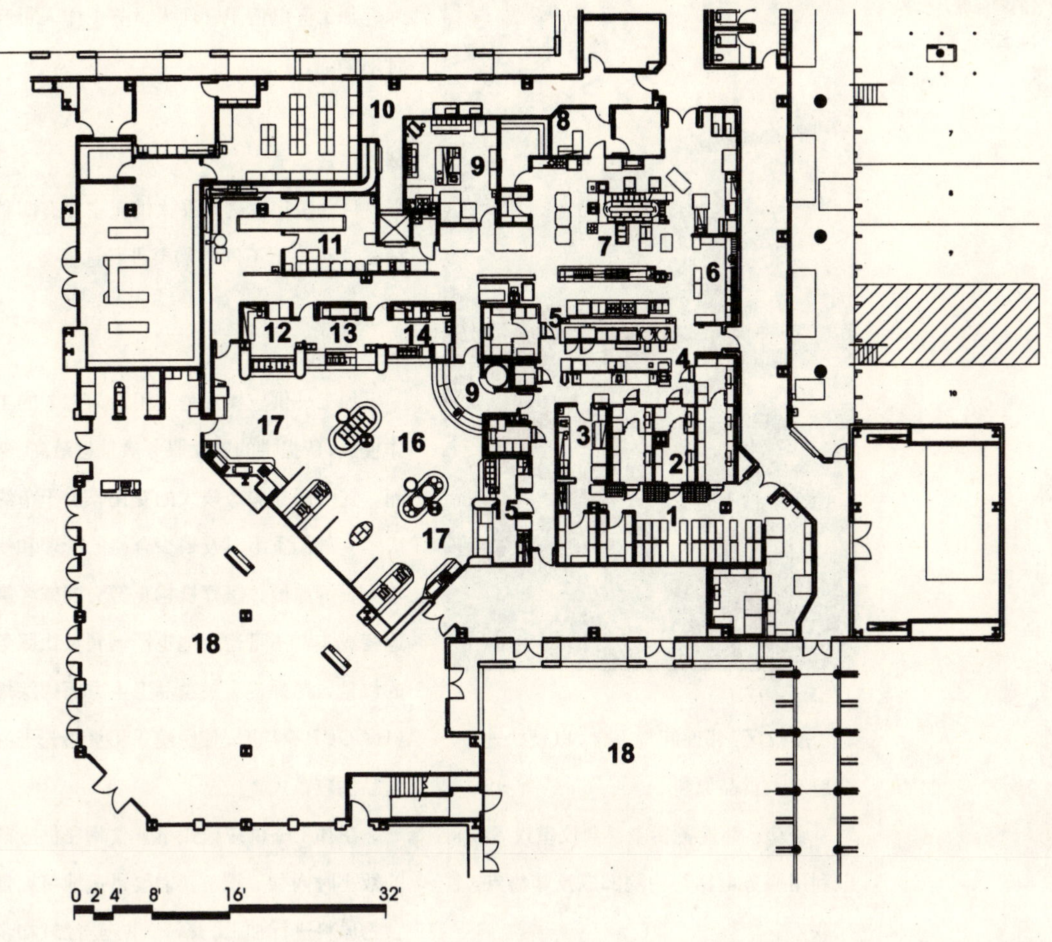

1 储藏
2 冷冻储藏
3 辅料储藏
4 准备区
5 烹调区
6 洗涤
7 盘碟洗涤
8 办公
9 烘烤
10 餐具回收
11 餐具存放
12 特色点心
13 定制加工
14 比萨制作
15 主菜
16 餐后甜点
17 饮料
18 餐厅

▲餐饮部平面，默西健康中心，拉雷多，得克萨斯州

▶充满生气的室外餐厅，苏格兰教会儿童医院，达拉斯，得克萨斯州

接收区：邻近卸货平台，以便快速、安全地运入食品原料。

厨房：邻近备餐室、会议室设置，可以利用服务电梯与住院部以及零售点、餐厅联系。

备餐室：邻近服务电梯核设置。

零售服务：邻近员工和探视者的餐厅设置，提供一些补充性的供应服务。

医师餐厅：邻近备餐间和大餐厅设置。

工作人员／探视人员餐厅：与厨房及食物加工区相邻设置，就餐区与备餐间有方便的联系。探视人员从这里可以方便地到达停车场。

办公室：供管理和监督人员使用，应邻近加工区以便于管理人员与工作人员及时地沟通。

餐饮供应模式

目前医疗机构的餐饮供应主要有四种模式，可根据不同的需要进行选择。

加工—供应模式

加工—供应模式是应用最为悠久的工作模式，所提供的餐饮服务质量也最高。然而，随着医疗服务模式的变化，出于节约成本、部门重组以及缺少合格的管理和炊事人员等原因，医疗机构正努力削减各类运营成本，不可避免地也影响到餐饮服务的质量。另外，有关食品卫生方面的法规（HACCP等）也促使医院采用更为先进的食品供应模式。

在加工—供应模式下，食物在供应前的数小时内加工准备，需要迅速地将大量食物原料进行加工、烹饪、供应。经过初步处理的原料食品比较适合这种模式，比如现在的炊事人员再也不用给土豆脱皮或切割大块的肉。在大多数情况下，原料在运来时已经过初步的处理，可供进一步的加工；冰冻的原料只需解冻后就可以烹饪。

面对大量增长的病人的需要，加工—供应模式已经不是一种最为经济或有效的供应模式。它无法保证以合适的成本安全地提供大量的高质量的食物。另外，根据卫生部门的规定，加工好的食品只能在较短的距离内运送以保证消费者的健康。

加工—冷冻模式

加工—冷冻模式是指将食物烹饪到差不多好的程度然后迅速冷冻，在严格控制的温度下贮存，然后在此基础上进行餐饮供应的模式。这种模式是以库存目录清单为基础，而加工—供应模式是以消费要求为基础。

在加工—供应模式下，需要经过精确的计划以确定各类菜单及供应时间，并据此进行加工供应。而加工—冷冻模式则相对灵活得多，理论上各种食物都可以在数周前加工好并存放在食品库中，加工生产主要基于补充库存的要求，这样时间安排上就有了更大的灵活性。一般不需要炊事员加班工作，也不需要在周末或节假日工作。这种模式还能提供品种更多的菜单供选择，不必考虑菜单的轮换等要求。

目前有两种迅速降温冷冻的方法。第一种方法是风冷法，采用高速冷冻的对流气体或水进行冷冻。常规加工好的食品放在盘子里经对流的冷冻气体冷冻后可以安全保存5天时间，烹饪好的食品经过真空包装并用水冷法冷冻后可以安全存储45天。能够延长保存的关键在于包装的密封性，可以避免易致腐败的氧气和微生物与食品接触。

水冷法是美国农业部推荐的批量食品保存方法。食物做到九成熟，用不透气的密封包装材料包装后，升温至巴氏消毒温度165度，然后在1小时以内降至华氏40度或更低。这样可以保证新鲜加工的食品不会因为冷冻或高温蒸馏而影响口味，在华氏28～32度下保存约4～6周。维持上述温度范围对于保证食物的质量是极为重要的。

医院内的加工—冷冻模式只有在供应床位超过300床时才能发挥其经济性，而且其所能提供的餐饮品种还有局限，必须以加工—供应方式作为补充。

速冷／再加热模式

速冷／再加热模式正在逐步取代加工—供应模式。虽然速冷模式是建立在加工—供应模式的基础上，然而最后的步骤却不一致，食物在加工的最后一道程序是速冷，这样就可以用冷藏车辆来运送，食物可以任意地在食堂或病人的楼层进行加热。

热的食物的运输是一件相当复杂并且耗费人力的工作。食物在送到病人手中之前必须保持不低于华氏140度。另外，必须多准备约10%的食物以备病人改变主意之需。食物加工好之后到供应到病人手中之间的时间越短越好。

而冷藏食物运输中，食物在加热送到病人手中之前应保持华氏40度以下的低温。然而，只要食物保持冷冻状态就可以一直保存下去。采用快速冷冻技术以后，可以根据目录贮备约5～6天的食物，这样就减少了周末的炊事量及工作人员的人数，只需要配置一些运送供应人员就可以了。根据调查，可以节约约8%～10%的人力成本。

这种模式还可以采用方便食品作为补充，很多供应商提供小份包装的方便食品。

配餐间／无厨房模式

无厨房概念的提出是为了保证城市医疗设施中食品供应的安全和质量。这种模式并不是要彻底取代现行的食物供应模式，只是将食物加工场所由原来的集中加工——供应式厨房分设到护理单元各个楼层的配餐间。这一概念是将各位病人所需食物的原料事先分装冰冻储备在各楼层。每一餐的食物在冷藏状态下分好，然后在各楼层的配餐间加热。一旦准备好之后，就尽快送到病人手中，这种模式也可以适当地集中进行。

然而，这种模式在供应早餐时却有些不足，因为早餐常见的点心、新鲜的吐司及类似的食物需要为每个病人分别制作，需要快餐式的加工空间。

空间要求

通常餐饮部由七大区域构成：公共服务区、接收与储藏区、食物准备区、食物制作／加工／分配区、分发区、餐具洗涤区及辅助区。虽然不同的食品供应模式有不同的特殊要求，但主要的区域还是基本类似的。

公共服务区

- 咖啡座
- 食品供应柜台（可以散布在服务区）
- 医师／探视者／个人的餐饮区
- 零售服务
- 门卫
- 桌椅库房
- 公共卫生间

接收与储藏区

- 接收区／过磅区
- 检查／退回区
- 分解加工区
- 车辆洗涤
- 干货贮藏
- 包装纸品贮藏
- 洗涤用品贮藏
- 冰冻贮藏
  - 肉制品冰箱
  - 肉制品冷藏库
  - 成品冷库
  - 普通冷库
  - 乳制品冷库
- 零售品储藏

- 杂物贮藏
- 配餐室(加工—冷冻模式)
  - 配制室
  - 配制食品冷库

食物准备区

- 色拉准备
- 色拉冷藏
- 蔬菜准备
- 蔬菜冷藏
- 肉食准备
- 肉食冷藏
- 宴会准备
- 宴会用品储藏
- 自助食品准备
- 自助食品储藏
- 饮料调配间
- 食物加工线
- 烹饪区
- 餐具间
- 批量准备区(加工—冷冻模式)
- 急冷区(加工—冷冻模式)
- 食品冷藏箱(加工—冷冻模式)
- 冷藏库(加工—冷冻模式)
- 独立的冷藏设施(加工—冷冻模式)

分发区

- 病人餐具
- 酒菜
- 自助食品
- 营养室
- 存车库
- 营养品

餐具洗涤区

- 化学品、去污品储藏
- 洗碗区
- 污车存放
- 洗车区
- 污废存放
- 更衣室
- 干净车辆存放

辅助区

- 主任办公室，负责食品和营养
- 营养办公室
- 自助区经理室
- 厨房生产经理室
- 供应协调(宴会、零售)
- 设备用房
- 工作站／采购／秘书
- 文档／传真／复印／供应室
- 卫生间

设计要点

餐饮部的首要职责是提供安全高质的食品。当前食物的加工制作应按安全食品认证(HACCP)的指导进行。其基本原则之一是热的食物应保持在华氏140度，冷菜则在华氏40度。为安全起见，烹饪好的食物的运输路线应尽可能简短。

高效安全的食品生产建立在连续运转的体系上，其对原料的采购、准备、烹饪、配制以及分发都有一套完整的处理方法。清洁区和污染区，原料、半成品和成品等都应分开设置以避免交叉感染的发生。这些功能都需要足够的空间以及一个明确的流线布局。

在物品接收区域同样应注意避免交叉感染的发生。作为外包装的盒子和箱子本身可能带有一些细菌，因此不能直接抬进厨房的加工区或贮藏区。应留出足够的空间用来对外来物品进行接收、过磅以及贮存处理，以保证原料的质量，控制其贮藏和使用的时间。

发展趋势

几十年来，自助餐服务一直呈现一种简单的格局：在一个大空间内，由超大的厨房供应一长溜的食品陈列台。现在，新的需要促使更加新颖灵活的供应方式产生。

其中一种最新的模式是食品厅式的设计，有点类似于高档食品销售点。工作人员、来访者和门诊病人都可以自由地从食品陈列台进入到加工区，既可以自助烹制也可以由厨师代劳。这种环境比较容易创造一种自由交往的氛围，有助于舒解压力，可以提供更多样的食品从而满足顾客各种各样的口味需要。

在食品加工方面，新的技术设备的应用使厨房的功能多样化。医疗机构可以更多地根据存品目录来加工准备，而不必立即消费，这样可以有效地控制成本支出。

总务部门

环卫及洗衣部

环卫部门的职责是保证院区有一个清洁卫生的环境，其清洁范围包括楼面、地毯、瓷砖、织物、门窗、灯具、烟囱以及沙发垫等。这个部门还负责有关家具的摆放，会场及教室的布置，更换病房里的家具以及垃圾的收集等。

环卫部门往往和外部销售商联系较多，并和物资管理部门一起负责害虫控制、垃圾清运、外窗清洗、家具修理以及床上用品的采购等，其使用空间的大小由需要决定，一般会设置一个供拖布等清洁用的污洗池，还需要考虑存放洗涤剂及清洁用品的空间。

洗衣房通常负责收集清洗医院内各类纺织品，很多工作由外部供应商完成，然而，有些机构还在进行全套的洗衣操作。使用过的织物放在车子或架子上，由专人收集，干净的则存放在专门的房间里。

设施位置

医院的环卫和洗衣部服务于全院上下所有部门，包括行政办公室、门急诊部、住院部等等。

运作控制因素

环卫和洗衣部门是医院内部劳动密集型部门，应邻近卸货区、物资管理部门及设备维修部门设置，同时也要尽可能靠近电梯等垂直交通核心。大型运输车辆在院区内应有环路通行，以便于大型设备的搬运。用于院内日常运输的车辆可以按需要分散停放。

所需空间

根据美国建筑师学会1996—1997年版的《医院及医疗设施设计和建造导则》规定，环卫和洗衣部门需设置以下区域：

环卫部门

- 盥洗间／洗涤用房
- 后勤供应物品储藏
- 卧具及设备储藏
- 管理用房
- 接待室

洗衣房

- 织物储存
- 污物接收、整理、储存
- 清洁物品储存
- 车辆储存
- 污物储存区
- 物品接收门厅
- 洗衣房
- 紧急情况处置室
- 辅料储存
- 职工办公室

▲安保控制室，Scottish Rite儿童医院，达拉斯，得克萨斯州

规划设计的特殊要点

医院所使用的家具和设备在设计订货时应考虑到可以满足医院内经常性的清洁和消毒的要求。这些卫生措施对于保证院内环境达到卫生标准具有重要的作用。

发展趋势

医院目前正倾向于利用社会资源来负责院区内的公共卫生及洗衣业务。

设备维修部

设备维修部负责医院基础设施的维护和建设工作，其工作包括预防性的检查、一般性的维修、日常事故的预防、小型的建设以及建设管理工作。工作量以及工作范围和其负责的院区大小有关。

设施位置

设备维修部门应和院区主要的设施有便捷的联系，同时还需要和建筑材料、供应物品以及设备的卸货场有方便的联系。设备维修部门与院内主要建筑之间宜有连廊等封闭的通道联系。另外设备维修部门

▶设备维修部平面，玛丽·华盛顿医院，弗雷德里克斯堡，弗吉尼亚州

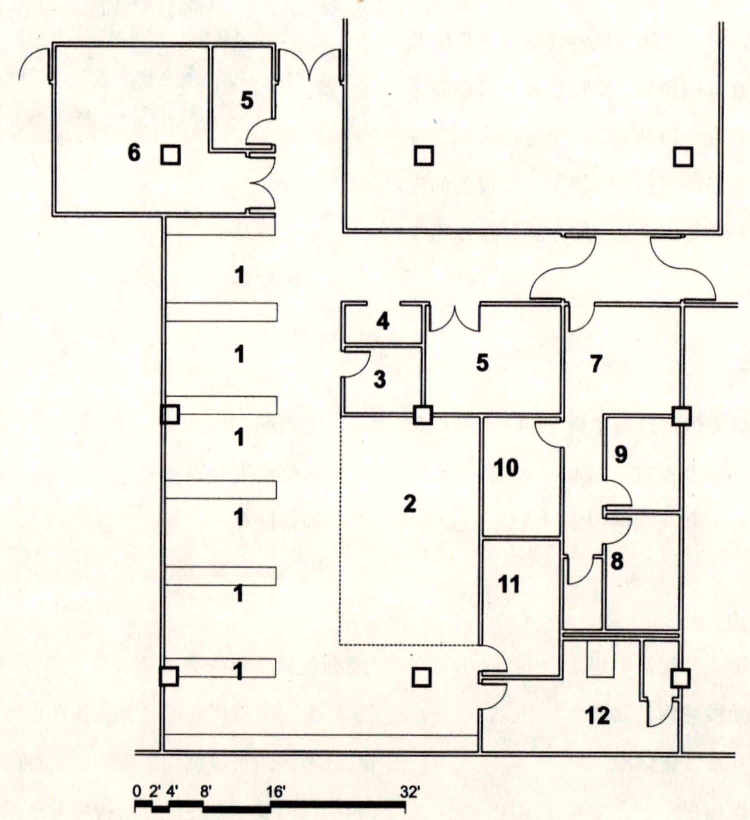

1 维修工作区
2 一般储藏室
3 管理员办公室
4 值班室
5 专用储藏室
6 木工房
7 等候
8 主任办公室
9 办公室
10 计算机房
11 油漆间
12 更衣／卫生间／淋浴

可能还需要负责某些门诊中心或医疗办公机构的日常维护工作。

运作控制因素

设备维修部门的工作和医院日常的运营息息相关，要保证院内各类设备处于最佳的工作状态，可以正常使用。其工作包括监测院内的机械、管道、供暖、空调以及电气系统的运行情况，进行必要的维护修理工作。在院区内还需安排辅助的工作区域进行木工修理、焊接、油漆等工作。这类工作区域宜安排在独立的建筑内，以避免可能产生的噪声和灰尘对院区的影响。该建筑和院区内其他区域应有方便的交通联系。

所需空间

根据美国建筑师学会1996—1997年版的《医院及医疗设施设计和建造导则》规定，设备维修部门的工作范围主要包括以下区域：

能源动力中心

医用气体站房

卸货区

管理办公区（计划室、计算机辅助设计室、控制中心等）

各类工作用房（木工房、电工房、管道工间、喷漆车间、焊接车间、空调设备间）

辅料库房

易燃品库

电视库房

制剂用房

设备库房

职工生活用房

特殊设计要点

设备维修用房需要进行合理的电气及环境设备系统规划，以便在工作中满足美国职业安全与健康局(OSHA)的要求，其中最主要的两点是粉尘的控制及易燃品的储存。

安保部

医院的安保部门负责院内的日常巡视、紧急事件的处置及预防工作，并负责院内职工、病人及探视者的安全。其他的工作还包括失物招领、提供病人辅助服务及轮椅推行等。该部门全年每天24小时运转。

设施位置

安保部门宜邻近院区主要的出入口设置，并应可以直接监控各出入口及停车场。由于急诊部24小时开放的性质，很多医疗机构的安保部门设置在急诊入口附近。安保部门一般与职工保健、感染控制、设备维修及风险管理等部门有较密切的联系。

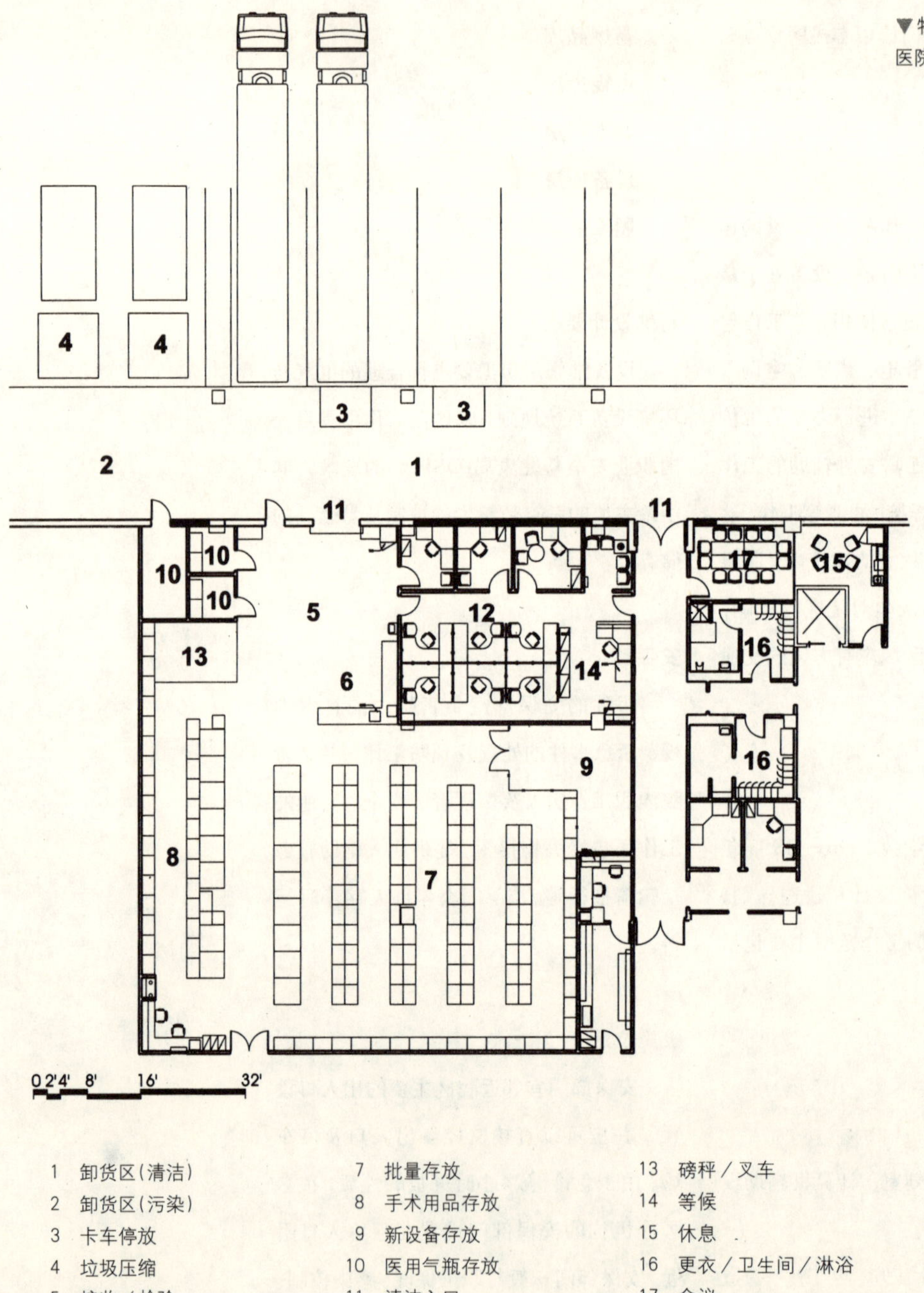

▼物资管理部平面，麦凯迪医院中心，奥格登，犹他州

1 卸货区（清洁）
2 卸货区（污染）
3 卡车停放
4 垃圾压缩
5 接收／检验
6 工作站
7 批量存放
8 手术用品存放
9 新设备存放
10 医用气瓶存放
11 清洁入口
12 办公／工作站
13 磅秤／叉车
14 等候
15 休息
16 更衣／卫生间／淋浴
17 会议

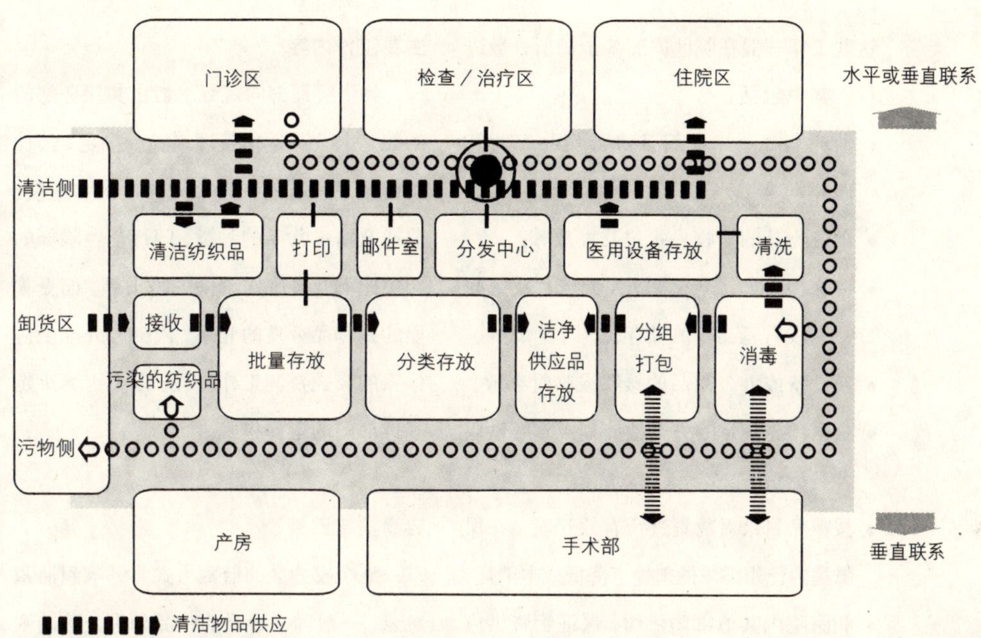

▲物资管理部内部关系流线

运作控制因素

安保部门通常按一定的系统运作，其中一个重要的组成部分即控制室。控制室内部通常设置有闭路电视监控系统的显示器，控制室附近还需设置安保办公室、失物储藏室和应急用品的库房。很多医疗设施设置了院区内的汽车巡视。

所需空间

一般安保部门由以下用房构成：

安保控制室

主管办公室

安保值班室

储藏室（失物、应急用品等）

发展趋势

由于医疗设施内暴力犯罪活动有不断上升的趋势，安保部门正受到越来越多的重视。据专家称，这类活动与医疗设施24小时运营的特点有关。

物资管理部

功能概述

物资管理部门负责院内绝大部分消耗品的购买、贮存、发放工作。为了提高工作效率、减少空间需求以及提高采购力，这些工作一般在院区内的多个场所分散进行，其中包括：

- 消耗品如手术敷料及办公用品等的管理。
- 供应物品的接收、拆包及堆放等。
- 特殊物品如化学试剂、X光胶片及一些易燃或有毒品等的储存。
- 新设备或办公用品的接收或临时存放。
- 根据预先确定的方案按计划或需要供应各类物资。
- 按存品目录对物资进行有效管理，在保障院内使用需求的前提下降低成本消耗。
- 和医院内其他部门协作，保证物资供应工作顺利开展。

物资管理部通常还需要管理中心供应室及洗衣房的工作，一般不负责食品供应。另外，通常将一些有特殊要求的物品（如需冷藏试剂或有放射性的物质）的储存管理工作交给各临床科室进行。

设施位置

院内各部门都需要设置储藏空间。物资管理部门通常按辐射模式设置，除设置一个集中的管理办公室外，再分别设置各个分支单元。各空间的大小及人员数量因其所服务部门的情况而异。各分支单元有时单独负责所管理物品的购买及储存，但从节省成本及降低人员占用等角度出发通常采用集中购买管理的方法。

主要工作内容

物资管理部的规划一般由其服务部门的数量以及其运作管理模式所决定，其控制因素通常有：护理单元的数量和规模、普通及特殊物品的种类、门诊及住院部的相关比例及各临床部门的需求等，而更重要的是物品分发的频率、内部和外部供应体系的模式及其工作流程。以上因素决定了该部门的运作模式。

容量决定因素

集中或分散的储藏方式将影响到储藏总量。一般同样数量的物品如果分散储藏将需要更多的空间。由于工作的需要，有些物资必须分散存放。物品需要储藏的总量决定于院区内的储藏空间、外部供应商的供货频率、物品的储藏方式（如固定的搁架或高密度的活动搁架）和储存单元的特征，其中主要是对空间高度以及对独立隔间的要求。这类要求包括有些物品需单独存放或可以利用纸板箱批量存放，或散装存放等等。

工作流程

物资管理工作的流程从物品接收开始。在接收区域应设置复核运货单及验货的空间。接收工作应不受天气影响，并设有临时存放的场所。同时还需设置过磅处和登记办公室。通常会设置一个卸货平台，平台的地坪适当抬高，以便于大型拖车或卡车的卸货。另外，还需设置一些斜坡道供小型车辆使用。

一般箱装的物品可以用铲车等运输工具运往批量货品仓库或重载货架上。设备和家具可以先卸到临时存放区。然后由设备或总务部门安装布置到位。有毒的或易燃的物品则在专门的空间存放，这类空间通常可以从卸货区直达，并有特殊的通风设备及安全措施。

需要经常补充的物品一般从包装箱中送到更为方便的搁架上，重新整理安排以便于分发。分发间或清洁物品间是主要的储藏空间，在这里根据各部门科室的需要将各类物品分别存放。根据存货目录管理系统，各类物品在发放前通常会用条形码作标记以便于追踪及管理。批量货品仓库还存放一些预先分装好的洁净物品，供手术室、产房或其他一些有特殊要求的部门使用。这些物品通常每天被分发到中心供应室。送往各诊疗区的物品既有一次性消耗品，也有需循环利用的物品，因此，中心供应室往往与物资管理部门的发物间邻近设置，以使物资供应活动在最短距离内达到最优化。一般在中心供应室与发物间之间设置准备间作为前厅，在此将供应物品拆箱上架。

各部门的物资补充模式是决定储藏空间的重要因素，一般可以分为两种：动态补充模式或批量替换模式，采用最多的是一种混合模式。纯粹的动态补充模式需要由物资管理部门制定一个阶段性的物品目录，包括各个部门某个时间段内会消耗的各种物品，然后从集中的供应库房领取装车后分发至各个使用部门的存储用房。这类存储用房通常作为各部门的清洁物品储藏室或供应室。

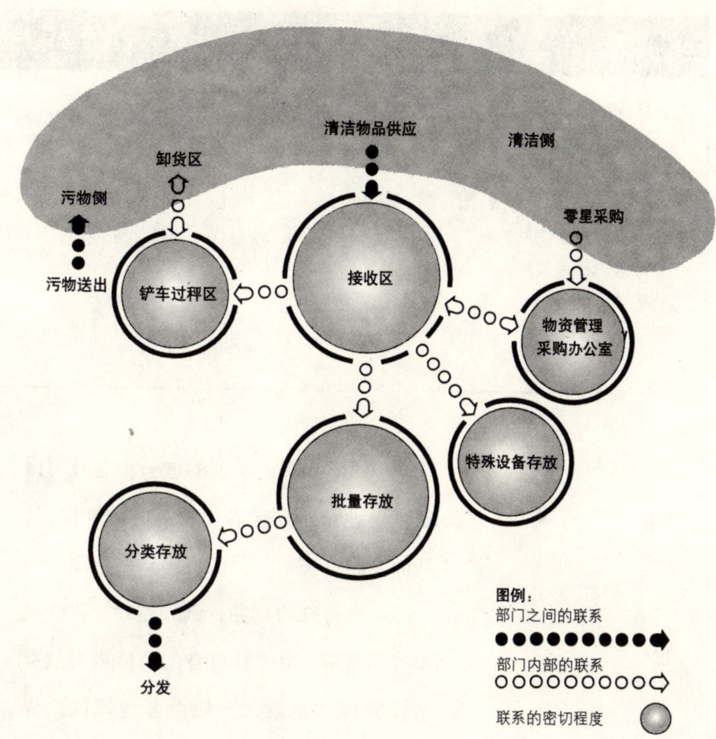

▲物资管理部与其他相关部门关系图

批量替换模式则是定期利用配置好的一组供应品去替换各部门内的存货，并将其送回集中的库房重新登记存放。这两者最大的区别在于后者需要在物资管理部门有足够的空间来存放整理从各部门收回的

物资管理部主要空间尺度要求一览表

房间名称	建议面积	建议尺度	必要临近的辅助空间
普通物品储藏室（包括批量物品存放，清洁／无菌物品分发，散装物品存放）	床均面积至少 20 平方英尺	12 英尺高	
接收区	225～280 平方英尺	12 英尺×16 英尺	医用气体储罐 有毒物品存放 易燃物品存放

物品。如今计算机系统的进一步普及可以更方便地及时反映各类物品的消耗情况，从而及时补充。

一些特殊的物品，例如胶片、化学试剂或导管等，由于其自身的价值或对储存条件的特别要求，一般由各使用部门保管。这类物资往往由物资管理部门在采购后直接送到其使用部门。

与其他科室的关系

物资管理部门应能够通过卸货区域与外部直接联系。在规划该部门时，其内部工作活动应避开院区主要的医疗活动及人流。然而，需要保证其与各部门有较为便利的联系，这类联系应与公共活动相分离。中心供应室由于其特殊性，往往邻近手术部单独或合并布置。

主要的使用空间

联邦或州的建筑法规有时会给出物资管理部门一些主要空间的尺度要求，在设计时可以参考作为基准。而其中较为全面的有美国建筑师学会的《医院及医疗设施设计和建造导则》所提出的标准，见上表。

设计要点

物资管理部的设计应注意以下几点：

- 可以直接通往物资接收区，该区设有临时存放区域，供正式储藏之前的检验复核工作。
- 大件物品拆包区，该区域宜设废弃物处理间以便于及时处理各类包装材料。
- 卸货区应可以保证洁污活动相对分开（绝对的分离并无必要）；在运输废弃物时其路线应不和洁净物品供应流线交叉。
- 运输车辆应有清晰流畅的路线。
- 应根据法规要求设置易燃品、有毒物品或医用气体等特殊物品的储藏用房。

特殊设备和家具要求

特殊的设备包括卸货杠杆、埋入式的地秤、铲车以及其他的一些搬运工具。

辅助空间

除了基本的储藏及分发区域，物资管理部门还需要下列辅助空间。

- 职工休息室，带淋浴和卫生间的更衣室。
- 管理办公室

规划设计的特殊要点

物资管理部设计的特殊要求如下：

- 内部工作流线必须和病人的活动路线分开。
- 物品接收区域应采取相应措施，保证工作不受各类天气影响。
- 应注意有关法规对不同储藏物品的要求以及空间的高度、喷淋与顶层搁架的距离等规定。
- 应设置气动传输系统及相应的辅助空间。
- 还可以考虑采用其他自动传送系统，但往往太昂贵了。通常6英寸的气动传输管道可以满足一般应急物品传送之用，在分发区应设置相关的站点(设在中心供应室附近则除外)。

发展趋势

物资管理部门的集中化趋势将进一步发展以便于服务更多的部门。为了减少库存品以及对储藏空间的要求，将采用多种方法来达到所谓“必要”的服务水平。各类物品的整理、订货及重新上架等工作将会进一步智能化以减少物资管理工作所需的人力。各类物品可能会更多地分散到各部门存放，以更有效地利用各部门的人力资源。另外，将会不断采用一些新方法在不增加人力成本的基础上提高物资管理部门的工作效率。

药房

药房负责提供处方药、静脉输液以及其他一些临床实验的药剂等。医院药房部的主要工作可划分为三大部分：

1．按处方配制药剂
2．药物发放
3．用药咨询

药剂师按定单或医师的处方配制药品然后分发给病人。医院中药物的配置有多种方法，可以分散配制也可以集中配制，由医生、护士分发给病人。另外，还可以在急诊部等区域设置药物自动零售机为病人提供服务。某些药品零售系统还允许由看护人员在医师的监督下为病人提供预先配制好的药品。

一般鼓励药剂师与病人就药物的使用

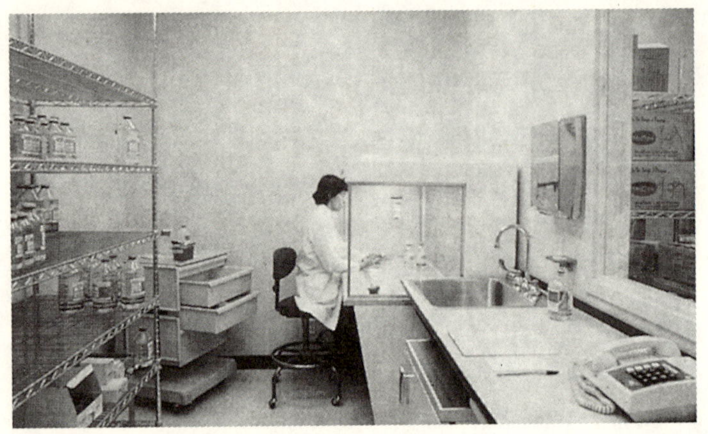

▲药房层流室，苏格兰教会儿童医院，达拉斯，得克萨斯州

▼药房内部关系流线

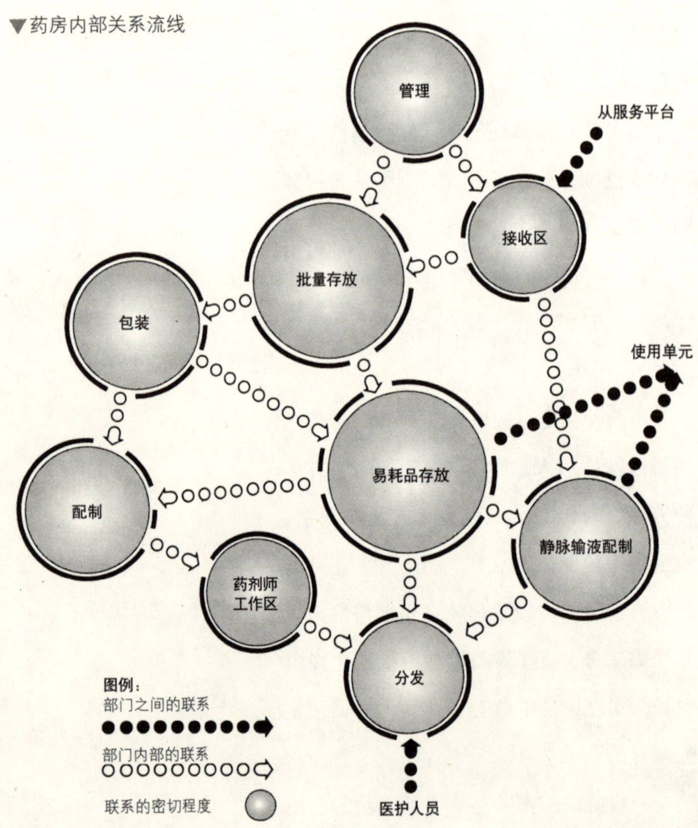

进行充分沟通，以便于病人了解服药存在的风险及可能产生的副作用。

设施位置

住院部的药房通常邻近物资管理部门设置，以便于大宗物品的接收，也有的设于护理部附近，以便于药物的分发。

门诊药房的位置要考虑门诊病人使用的方便。很多州的法律规定住院部药房和门诊部药房应有分别的执照。

运作考虑因素

药房应注意安全防卫工作，应尽可能地减少出入口的数量。理想情况下，药房的出入口应都在药剂师的视野范围内。药房应有足够的空间，保证一般处方配药与静脉输液配制工作区域的分离。

药物的分发、储存区域应邻近配制区域，配制准备区域应邻近原料存放区及药物分发区。可以在急诊部、手术部等区域设置分散的药房。药房里设置自动物品传送系统是必要而有效的，通常6英寸的管道比较理想，可供运输一些大型物品如静脉输液袋。

药房所需空间的大小由药物分发体系决定，也与工作量有关系。药房的工作量则视门诊病人和住院病人的人数而定。

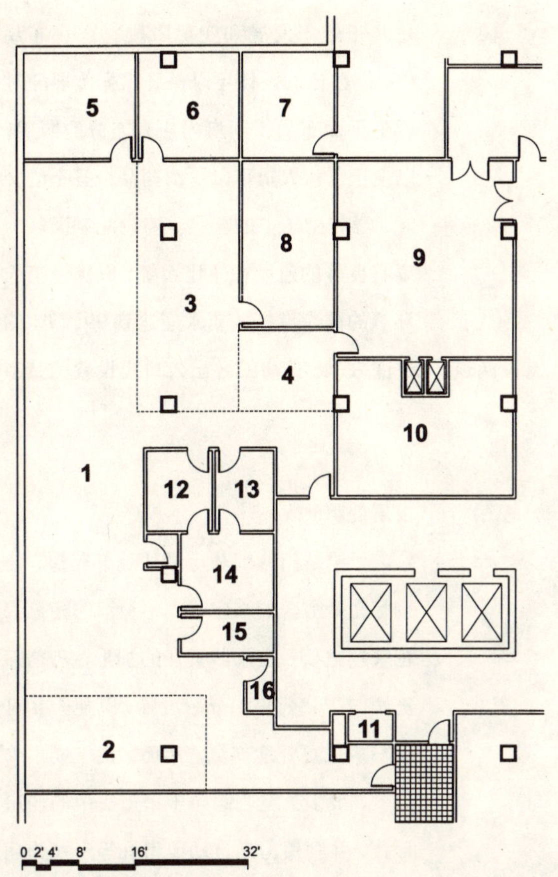

◀药房平面，温切斯特医疗中心(Winchester Medical Center)，温切斯特，弗吉尼亚州

1 加工/包装/存放区
2 批量存放
3 剂量室
4 分类
5 静脉输液(IV) 混合
6 静脉输液(IV) 存放
7 休息
8 计算机房
9 推车分发
10 设备
11 晚间存物柜
12 主任办公室
13 办公室
14 书记/等候
15 会议
16 贵重药品存放

所需空间

根据美国建筑师学会的1996—1997年版的《医院及医疗设施设计和建造导则》，在药房规划设计前应首先考虑当地有关部门的规定。药房有特定的使用空间及辅助空间要求：

分发区

物品接收区

复核记录区

临时存放区

工作台

车辆存放区

药品和个人物品的存放区

加工区

原料混合区

打包标签区

质量检查区

储存区

批量储存区

活性物品储存区

冰冻储存区

易挥发液体储存区

麻醉品及控制药品储存区(需设两道锁及安全报警)

一般供应品及设备储存区

管理区

质量控制/复核

有毒物品控制及信息中心

药剂师办公室、资料室

示教室

洗手池

便利的洗手间和更衣室

规划设计要点

药房设计中灵活性是第一位的，尤其是其正处于发展和变化阶段。药房布局中，模数化的设计可以保证根据需要随时调整平面布局。药房内应有充分的照明，以便于工作人员可以看清药品标签上的文字，寻找架子上的药品。药物配制区域需要有良好的通风和净化系统，以保证工作环境的洁净度，按要求应达到99.97%的过滤效果。药房的各出入口应设置门禁系统。

发展趋势

无论是门诊部药房或住院部药房，药剂师在处方药的临床管理中扮演的角色都越来越重要。由于其责任的加重，药剂师更倾向于将药房的分散设置，以便于其可以与病人更好地交流。然而，由于成本的因素，很多医院还倾向于采用集中的药房形式，并利用药品自动零售机等形式为病人提供分散的服务。

▲芝加哥大学医院（University of Chicago Hospitals），迪绍苏斯中心（Duchossis Center），芝加哥，伊利诺伊州（Tsoi/Kobus and Associates）

中庭提供了一个视觉中心，诊室在一边，检查和治疗室在另一边

▲新英格兰医疗中心（New England Medical Center），护理中心，波士顿，马萨诸塞州（室内，Tsoi/Kobus and Associates）

等候室

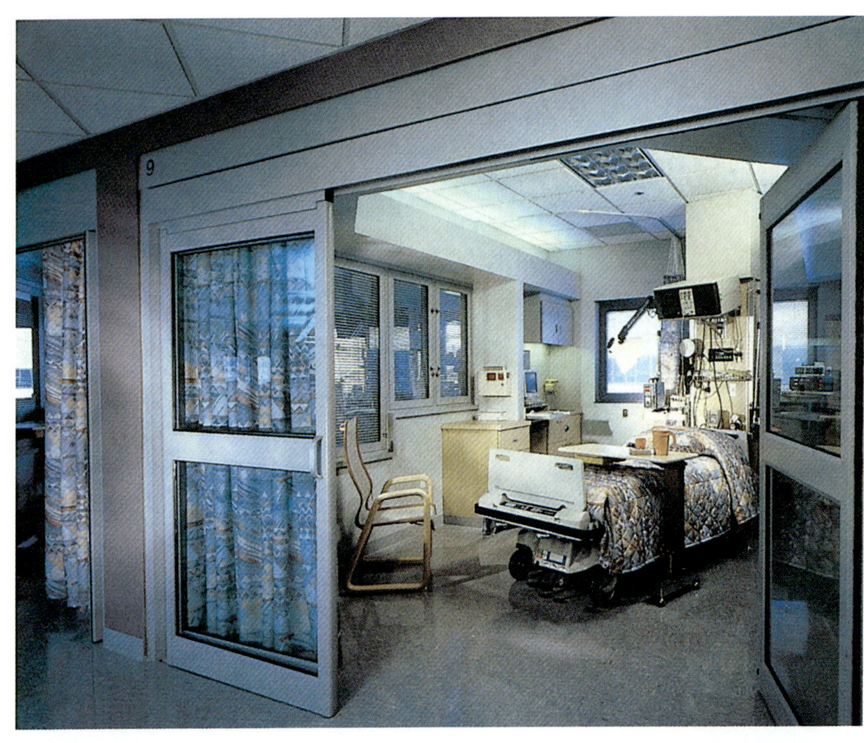

◀圣约翰地区医疗中心，奥克斯纳德，加利福尼亚州（HKS Inc.）

重症监护病房

▼尤马地区医疗中心，尤马，亚利桑那州（HKS Inc.）

护理单元

▲瓦利儿童医院，马德拉，加利福尼亚州（HKS Inc.）

组合多种几何形体

▶HealthPark医疗中心，迈尔斯堡，佛罗里达州（HKS Inc.）

儿童等候区

▲瓦利儿童医院，马德拉，加利福尼亚州（HKS Inc.）

外部形象

▲UCLA／圣莫尼卡（Santa Monica）医院医疗中心，圣莫尼卡，加利福尼亚州（BTA）

病房楼，前景为门诊服务设施

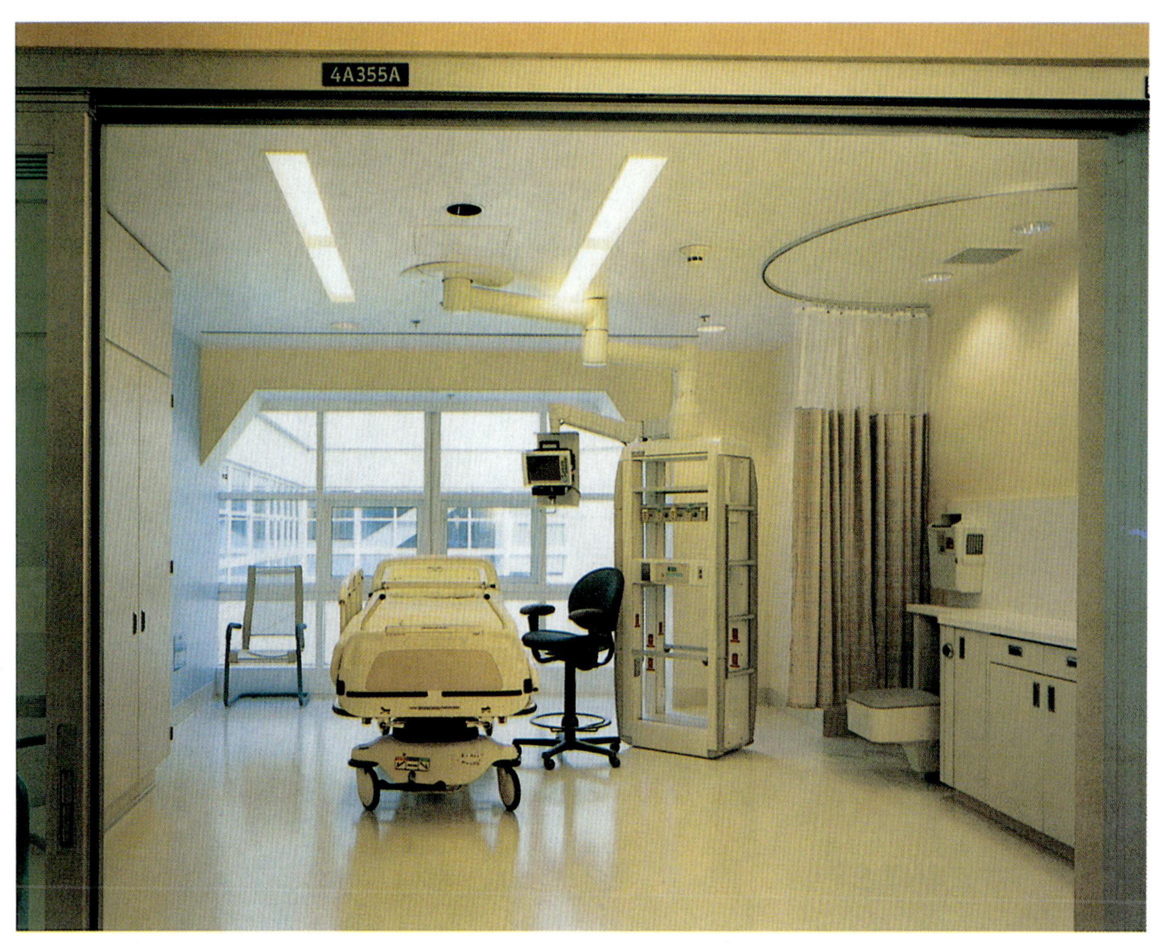

▲阿罗黑德地区医疗中心（Arrow head Regional Medical Center），圣贝纳迪诺县（San Bernardino Country），加利福尼亚州（BTA）

重症监护病房

▲丹尼尔·弗雷曼纪念医院（Daniel Freeman Memorial Hospital），英格尔伍德（Inglewood），加利福尼亚州（BTA）

庭院

▶UCLA／圣莫尼卡医疗中心妇女中心，圣莫尼卡，加利福尼亚州（BTA）

五楼庭院

▲圣卢克医疗中心（St. Luke's Medical Center），密尔沃基（Milwaukee），威斯康星州（BTA）

入口庭院

◀阿罗黑德地区医疗中心，圣贝纳迪诺县，加利福尼亚州（BTA）

病房楼

▲阿森斯地区医疗中心（Athens Regional Medical Center），手术中心，阿森斯，佐治亚州（Payette Associates Inc.）

手术室，环绕一个洁净供应中心布置

▶阿森斯地区医疗中心，手术中心，阿森斯，佐治亚州（Payette Associates Inc.）

由顶部射入苏醒室的间接光线，创造了一种明快的氛围，可以保持病人的私密，防止眩光

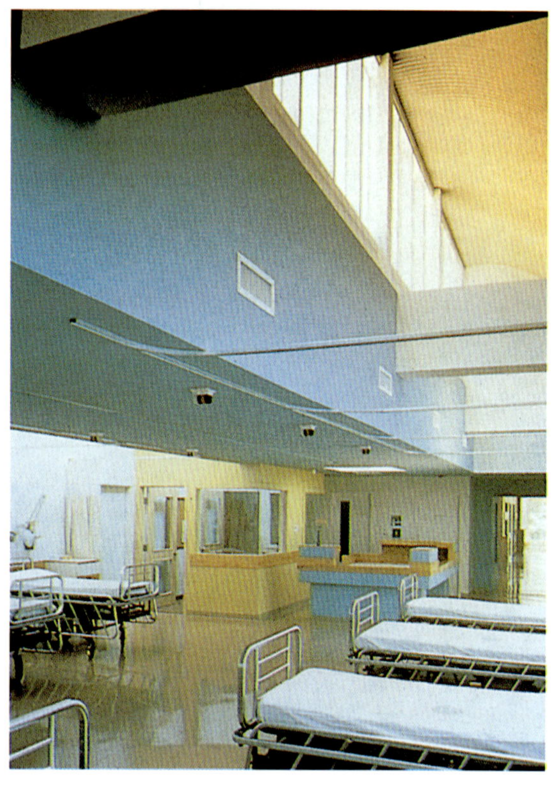

▲马萨诸塞综合医院，西北质子治疗中心，波士顿，马萨诸塞州（Tsoi/Kobus and Associates）

入口的圆形大厅象征了回旋加速器

▲马萨诸塞综合医院，西北质子治疗中心，波士顿，马萨诸塞州（Tsoi/Kobus and Associates）

门厅上层

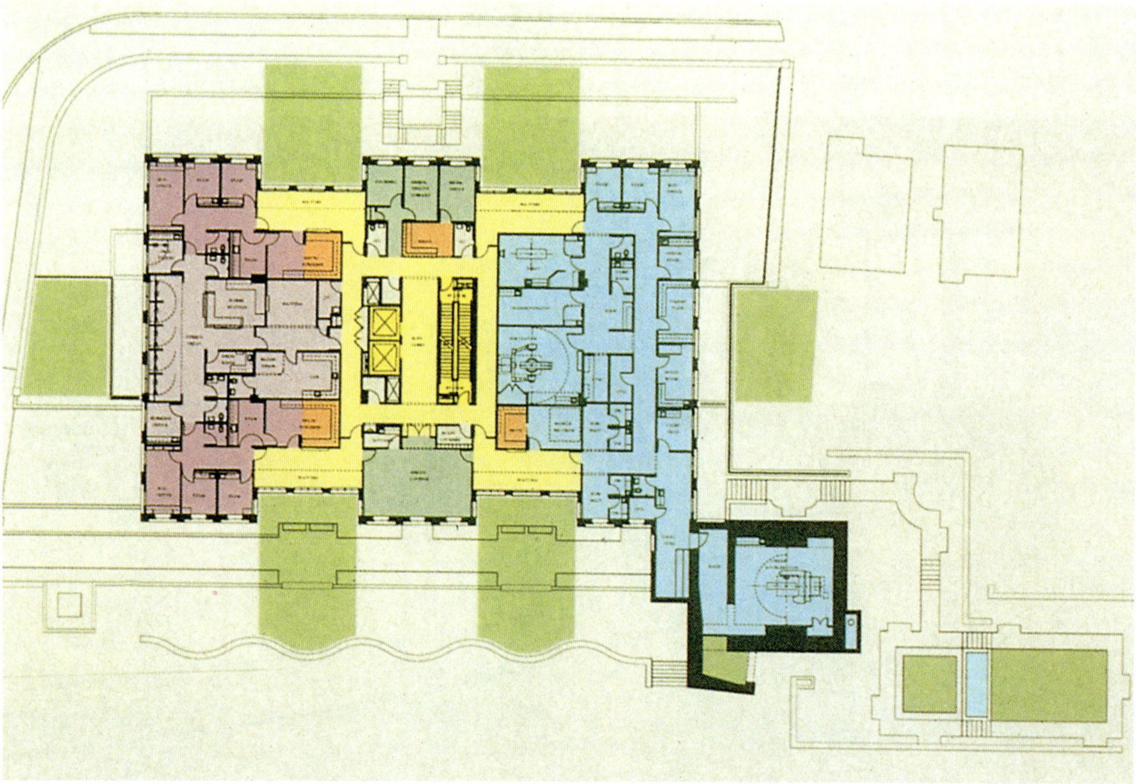

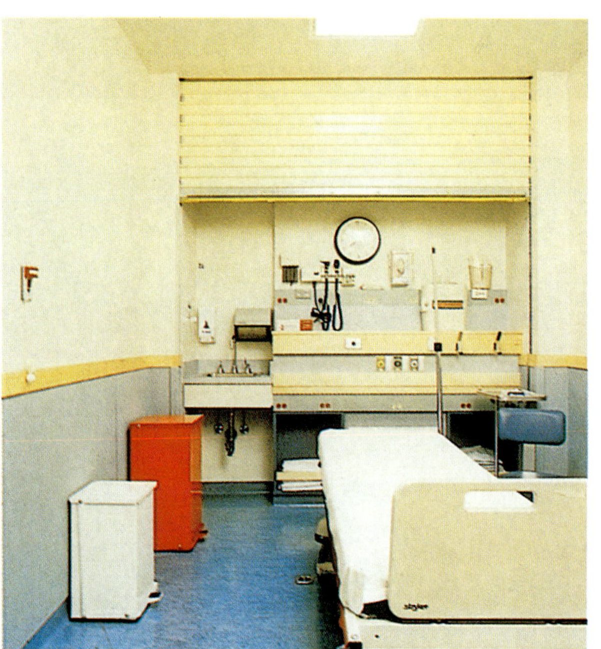

▲格林尼治医院肿瘤中心（Greenwich Hospoital Canter Center），格林尼治，康涅狄格州（Payette Associates Inc.）

按功能要求将空间组织起来，做到资源的共享，并保证病人的隐私

◀剑桥公共卫生协会，剑桥医院急诊部，剑桥，马萨诸塞州（Payette Associates Inc.）

从外部自动控制的转门保证了静室的安全

▲圣徒纪念医学中心（Saints Memorial Medical Center），门诊透析单元，洛厄尔（Lowell），马萨诸塞州（Payette Associates Inc.）

在护士站的顶部侧面安装电视，供病人治疗时娱乐，同时不影响护士观察病人

第三章

住院医疗设施

迈克尔·博布罗和朱利亚·托马斯，*Bobrow/Thomas & Associates*

概述

良好的设计会对病人以及他们的家属、探视者和工作人员的情绪产生有益的影响，这一点常常被忽视。来医院看病本身就已经是很令人压抑的了，因此没有理由再让就诊的环境进一步加重患者的这种感觉。当医生准备给患者进行治疗时，常说："没事的，很快就会好了"。从这件事上可以得到一些启示。设计师和医院的工作人员只需稍稍回想一下他们自己的经历，就能够找到这种让人感到很舒适的感觉。

没有比病房这种环境更容易创造这种感觉的了，无论是重症监护室、儿科还是产科病房，还有护士站，病房应该像自己家中的卧室一样设计得舒适亲切，楼面环境应该像最好的小型旅馆中的那样便于使用。

显而易见，一个安定的环境会影响到病人的情绪状况。如果病人和家属在医院里感觉有一定的自主权，那么他们就会改变对住院期间生活的看法。良好的住院环境包括通道明确，不会暴露隐私，联系方便，光线、声音和温度易于控制，还有就是能够有机会接触宁静美丽的自然风景。

鉴于以上要求，医院和建筑师已经付出了很大努力来提高对医院环境的重视程度，为患者及家属提供一个更好的医疗环境。医院工作人员需要接受有关病人和家属精神需求方面的训练，医疗设施在项目规划和设计之前的有关的前瞻性考虑，都是目前这种努力的具体反映。

目前已经有一些这方面的组织机构发展起来了，他们致力于研究光线、花园和环境控制等对医疗过程的影响。通过美国建筑师学会医疗卫生设计协会、悬铃木卫生组织(Planetree Organization)和医疗卫生设计研讨会，可以找到更多关于这方面的信息。以上组织都会对建筑和医疗单位提供科研支持，并组织一些公开的学术会议。

我们建议读者关注人性化的设计，在建造时不仅仅满足于符合高效医疗流程的要求，还要为医疗过程提供一个舒适安宁的场所。

背景

医院是当今最重要的民用建筑之一，是大部分人生老病死的地方，也是充满情感大喜大悲的地方。医院的建筑设计不仅要满足医疗技术方面的功能需要，而且要能应对情感方面的要求。不幸的是，通常的医院设计常常过多地局限于满足医疗功能的需要，而忽略了在治疗过程中病人和家属情感方面的要求。

没有什么地方比住院部的护理单元更

加需要注意这两方面的平衡了，患者和家属在这儿停留的时间最长。现在，病房已经被视作一个宁静、私密、安全的场所。在这里，病人和家属可以自由地安排他们的生活和环境。如果必要的话，病房还可以容纳病人的整个家庭——可以被设计成病人日常生活的延伸，配有诸如电话、传真和因特网这些可以与外界通信的工具。

护理单元可以被看作是这种环境的延伸，可以提供一种家庭支持系统，一个对患者和工作人员来说舒适、方便并有利于护理需要的空间。医院可以通过饮食选择和管理员式服务，来满足不同患者的个性化需要。

把医院看成治疗的场所，这种模式最初见于阿尔托(Aalto)早期在芬兰帕米尔(Paimio)的设计和门德尔松(Mendelsohn)在海法(Haifa)和耶路撒冷的工作。后来的一些设计者，例如设计蒙特雷·佩宁苏拉社区医院(Community Hospital of the Monterey Peninsnla)的爱德华·迪雷勒·斯通(Edward Durell Stone)、设计亚利桑那州Tempe Samaritan医院的考迪尔·鲁莱特·斯科特(Caudill Rowlett Scott)(CRS)、设计加利福尼亚州英格尔伍德的丹尼尔·弗雷曼纪念医院的Bobrow/Thomas Associates等，延续了他们的观点，继续研究医院环境对病人及家庭成员的影响。除了他们之外，加利福尼亚大学洛杉矶分校、哥伦比亚大学和得克萨斯A&M研究生院医院设计专业也参加了这项研究工作。

对上述想法的进一步探索源自悬铃木卫生组织的研究——一个致力于建立对治疗有支持和辅助作用的护理模式的组织，他们研究病人对周围环境的控制需要，回应家庭成员希望能够对有关病人的护理工作拥有发言权的想法。同时，新的市场反馈也表明：像最好的宾馆一样，有特色的建筑和服务能够推动一个医院在社区内的成功。

最后， 可以从健康照护设计(Health Care Design)研讨会近来的研究成果和它的出版物《医师》(*Aesculapius*)上发现对这种想法的发展和实践。《医师》致力于研究建筑可能对病人影响的各种方式。最近的研究表明，有关环境因素对病人就诊和康复阶段有积极影响的概念已正式得到验证。

设置从每个病房都可以看到的美丽的花园，提供单人病房，采用温和的灯光，提供家庭空间，这些早期实践的成功为未来进一步的研究创造了极佳的机会。在今后的建设过程中，将更加重视建筑设计在治疗过程中可能发挥的作用。

护理单元规划设计的演变及发展趋势

传统意义上，护理单元是整个医院的核心。其功能是让那些需要护理的病人安心养病，而且往往是较长一段时间。有意思的是，由于早期的医院主要是为了履行宗教的义务，所以医院布局采用了集中的开放式隔间和类似教堂内部中央大厅的结构。这种模式延续了好几个世纪，直到护理模式的革新需要有其他的形式出现为止。

随着科技和健康保健在几个世纪中的进步，护理单元的角色和形式也有了变化。护理单元的设计反映了所处时代的需求。现在运营的一些医院仍然保留着早期建设的一些元素。为了更好地探讨和理解护理单元可能发挥的作用及将来的发展，对其沿革的回顾就非常有必要了。

最早的一些护理单元的设计中，时代的印记是非常明显的。从13世纪到19世纪，护理单元的模式改变很小：一个长条形的开放空间，靠外墙处设置病床。

早期护理单元的设计主要受到建造方法的影响和制约，其中包括建筑结构可能的最大跨度及对自然通风的需求等。

由于护理单元是修道院的一部分，其周围用地往往用于农业，尤其是种植一些药用植物。这种模式随着当代医院建设与自然景观的结合最近又出现了。近几年来，医院的规模不断扩大，尤其是在大城市中，例如布鲁内莱斯基(Brunelleschi)设计的在米兰的奥斯佩达·圣玛丽亚·诺沃(Ospedale Santa Maria Nuova)医院和罗马的圣斯皮里托(Santo Spirito)医院。

护理单元的变化反映了护理模式的改变。巴黎的主宫医院横跨塞纳河。在那里常常是4个病人一张床，随着南丁格尔模式的推广，主宫医院有了巨大的变化。许多年来，其布置成了医院的标准布局。它是一种开放式的平面，有良好的通风，护士站设在入口处。这种布置被证明可以有

▲主宫医院(Hotel Dieu)，博讷(Beaune)，法国，1443年

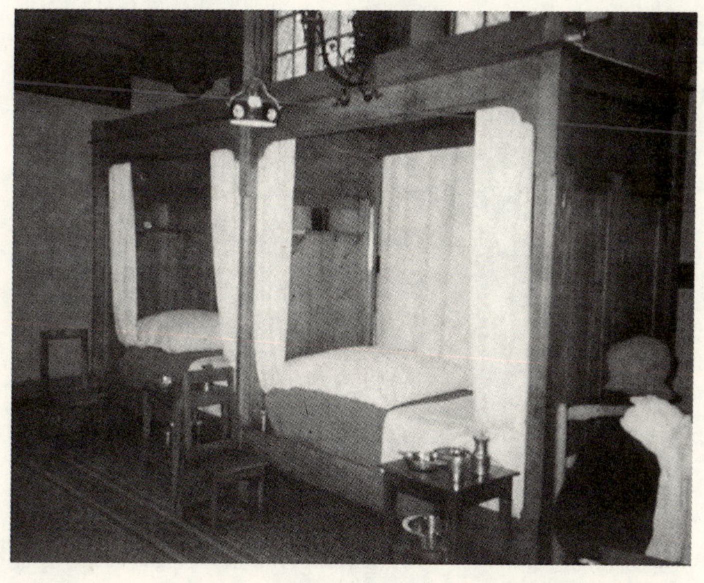

▼病床，主宫医院，博讷，法国

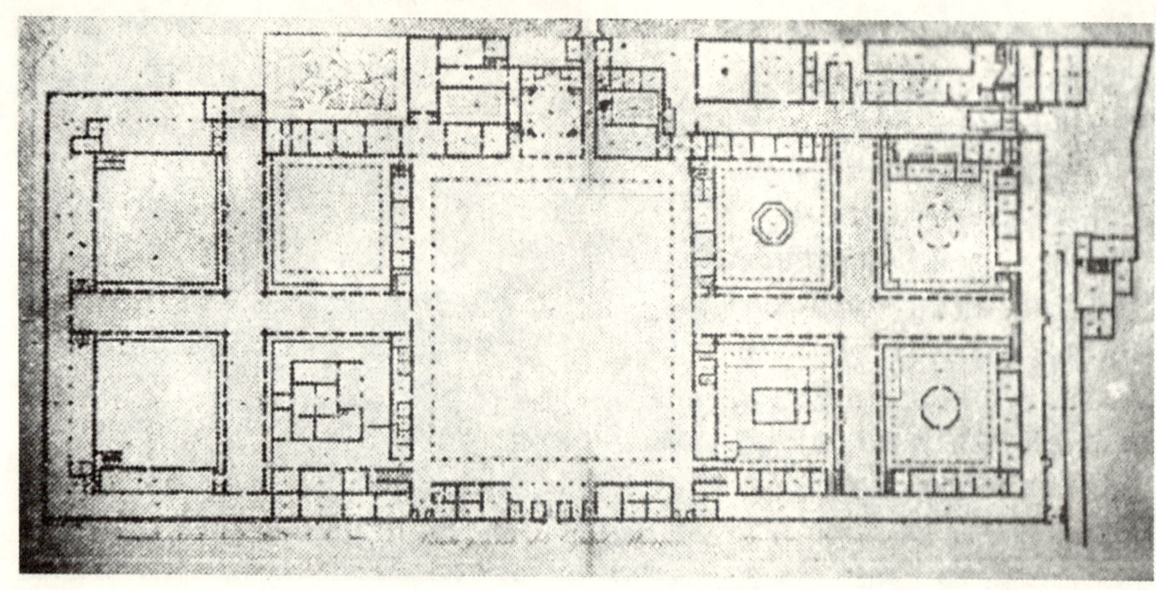

▲奥斯佩达·马焦雷(Ospedale Maggiore)，米兰，意大利，包括草药花园的平面，1456年

效地护理病人。克里米亚战争期间，出于对医疗设施快速建设的需要，布鲁内(Brunel)设计了移动式医院，他设计的一个方案被延用至今，其构想的一部分是两端采用开放式的设置。

影响最大的技术变革发生在19世纪末期，由于大跨度的钢结构、电梯以及20世纪中期空调技术等的引进，护理单元的设计发生很大的变化。这三项技术的发展对于医院在医疗护理和疾病治疗领域内的革新作用具有决定性的影响。

不同的护理单元可以在医院的同一块基地上叠加起来，利用电梯作为联系纽带，形成一种单向垂直的运作系统。以前的医院则在各个方向扩建病房，占用了大量的用地并增加了员工和家属行走的距离。比较而言，目前这种设计使工作效率

▶布鲁内莱斯基设计的奥斯佩达·圣玛丽亚·诺沃医院，米兰，意大利

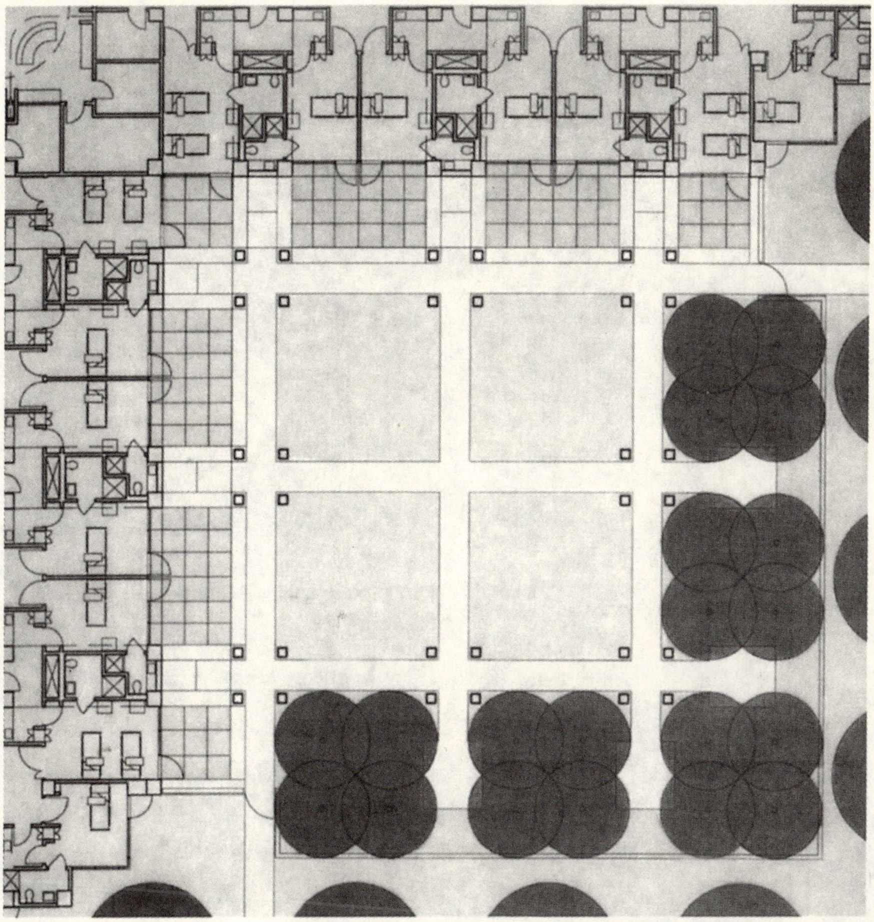

◀希望之城国家医疗中心（City of Hope National Medical Center）病房和花园平面（BTA）

大大地提高。

空调的使用可以使护理单元的设计脱离自然通风要求的限制。传统的格局将护理单元的进深限制在了45～60英尺之间。现在可依据功能和结构的需要来进行设计，从而为创造更高效率的护理单元提供了条件。这样的护理单元可以变得很宽敞，以至于病人和家属有可能搞不清医院内的方向。

随着医院医疗和科研水平的提高，护理水平也得到了很大的改进。管理中对效率的要求变得极为重要，随之产生了一些功能较为紧凑的护理单元形式。然而，一味地讲求效率，也使许多医院忽视了病人和家属在情感方面的需求，同时也忽视了建筑对于满足这些需求可以起到的作用。

运作高效的平面布局

1875年，在巴尔的摩的约翰·霍普金斯大学医学院的附属医院涌现出一些大胆

▼圣斯皮里托，罗马，意大利

▶主宫医院，巴黎，法国

▼伦凯奥医院（Hospital Renkioi），达达尼尔(Dardanelles)，1855—1856年

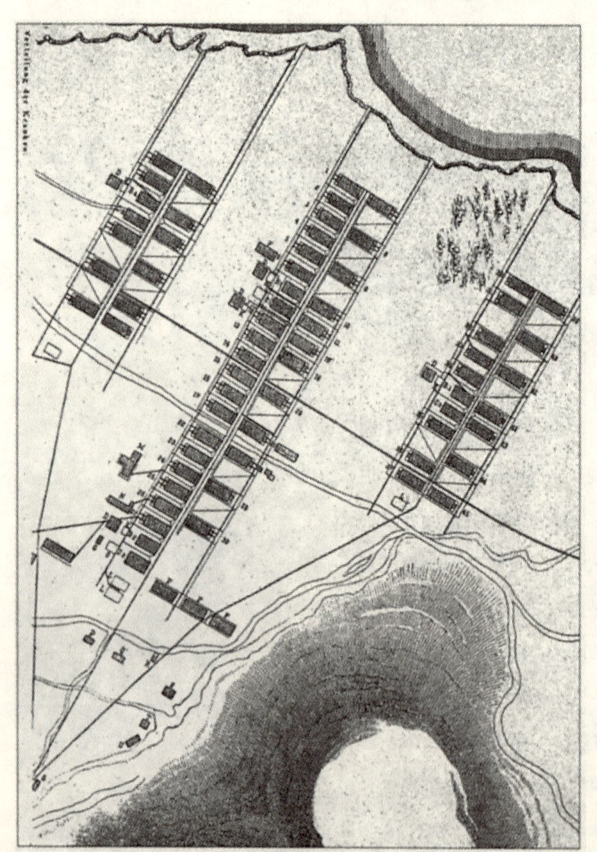

的构想。自13世纪以来，医院的病床一直是沿外墙直线排布，而现在尝试了一种新的布置方式，其中包括紧凑的环形、正方形及八角形的布置。通过采用新的布置方式，从中间的护士站可以看到所有的病人。这样就能够直接观察到所有病人的情况，给予每个病人同样的护理。这种概念模式就是1950年代环形单元的基础。

尽管这些早期的研究并未对护理单元的设计产生普遍的影响，但大约75年以后在其他一些重要领域取得了进步。大型、开敞的病房不再受到欢迎。通常，这种病房都比较嘈杂，病人几乎没有什么隐私，实质上也无法将那些感染的病人隔离治疗。

开放式的病房逐渐被中间走廊、两侧小房间的布置所取代。每个房间住更少的病人，这样的结构必然带来病房面积的增大及走廊的加长，护士要完成每天的护理工作，不得不走更多的路。

平面功能的评价

护士每天需要跑很多的路，这是一个重要的设计

问题，现在仍然是影响护理单元设计的难题。如何既满足病人对私密的需要或增加辅助的空间，同时又考虑整个护理单元的规模大小，便于护士与病人接触交流呢？要实现这些目标必然要求设计者在其中找到一个平衡点。许多护理部建成后在平面尺度非常大，从而变成一种劳动密集型的部门。

1947年在芝加哥召开了由美国医院联合会召开的医院建筑设计大会中，建筑师刘易斯·J·萨维斯(Lewis J. Sarvis)说到，调查表明，护士至少40%的时间花在了走路上，因此，减少护士行走的距离，增加护士与病人的直接接触的时间成为医院建筑设计的目标。

医院规划设计的变革涉及很多方面的设计与组织。二战后由于有了Hill-Burton法案，每个社区都有机会建造地方性的医院，可以体现当时最新的设计趋势。不幸的是，许多医院的结构布局参照了美国公共健康协会出版的指导方针，而未采用标准的设计模式，因此许多旧的模式被保存下来。但是也有些医院进行了新的尝试，许多咨询者和建筑师对护理部的建筑设计作出了贡献，包括凯泽(Kaiser)系统奠基人的悉尼·加菲尔德(Sidney Garfield)；戈登·弗里森(Gordon Friesen)给许多教会医院的设计提出过很好的意见，还有加利福尼亚州的建筑师吉姆·穆尔(Jim Moore)。

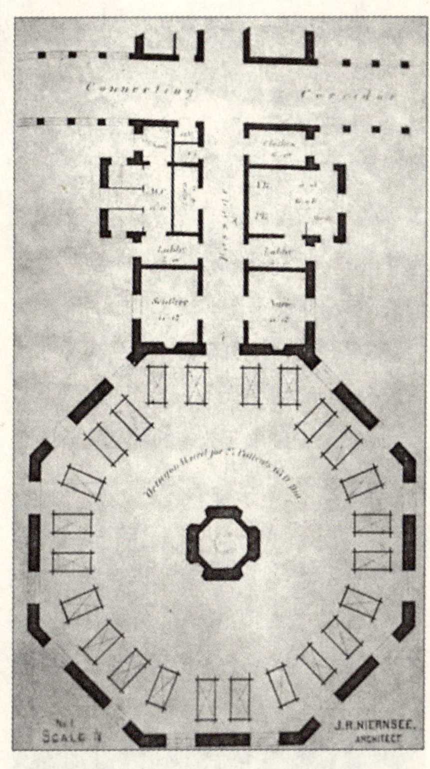

◀约翰·霍普金斯(John Hopkins)设计竞赛方案，1875年，八角形平面

耶鲁大学对于护理部工作效率的研究

1950年代末，耶鲁大学公众健康学院的约翰·汤普森(John Thompson)和罗伯特·佩尔蒂埃(Robert Pelletier)通过研究很多已有医院的交通模式，提出了“耶鲁交通指数”。研究者明确了14种交通联系，这些联系构成了护理单元所有交通量的91%。根据以上模式，可以对护理单元的交通效率作出评估。

通过这个指数的评估，建筑师们也可以了解设计对医院运营成本的影响，但1960年代中期另一项研究则表明了这种研究方法的有限性。正如荷兰的扬·库曼斯(Jan Koumans)所指出的：*只有当服务间*

的使用频率很高时，从病房到服务间的距离才会比较重要。如果在体系上作一些变动，将该服务间取消的话，那么对沿着不同线型排列的护理单元作任何的比较都将不可能。针对某项活动应确定开始和结束的联系点，而且点的选择不受护理单元结构变动的影响。

这些论述对于后来需要在病房外设置供应中心的护理单元的设计尤其重要。

最近对护理单元效率的研究是由佐治亚理工学院和佐治亚医学院的德隆(Delon)和斯莫利(Smalley)作出的。他们的调查不仅编录了一般医院内护士行走的频率，而且增加了医护人员行走时间的成本和其他一些经济方面的因素：建筑造价的比例分配。这间接导致了今天对每日建筑造价的重要评估，这种评估将建筑造价与其使用寿命作了有效的结合。

耶鲁大学交通指数	
交通时间百分比	医护人员的联系交通
19.1	病房—病房
16.7	护士站—病房
14.1	物品储藏室—病房
9.8	护士站—物品储藏室
6.1	护士站—电梯
5.8	护士站—诊断室
4.6	病房—配餐室
3.7	病房—电梯
4.8	治疗室—病房
2.5	物品储藏室—电梯厅
2.8	物品储藏室—诊断室
0.7	物品储藏室—配餐室
1.1	物品储藏室—值班室
1	护士站—配餐室

MPA/BTA 护理单元分析模型、规划和技术

医学规划协会（MPA）和Bobrow/Thomas Associates(BTA)发展了一种更简单的，不需要复杂数学分析的方法，其结果却与早先的方法非常接近。作为一种设计工具，它的优越性在于简单和方便，形成了护理单元设计中衡量行动距离的一个有效的参数，也就是到病床的距离指标，这个指标是指从护理用房到各个病床之间距离的总和，可以作为更复杂模型的代表。

这种方法把一个或多个护理工作核心看作护理活动的中心，护理工作核心设置护士最常进行和可能急需进行的工作内容。为了便于比较，这些护理活动核心到每张病床间的距离被记录下来并计算得出一个平均数。早先几年，一个护理核心要服务整个楼层的所有病床；近几年，一个护理核心又被划分为几块，这样它们离所服务的病房更近，方便了每一个护理小组。数据表明每个护理小组服务的病人在12～16人之间。事实上，目前的一些设计中，很多辅助空间与各个病房直接毗邻。

开始设计时，需要确认护理单元的结构模式，最重要因素包括每个护理单元的大小、方位和各班次护理人员的组成。如

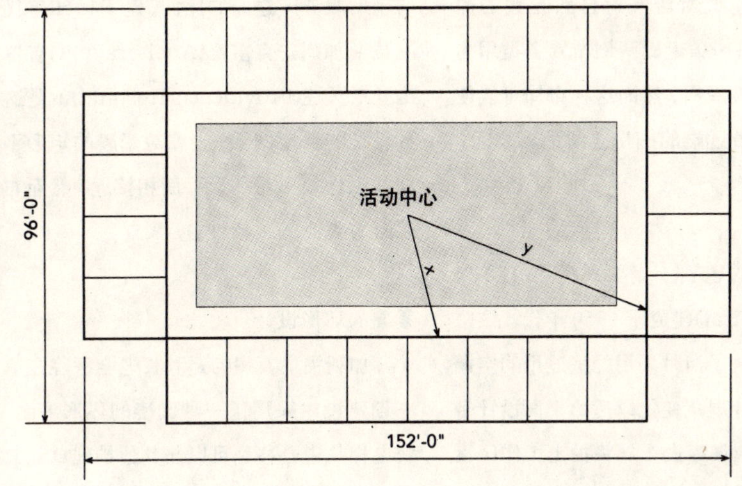

每层床位数	24
每组床位数	6
到中心的最短距离（X方向）	29
到中心的最长距离（Y方向）	60
走廊总长	304
周长	336
总面积	12993 平方英尺
中心服务区面积	3840 平方英尺
可用的床位面积	6720 平方英尺
走廊面积	2432 平方英尺
辅助面积比例	29%
周长与总面积比	1：38
每床平均面积	360 平方英尺
床距系数	1.9

▲护理单元分析模式（MPA/BTA）

果将护理用房分散布局，日班也许护士与病人可以保持密切的联系，而到了夜班，由于护理人员数量减少，需要重新安排，每个护士要照顾更多病床的话就会使工作效率大大降低。

从护理核心出发，行走的最长和最短距离与平均距离一样重要，如果这个距离变动幅度很大，一些病人就可能接受到比其他病人更多的照护。分析各病室之间行走距离的最大差值也是评判较少护理人员时段效率高低的一项指标。

当前倾向于尽量控制入院治疗病人的数量，相比较10年前的入院病人，目前需要住院治疗的病人需要更多的护理。因此，设计最基本的目标就是将平均行走距离、各病室到护理核心最长与最短距离的变动幅度，以及所有病室间的距离减少到最小。所有以上距离的计算都必须考虑到每个护理单元所服务的床位数这个因素。

平面形式

主要平面形式的工作效率排序非常一致。一般比较紧凑的、同心的平面工作效率较高。然而，相比较而言，作为参照指标外部形状不如内部核心体系和布置。最近，出现了一些非常高效的平面布置，房间成组集中分布，采用了经过改进的床边计算机监护系统和数字影像设备，而且优化了推车发放供给品和药物的形式，将辅助区域与病房毗邻分散安排。通过这些设计，许多造成病房与护士站之间往返因素被消除了。

为了达到高效护理这个目标，规划者们尝试了很多种平面模式，在以下的探讨中可以看到紧凑型护理单元发展过程中的一些因素。

1900 年代：中走廊式平面

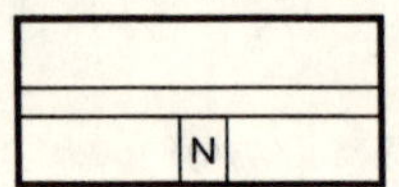

1940 年代：双走廊式平面

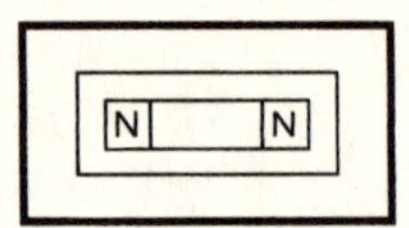

1950 年代：紧凑的环形平面

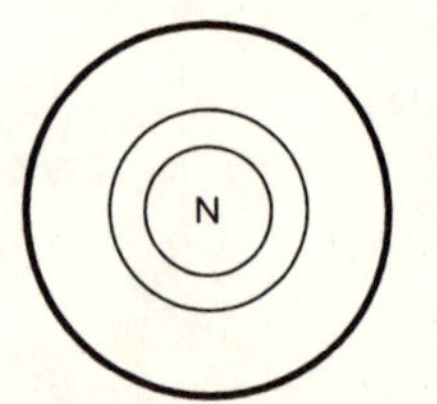

1930—1950年代：十字形平面

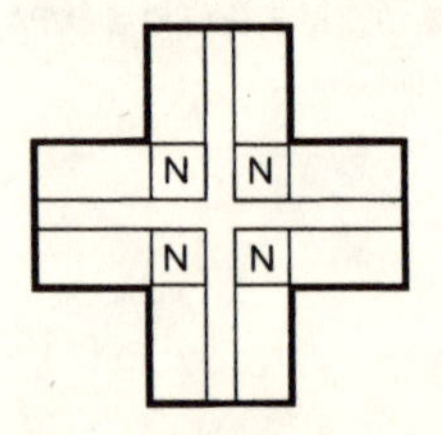

1950年代：紧凑的正方形平面

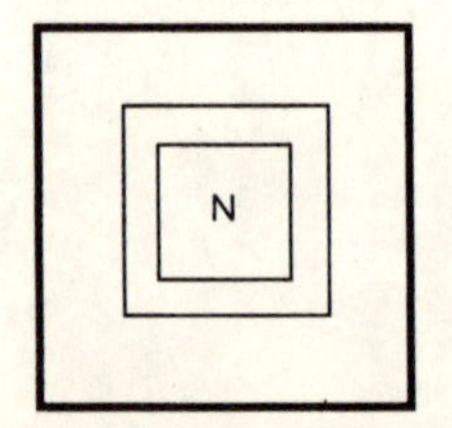

1970年代：紧凑的三角形平面

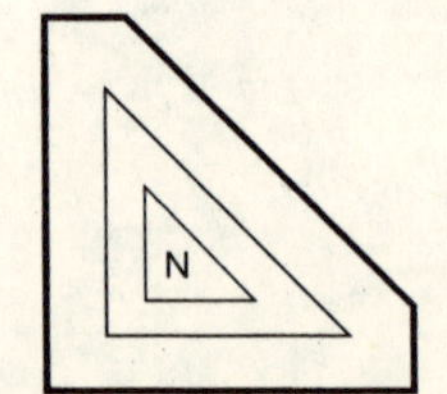

▲护理单元平面模式的发展过程

考虑到空气对流及对自然光线的需求，多年以来一条走廊两侧布置各类用房的形式一直被沿用，然而这种布局可能使得护士站与最远端的病房之间距离太远。

双廊平面

洛杉矶的霍利·克罗斯医院（Holy Cross Hospital）建成于1950年代，该医院的设计反映了当时采用经济适用的空调技术以及设计规范变化以后给平面设计带来的灵活性。双廊式布局将护士工作区设在两条走廊之间，该设计被证明比单廊式平面工作效率大为提高。但由于中间区域仍设置了与护理工作无关的功能（电梯），因此并不是很紧凑。

通过在每个病房门附近设置一个通过式的“护士服务”的辅助区，方便医护人员为病人服务，从而在平面设计中体现了集中的工作核心区与一些分散的辅助功能区域相结合的设计理念。这种设计理念由戈登·弗里森医院咨询公司进一步深化发展，后来成为1950—1960年代间“弗里森”医院模式的一个共同要素。虽然这种设计在日间工作期间非常有效，然而在夜间由于医护人员数量有限，平面尽端距离的问题就会凸现出来。

紧凑的矩形平面

在保持床位数相同的情况下，由于外边界的大小可以根据需要变化，紧凑的矩形平面较之环形平面可以灵活地调整病房与辅助服务区之间的比例。建于1950年代阿拉斯加州安克雷奇(Anchorage)的普罗维登斯医院(Providence Hospital)就是这种设计的典型例子。大多数紧凑的矩形平面其工作效率与环形平面相接近，然而布置时有更高的灵活性。

紧凑的环形设计

加利福尼亚州的瓦利长老会医院在第一期建设中采用了一种紧凑的环形平面，将电梯从中心移到可以与其他护理单元共用的辅楼中。

所有的34张床位都围绕着护士站呈圆形排列，病房间的距离及病房与护士站之间的距离都非常短。另外一种减少护士移动距离的方法是提供更多可能的交通路线，即两点之间的路线可有多种选择。这种设计也被耶鲁大学评估为是到目前为止在该研究领域最高效的设计。

病房的大小及数量受到环形半径的限制，这是该平面存在的问题。另外规范将每个护士站服务的床位数限制在35张以内，这样当核心区域作为护士服务区域时设计上就表现出一定的相似性。

当床位数量与护士服务区域的面积达到平衡时，环形设计可以成为一种最为高效的设计模式，例如建于1960年的瓦利长老会医院的二期工程。二期工程中塔楼的直径从原来的88英尺增加到96英尺，可以为19间双床病房提供更合理的辅助服务面积。

1969年该医院建造了第三期直径更大的护士楼，每层设置32间单床病房。正如前面所提到的，为了布置下更多的单人病房，中央的护士工作区域的面积不得不变得更大，结果是工作效率反而下降了，也影响了对病人的观察。

本项目在医院设计的发展史上具有重要的意义，设计者吉姆·穆尔采用了理性的方法来处理医院发展的要求，并且同时保持医院运作的秩序性。在后来的医院设计中该方法被广泛地应用。

在这个项目建设之前，病房楼是一幢幢连在一起建设的，拥有各自独立的电梯。这种设计对于来访者及职工在寻找合适的电梯组时带来了极大的不便。近几年的一些设计工作主要就是解决那些由于错误的扩建设计而导致的交通混乱问题。

所有的病房楼都共用一个可扩展的电梯群。并没有因为将电梯从中央护士工作区移走而给护士的工作带来不便。相反，由于采用更加简单的交通模式使得整个医院的工作效率都有所提高。瓦利长老会医院在不到15年的时间内床位数由63张扩展到360张，通过在原来的主要交通核心附近增加所需的电梯，在床位增加后仍保持了原来的高效工作体系。

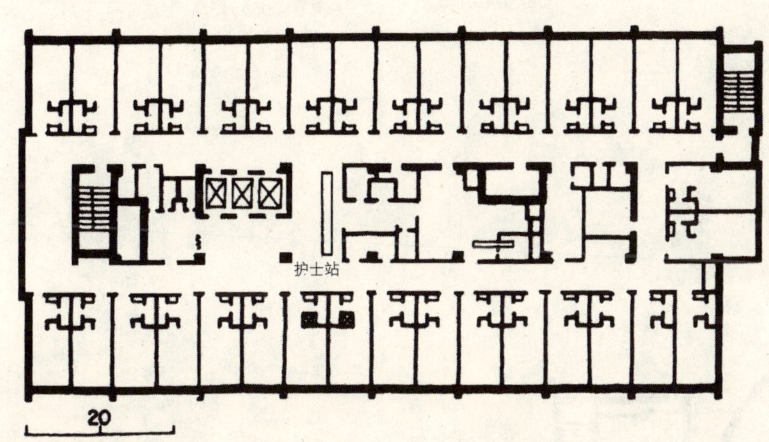

◀双廊式单元平面，霍利·克罗斯医院，洛杉矶，加利福尼亚州（建筑师：Verge & Clatworthy，咨询顾问：戈登·弗里森）

床位统计：	1－床间	2=2 床	交通面积：	4605 平方英尺
	2－床间	32=64 床	病房面积：	169 平方英尺
	3－床间	0=0 床	平均病床与辅助服务之间的距离：	85.4 英尺
	4－床间	0=0 床		
床位总计：		66 床	与病床的最长距离：	248 英尺
总面积：		17250 平方英尺	与病床的最短距离：	52 英尺
每床平均面积：		262 平方英尺	床距系数：	1.29
辅助服务面积：		2650 平方英尺		

▶紧凑的矩形平面，普罗维登斯医院，安克雷奇，阿拉斯加州（建筑师：Charles Luckman Associates，咨询顾问：MPA）

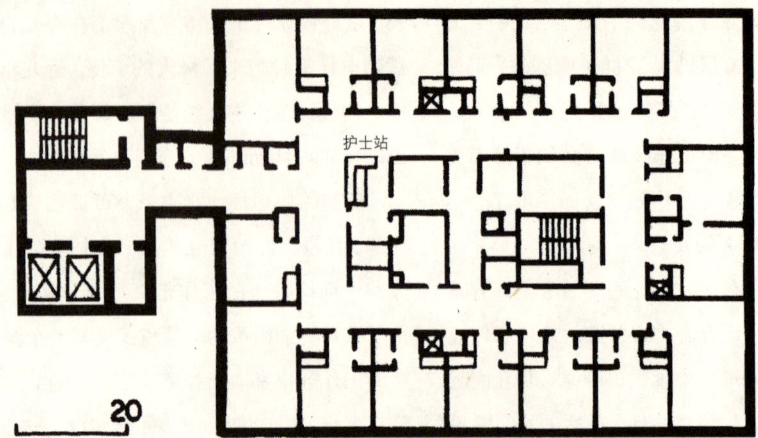

床位统计：	1－床间	0=0 床	病房面积：	143 平方英尺
	2－床间	13=26 床	交通面积：	2384 平方英尺
	3－床间	2=6 床	平均病床与辅助	
	4－床间	2=8 床	服务之间的距离：	53.6 英尺
床位总计：		40 床	与病床的最长距离：	68 英尺
总面积：		8360 平方英尺	与病床的最短距离：	32 英尺
每床平均面积：		209 平方英尺	床距系数：	1.34
辅助服务面积：		1230 平方英尺		

▼紧凑的环形平面，瓦利长老会医院(Valley Presbyterian Hospital)一期，范奈斯(Van Nuys)，加利福尼亚州［建筑师：佩雷拉(Pereira)和勒克曼(Luckman)］

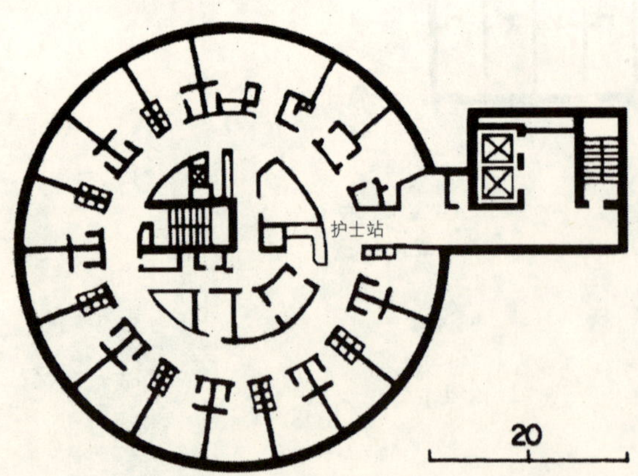

床位统计：	1－床间	0=0 床
	2－床间	15=30 床
	3－床间	0=0 床
	4－床间	1=4 床
床位总计：		34 床
总面积：		7068 平方英尺
每床平均面积：		207.8 平方英尺
辅助服务面积：		954 平方英尺
交通面积：		1958 平方英尺
病房面积：		170 平方英尺
平均病床与辅助服务之间的距离：		49.5 英尺
与病床的最长距离：		60 英尺
与病床的最短距离：		44 英尺
床距系数：		1.43

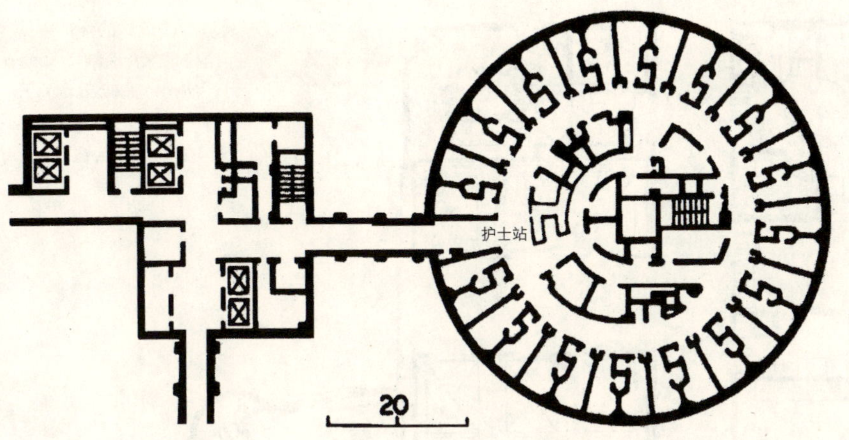

◀瓦利长老会医院三期，范奈斯，加利福尼亚州（建筑师：Charles Luckman Associates，咨询顾问：MPA）

床位统计：	1-床间	32=32 床	交通面积：	3146 平方英尺
	2-床间	0=0 床	病房面积：	110.8 平方英尺
	3-床间	0=0 床	平均病床与辅助	
	4-床间	0=0 床	服务之间的距离：	65 英尺
床位总计：		32 床	与病床的最长距离：	84 英尺
总面积：		10607 平方英尺	与病床的最短距离：	32 英尺
每床平均面积：		3211 平方英尺	床距系数：	2.03
辅助服务面积：		1797 平方英尺		

▼瓦利长老会医院完成后的总平面，范奈斯，加利福尼亚州

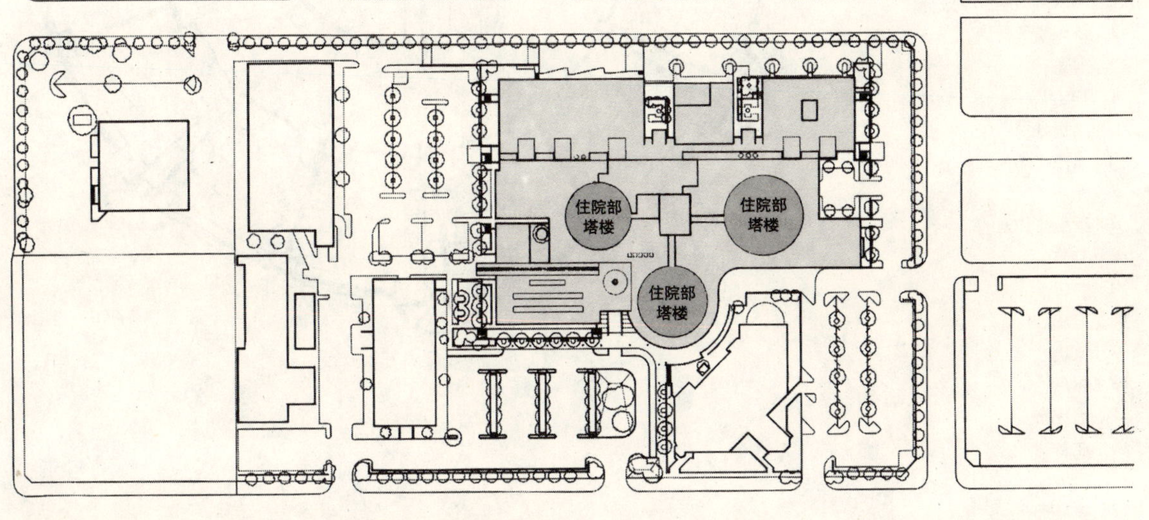

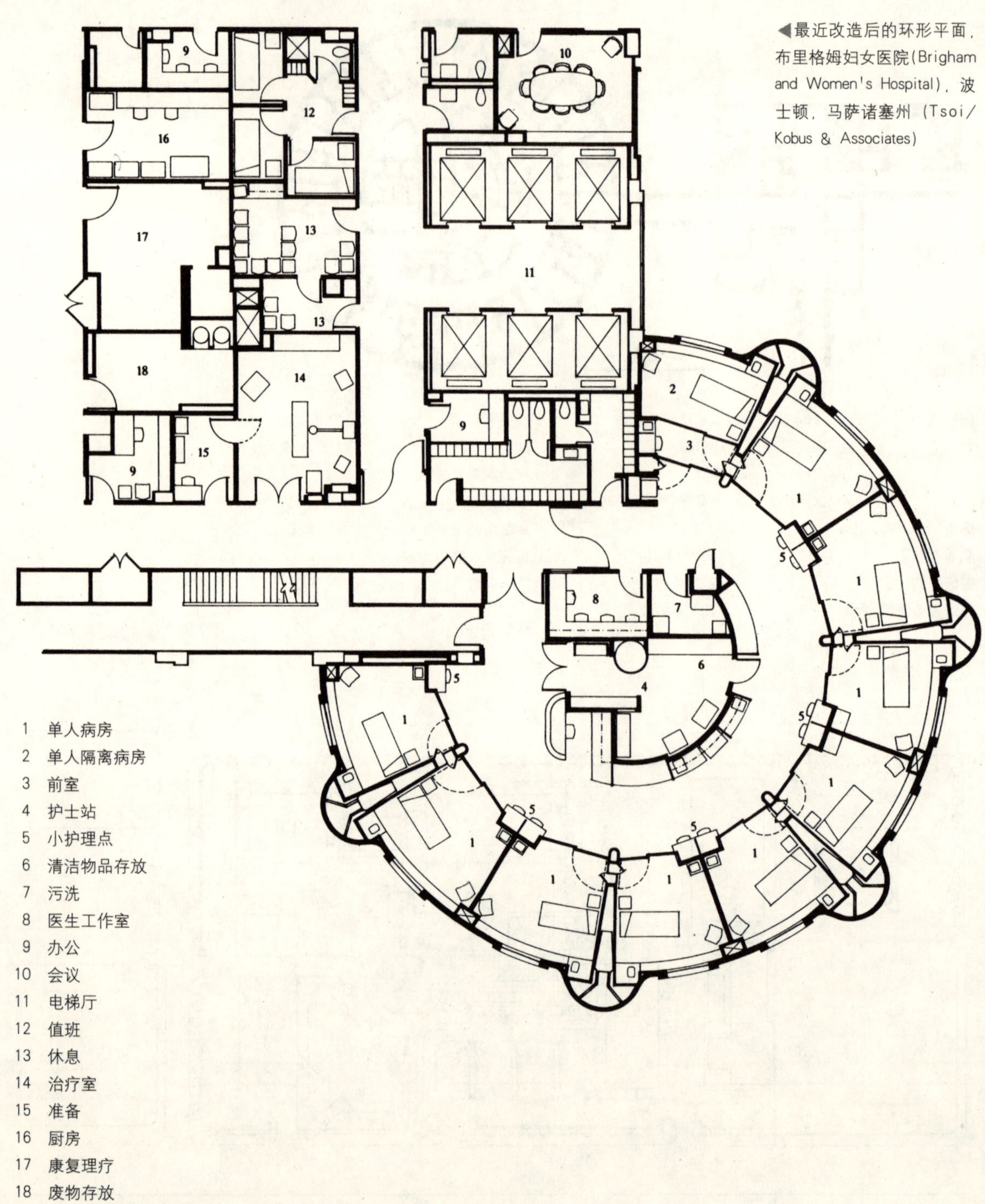

◀最近改造后的环形平面，布里格姆妇女医院(Brigham and Women's Hospital)，波士顿，马萨诸塞州（Tsoi/Kobus & Associates）

1 单人病房
2 单人隔离病房
3 前室
4 护士站
5 小护理点
6 清洁物品存放
7 污洗
8 医生工作室
9 办公
10 会议
11 电梯厅
12 值班
13 休息
14 治疗室
15 准备
16 厨房
17 康复理疗
18 废物存放

单床与多床间

在早期，病人住院主要采用在完全开放的空间中安排多个病床的形式，即南丁格尔模式，然后逐步演变为8人、6人或4人一间病房，几个病房合用卫生间及洗浴设施。二战后情况发生了更大的变化，即多采用双床间带独立的卫生间。然而目前仍有一些医院采用公用淋浴和卫生间的形式。

令人惊讶的是，多年来设计者一直在考虑设置单人病房的问题。1920年，阿萨·S·培根(Asa S. Bacon)，后来曾任芝加哥长老会医院的院长，在《*Journal of the American Medical Association*》上发表了一篇题为《高效率医院》的文章。培根强烈呼吁医院设置单人病房，其出发点在于病人对私密性、舒适性的要求，以及医院更高使用率的目标。他提到采用单人病房后交叉感染问题也能得以解决，同时在单人病房中医生和护士可以更好地进行检查，了解病史。

尽管培根的观点被忽略了近半个世纪，但现在全部单人病房的医院得到了广泛的认可。近几年来许多医院都在更新其设施，以扩大单床间的数量。

单人病房还有其他很多优点，例如病人可以得到更好的休息而不会受到其他病人的打扰；由于卫生间和淋浴设在病房内，病人可以更早地下地行走；单人病房可用于多种隔离。由于病人在单人病房中很少离开，这样可能发生的医疗事故也可以大大减少。医院也意识到通过减少病人的移动能带来经济利益。在那些多床间病房中病人平均每天的移动达6～9次，这对于医院而言也是一笔不小的开支（比如由此增加的文件整理、清洁、病人移动、护理安排等工作）。

UCLA／圣莫尼卡医疗中心

医院全部采用单人病房并非没有任何问题。如果设计时还是采用传统的走廊两侧布置病房的方式，每个房间沿走廊面宽约12.5英尺，那样走廊的总长度势必会加长，从而增加了护士走动的距离。为了解决这个问题，有些平面采用错叠或将3～4间病房成组设置的方式，例如加州大学洛

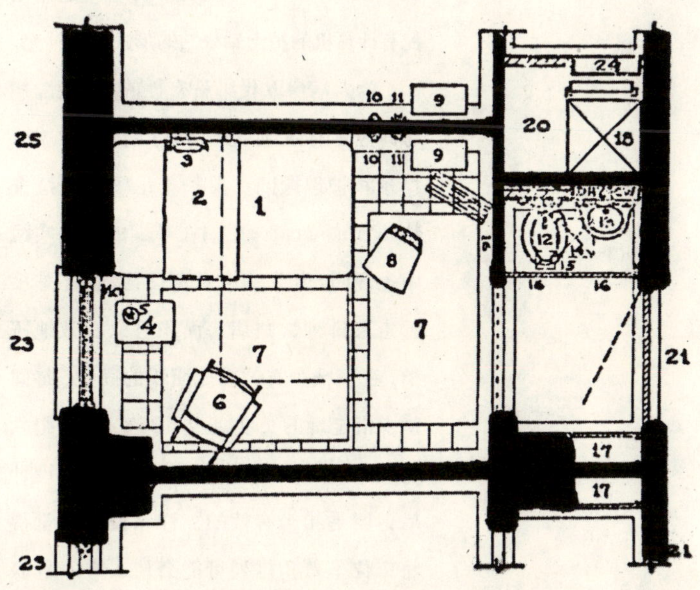

▼阿萨·S·培根的单人病房平面

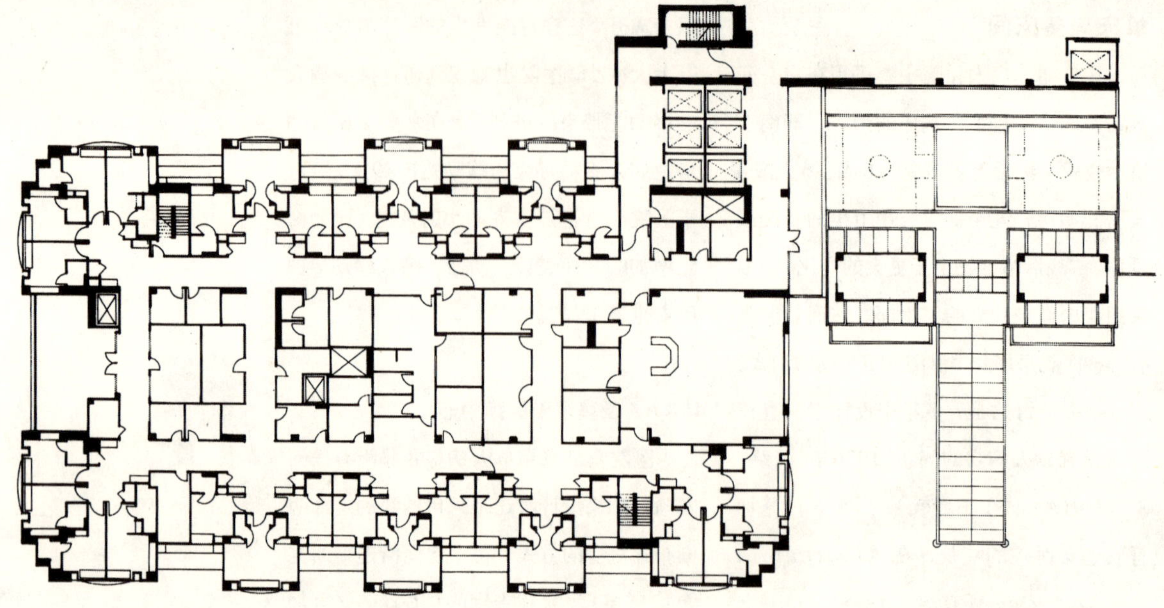

▲三层平面，UCLA／圣莫尼卡医院医疗中心，圣莫尼卡，加利福尼亚州（BTA）

杉矶分校(ULCA)/圣莫尼卡医院医疗中心和影视基金会医院(Motion Picture and Television Fund Hospital)，一般还采用配有计算机的护士站分站的形式作为补充。

单人病房取代半私密性的病房后，病房间应更有效地布置利用。建筑师吉姆·穆尔和护理顾问注册护士尼娜·克拉夫特(Nina Craft RN)在早期的一些实践中也证明，如果病床对角设置，而不是平行走廊排列，则病房面积可以有效地压缩，在不减少有效功能面积的同时，每间病房沿走廊的长度减少了25%。20世纪六七十年代许多医院采用这种新颖的设计后证明是相当有效的。许多设计者觉得将床位呈对角排列可能会使人有不舒服的感觉。不幸的是，较小的房间被证明如果需要增加床的长度或环绕病人要有更多的医务人员，要放置更多的医疗设备时就不够灵活。

美国建筑师学会资深会员雷克斯·惠特克·艾伦(Rex Whittaker Allen)提出了一种折衷的方案，即双人病房，床位中间用一种可移动的隔断分开。隔断往往是拉上的（根据病人的要求）。但是也发现一些病人喜欢同其他病人交流，却仍控制着那个分隔的移门。现在有各种各样的设计组合。

普罗维登斯医院，梅德福(Medford)，俄勒冈州

通过对病人的调查发现，他们优先考

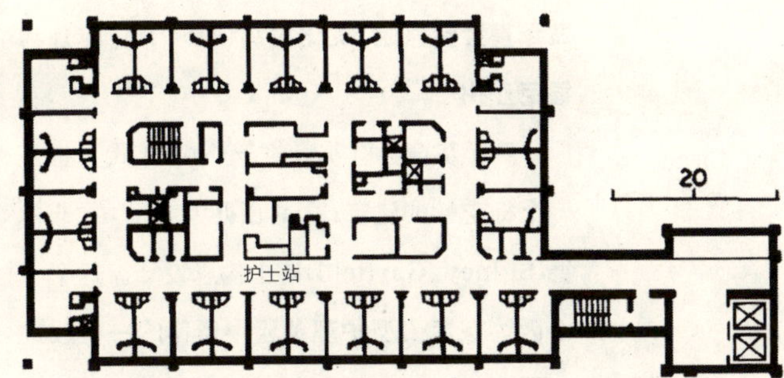

▲普罗维登斯医院，梅德福，俄勒冈州
（建筑师：Edson & Papas，咨询顾问：MPA）

床位统计：	1－床间	32=32床
	2－床间	0=0床
	3－床间	0=0床
	4－床间	0=0床
床位总计：		32床
总面积：		12153 平方英尺
每床平均面积：		380 平方英尺
辅助服务面积：		1848 平方英尺
交通面积：		4470 平方英尺
病房面积：		115 平方英尺
平均病床与辅助服务之间的距离：		70 英尺
与病床的最长距离：		100 英尺
与病床的最短距离：		36 英尺
床距系数：		2.19

虑的是个人的私密性。俄勒冈州的普罗维登斯医院在1965年建造了第一个全单床间病房。调查发现92%的医生及医院其他员工认为采用单人病房后他们的工作变得容易了，95%的病人指出如果费用一样的话，将来住院时他们更愿意选择单人病房。

医院也意识到采用单人病房后带来的经济利益。由于采用单人病房，在土建、家具、维护、管理、采暖和空调方面的费用提高了，但是由于其更高的住院使用率，单人病房与多人病房的日均成本基本持平。一般多床病房的使用率达到80%～85%，而单人病房的使用率可达100%。这样医院就可以设置更少的总床位数来满足相同数量病人的要求。例如，80～85个单人病房可收治的病人与100张床位的双人病房所收治的病人一样多。

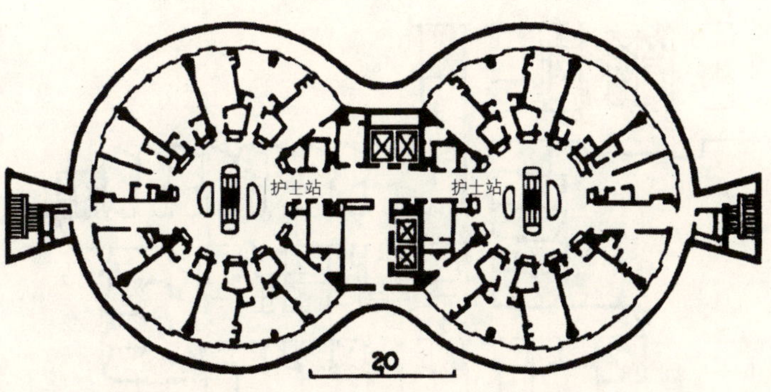

▲凯泽基金会医院，帕诺拉马，加利福尼亚州
［建筑师：克拉伦斯·梅休(Clarence Mayhew)，咨询顾问：悉尼·加菲尔德博士］

床位统计：	1－床间	6=6床
	2－床间	12=24床
	3－床间	0=0床
	4－床间	4=16床
床位总计：		46床
总面积：		15850 平方英尺
每床平均面积：		345 平方英尺
辅助服务面积：		1811 平方英尺
交通面积：		7246 平方英尺
病房面积：		198 平方英尺
平均病床与辅助服务之间的距离：		47.5 英尺
与病床的最长距离：		60 英尺
与病床的最短距离：		24 英尺
床距系数：		1.03

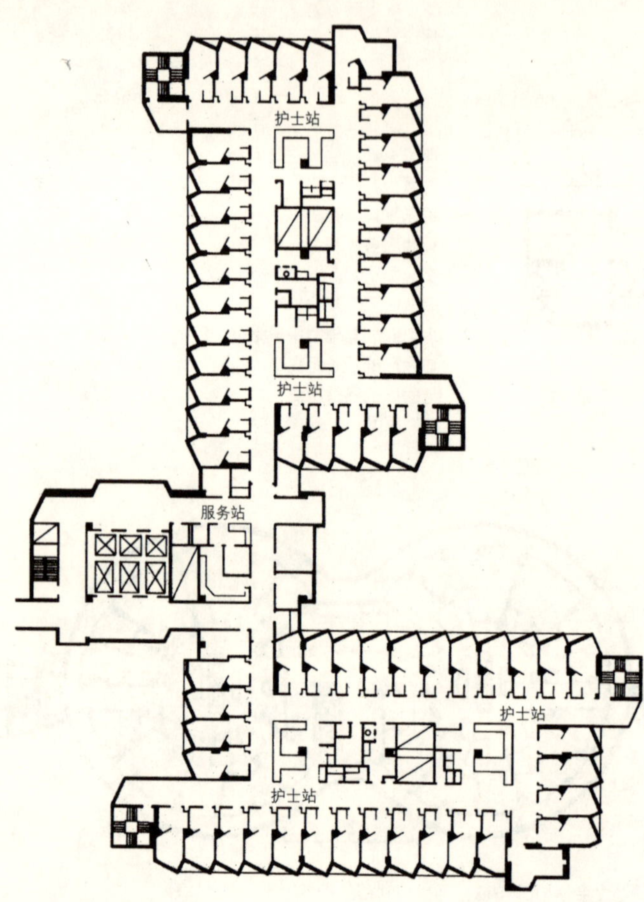

▲圣文森特医院，洛杉矶，加利福尼亚州
（建筑师：DMJM，MPA，BTA.）

床位统计：	1－床间	32=32 床
	2－床间	0=0 床
	3－床间	0=0 床
	4－床间	0=0 床
床位总计：		32 床
总面积：		10643 平方英尺
每床平均面积：		332 平方英尺
辅助服务面积：		3128 平方英尺
交通面积：		2688 平方英尺
病房面积：		120 平方英尺
平均病床与辅助服务之间的距离：		45.5 英尺
与病床的最长距离：		60 英尺
与病床的最短距离：		24 英尺
床距系数：		1.42

凯泽基金会医院，帕诺拉马(Panorama)，加利福尼亚州

凯泽基金会医院（建于1960年代）也是一个标志性的建筑，由其创办人悉尼·加菲尔德(Sidney Garfield)博士构思设计。这个中心因为在紧凑型护理单元中所作的一些改进而闻名。

尽管该医院主要采用的是双人病房而不是单人病房，设计还是体现了以下想法：仅将必需的功能设施邻近病人设置，而将所有与服务病人不直接相关的区域和设施从中央核心区移走。这些功能被安排在各层23床单元的连接处。然而，虽然护士站设在护理单元中心，与各病房之间视线清晰，但由于病房的卫生间设在内走廊一侧，因而无法直接观察所有床位的情况。

该设计的另一个特点是将探视流线与护理工作流线分离，来探视的人员从电梯厅的专用出口沿病房外侧的走廊进行探视。这种布置在其他一些项目中也得到体现，尤其是一些气候比较炎热的地区，如夏威夷地区等。然而，由于有关规范的变化，不允许采用如此开放的形式，同时也有防火及疏散方面的要求。为了满足以上规定，原来的设计要作相应的改造。

圣文森特医院（St. Vincent's Hospital），洛杉矶，加利福尼亚州

为了最大限度的加强病人和护士间的联

系，圣文森特医院（建于1973年）去除了所有中心区域中与护理无关的功能设施，并将其安排成一个附设于护士单元之外独立的服务中心。

而通过每层楼面16床、32床及64床等不同规模的布局，合用有关的辅助区域，从而进一步地缩减了护理工作区的面积。

圣文森特医院采用16张床的模式，因为这是一个护理小组最合理的服务规模。16张床的模式中，需要共享的功能空间包括：医院人员的计划、医嘱记录，药品、洁净／无菌供应品及床上用品（后3项一般放在推车上）。

两个16床单元需要共享的功能空间包括：护士更衣及洗浴空间、洁净/无菌供应品存放处、污洗室和营养室等。

64张床单元（也就是4个基本单元）需要共享的功能空间包括：楼层管理人员办公室，接待处，护士办公室，楼层药房，探视室，咨询、检查及会诊室以及盆浴室。

由于目前医疗偿付制度的变化，住院病人疾病的严重程度（疾病轻重等级及相应所需的护理要求水平）普遍提高，所以对医护人员数量的要求以及病人对密切监护的需要也相应提高，因此每千人的床位数大大下降。护理单元的设计越来越接近于重症监护和逐步降低护理标准的体系——这种体系提供了一种位于加强护理和一般护理之间的照顾。

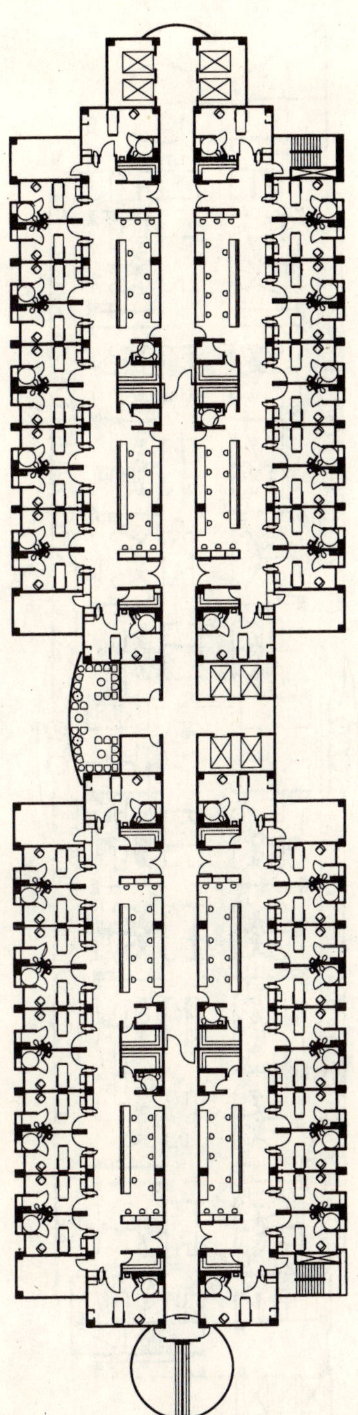

◀护理单元方案A平面，圣卢克医疗中心，密尔沃基，威斯康星州

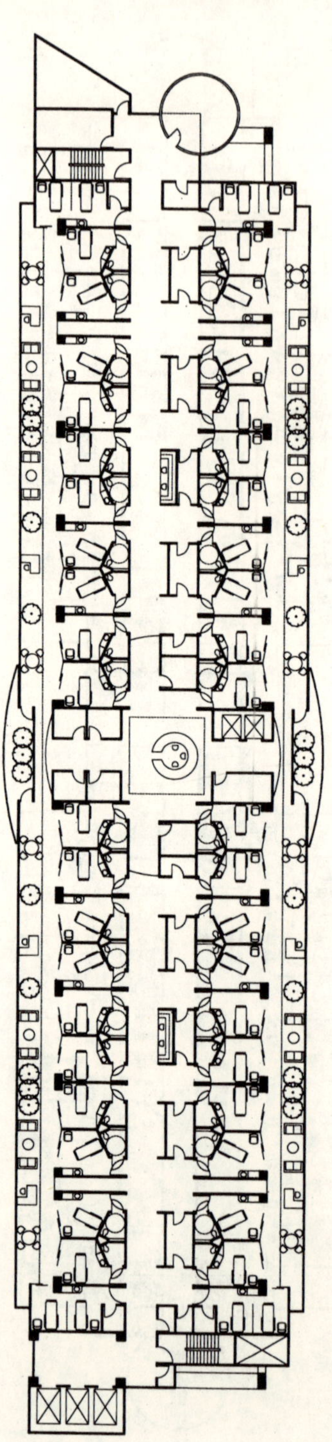

▶护理单元方案B平面，圣卢克医疗中心，密尔沃基，威斯康星州

圣卢克医疗中心，密尔沃基，威斯康星州

在圣卢克医疗中心（1991—1999年）建设时采用了两个不同的平面形式以作比较，来检验新方案的可行性。一个方案采用了经典的紧凑型平面（方案A），内部设置了病人/家属区，另一个方案（方案B）采用了周边式布置，病床外侧设日光室，供病人和家属使用。护士站也设在这个区域，所有的医疗活动在服务区内部进行，避开公共视野，有单独的通道通向各个病房。

病房使用的灵活性/床位增减

像前面所讨论的，医院认识到了采用单人病房在利润上的好处。由于单床间的使用率总是100%，而多床间的最大使用率在80%～85%之间，更少的床位有利于病房巡查，护理人员的工作效率也可以提高。

除了减少床位总数，病房使用上的灵活性也是一个重要的衡量标准，可以对空间进行充分的利用。例如，病房能够满足从一般护理到重症护理直至紧急监护抢救等一系列的使用要求，有一定的调整余地。

单人病房还可以成为医院市场竞争的一个重要手段，因为它更易于创造一种非医院的环境。病人会更喜欢单床间提供的私密性，可以更好的控制内部环境（灯光、声音、景观），还可以有探视家属的空间。

尽管以前的病房曾经按照其使用要求进行特殊的设计，但现在设计的趋势是采用“通

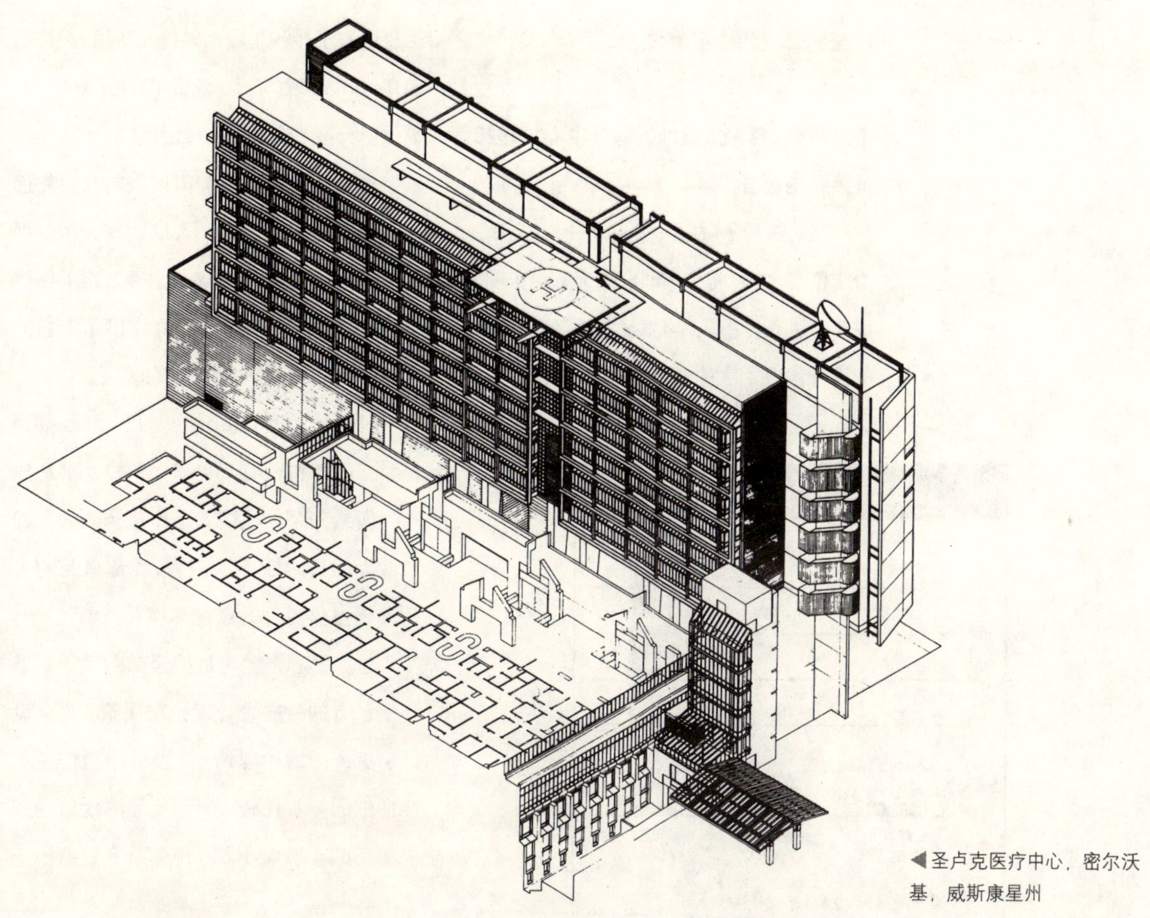

◀圣卢克医疗中心，密尔沃基，威斯康星州

用”的病房模式，可以根据使用需要进行相应的调整。设计单床间时应适当预留一定的空间和设备，以供未来治疗监护时更多的医护人员使用各种设备仪器。

大的单床间

在一些医院内已经设置了大的单床间，例如设在加利福尼亚州杜瓦蒂(Duarte)的希望之城国家医疗中心，护理部设计了4个8床的基本单元。两个32张床的护理单元占病区的一层楼面，共用一些辅助空间，如理疗室、治疗室及医护人员的办公室等。

为了更好地从细部方面去探讨护理单元的设计，在此选择了新近设计的一个医院作为案例进行研究。尽管在此应用了不少创新的想法，但它仍然是护理体系发展变化中的一个小部分，只有时间才能说明这些新想法能否得到贯彻。

个案研究：阿罗黑德地区医疗中心护理部，圣贝纳迪诺县

当医院为了适应医疗市场的要求不断减少床位总数时，将多床间改为大的单床间就成为一种正常模式。阿罗黑德地区医疗中心的设计体现了这种大型单床间化的趋势，该医疗中心于1999年竣工并投入使用，总建筑面积100万平方英尺，耗资4700万美元，是第一所大型单床间化的地区医院。

圣贝纳迪诺县是美国最大的县，靠近三个地震易发断层带，人口比较分散。现有的医疗设施已不能满足需要。为了提供更好的医疗服务，行政当局作出了大胆的决策，投资建设一所全新的医院。

对设计小组（Bobrow/Thomas and Associates和Perkins Will）的要求是建造一所最新型的医院，运作最为高效，拥有最大的灵活性，在高科技设施里为病人及家属提供良好的康复环境。

医疗中心，尤其是护理部的设计，借鉴了已有的一些设计理论和决策。为了设计出更高效的护理单元，设计小组作了很多仔细的分析比较，例如从经济性角度分析楼面的合理大小，比较各个方案中护士

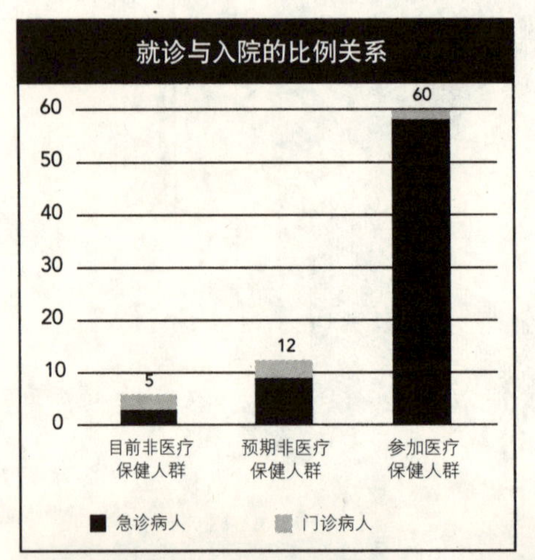

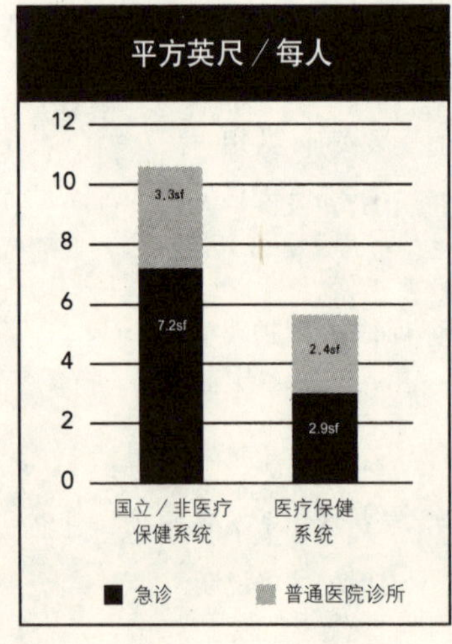

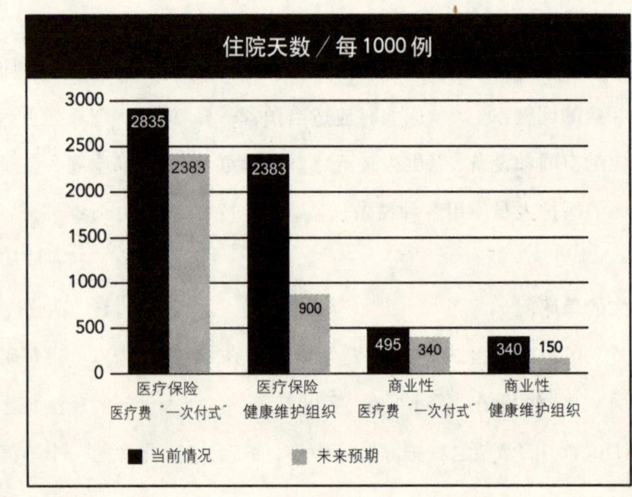

与病人之间视觉交流的优劣、床位布置的灵活性和医院不同班次运作的效率等。

设计通过将病房采用一种“豆荚”式布置，满足了护理单元对灵活性的要求，可以根据诸如床位的使用率、病人的类型及护理的模式等情况的变化调整单元的大小。

通过对医护人员有关护理及辅助工作效率等问题进行调查及各种方案的分析比较后，最终确定采用一种簇式单元，每个单元由沿周边布置的床位串连在一起，可以根据需要划分成不同护理组。

每个楼层有3个24床的护理单元，共用一个辅助工作区和垂直交通系统。每个护理单元又分设3个小的护士站，所护理的8个床位均在护士的视野内。在小的护士站设置有关治疗计划、药品和各种辅助服务功能，护士们不需要依赖集中的护士站工作。

▲住院部效果图，希望之城医疗中心（BTA）

◀单人病房效果图，希望之城医疗中心（BTA）

这样布置相应地保证了尺度的经济性，如上述圣文森特医院一样，每个楼面都有一定的辅助空间。基于MPA /BTA模式，在阿罗黑德地区医疗中心护士站到各病床的平均距离为19英尺，可以保证护理最危重病人的要求。

采用单床间有助于应对病情变化对护理要求的影响，可以提高床边护理的标准。当床位使用率发生波动时，可最大限度地灵活安排床位。随着应用计算机管理病人的治疗记录，可以在床边和护士分站设置终端，这种理念得到进一步体现。

楼层设计还应用了其他几个概念：3个护理单元连接在一个服务核心上，每个楼层由一点集中控制管理；病人与内部供应服务使用不同的电梯，各组病人有单独的活动室，与医院其他部门有合理的分隔和联系；各单元共用的区域集中在中心，

▶护理监控模式

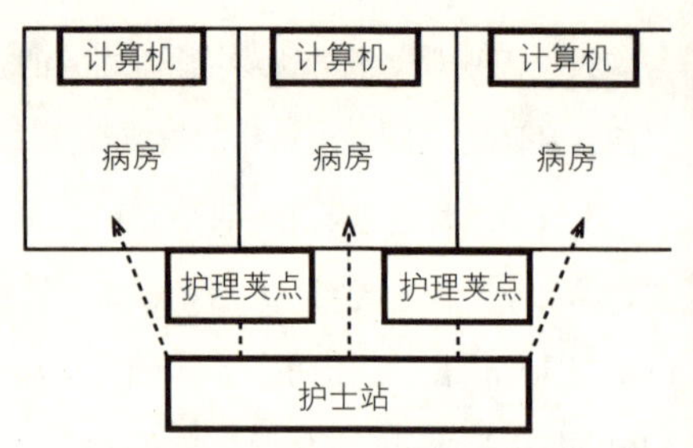

如会客室、等候及管理、辅助用房等。

病房与走廊之间的隔墙可以根据观察的要求采用通透或实体处理，这些改变可以由医护人员来进行。

每层设置了专门的设备用房，集中了所有的垂直管道设备，从而在楼面上实现机械设备空间与主要使用空间的分离。楼面层高为17英尺，采用顶送风系统，平面布置在容许范围内可以灵活调整。

为了强化这个概念，将病房区所有的垂直服务设施都安排在建筑的周边，例如卫生间、浴室等都设在病房外侧。这样也可以作为节能的措施之一，可以隔离室外沙漠的炎热和西晒。

最后，这种病房布置可以让病人直接在护士的视野之内，方便与医生的交流，从而减少了呼叫系统的使用率。

▼各种护理单元形式比较分析

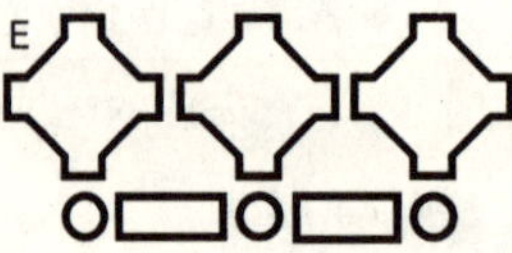

护理单元类型	总面积（3单元）	床均面积	护士站到病床的平均距离	床位的均一性	方位感	辅助空间的共享	交叉点自然光的引入
A	34860	484	19'	X	X	X	X
B	37575	521	19'		X	X	X
C	40455	561	30'				
D	35100	487	19'		X	X	
E	41775	580	27'				
F	35100	487	19'	X	X		X

功能要点

阿罗黑德地区医疗中心设计时考虑到一系列的功能因素：

更大的单人病房

- 可以从一般护理病房改为重症监护病房，设置必要的监护设备
- 提供必要的准备和处置空间
- 各楼层护理的连续性

共用的辅助服务及空间

- 病人的紧急处置治疗室
- 各楼层的理疗室
- 分散的护士站

各种护理单元形式比较分析表

24系列

		A-24	B-24	C-24	D-24	E-24	F-24
A	每层床位数	24	24	24	24	24	24
B	每组床位数	6	8	8	6	6	8
C	距中心点最短距离（x）	29'	10'	26'	42'	42'	45'
D	距中心点最长距离（y）	60'	28'	68'	54'	74'	82'
E	距中心点平均距离	47'	19'	41.5'	48'	54'	67'
F	走道总长	304'	294'	288'	304'	303'	583'
G	周长	336'	336'	336'	336'	336'	336'
H	总面积（平方英尺）	12 992	12 151	11 522	13 776	15 731	21 410
I	中心辅助区面积（平方英尺）	3 840	3 076	2 498	4 624	4 608	6 198
J	可用的病房面积（平方英尺）	6 720	6 720	6 720	6 720	8 045	7 141
K	走道面积（平方英尺）	2 432	2 344	2 304	3 032	3 077	4 686
L	辅助区域百分比	29%	25%	21%	29%	29%	29%
M	周长／总面积（G：H）	1:38	1:36	1:34	1:41	1:46	1:63
N	床均面积（平方英尺）（H/A）	360	506	506	574	655	892
O	床距系数（E/A）	1.9	1.84	1.73	2.0	2.25	2.75

28系列

		A-28	B-28	C-28	D-28	E-28	F-28
A	每层床位数	28	·	·	28	28	·
B	每组床位数	7	·	·	7	7	·
C	距中心点最短距离（x）	35'	·	·	51'	49'	·
D	距中心点最长距离（y）	69'	·	·	64'	77'	·
E	距中心点平均距离	55'	·	·	56'	59'	·
F	走道总长	360'	·	·	360'	448'	·
G	周长	392'	·	·	392'	392'	·
H	总面积（平方英尺）	16 660	·	·	17 444	19 396	·
I	中心辅助区面积（平方英尺）	5 940	·	·	6 724	6 704	·
J	可用的病房面积（平方英尺）	7 840	·	·	7 840	9 165	·
K	走道面积（平方英尺）	2 880	·	·	2 880	3 525	·
L	辅助区域百分比	45%	·	·	38%	34%	·
M	周长／总面积（G：H）	1:42.5	·	·	1:44	1:49	·
N	床均面积（平方英尺）（H/A）	595	·	·	623	692	·
O	床距系数（E/A）	1.9	·	·	2.0	2.1	·

30系列

		A-30	B-30	C-30	D-30	E-30	F-30
A	每层床位数	·	30	30	·	·	·
B	每组床位数	·	10	10	·	·	·
C	距中心点最短距离（x）	·	44'	32'	·	·	·
D	距中心点最长距离（y）	·	75'	88'	·	·	·
E	距中心点平均距离	·	55'	56'	·	·	·
F	走道总长	·	689'	383'	·	·	·
G	周长	·	420'	420'	·	·	·
H	总面积（平方英尺）	·	16 887	16 338	·	·	·
I	中心辅助区面积（平方英尺）	·	5 459	4 869	·	·	·
J	可用的病房面积（平方英尺）	·	8 400	8 400	·	·	·
K	走道面积（平方英尺）	·	3 028	3 068	·	·	·
L	辅助区域百分比	·	32%	29%	·	·	·
M	周长／总面积（G：H）	·	1:40	1:39	·	·	·
N	床均面积（平方英尺）（H/A）	·	703	544	·	·	·
O	床距系数（E/A）	·	1.85	1.86	·	·	·

32系列

		A-32	B-32	C-32	D-32	E-32	F-32
A	每层床位数	32	·	·	32	32	·
B	每组床位数	8	·	·	8	7	·
C	距中心点最短距离（x）	42'	·	·	56'	56'	·
D	距中心点最长距离（y）	78'	·	·	74'	90'	·
E	距中心点平均距离	63'	·	·	64'	68'	·
F	走道总长	416'	·	·	416'	504'	·
G	周长	448'	·	·	448'	448'	·
H	总面积（平方英尺）	20 720	·	·	21 504	23 452	·
I	中心辅助区面积（平方英尺）	8 432	·	·	9 216	9 193	·
J	可用的病房面积（平方英尺）	8 960	·	·	8 960	10 285	·
K	走道面积（平方英尺）	3 328	·	·	3 328	3 973	·
L	辅助区域百分比	40%	·	·	42%	39%	·
M	周长／总面积（G：H）	1:46	·	·	1:48	1:52	·
N	床均面积（平方英尺）（H/A）	647	·	·	672	692	·
O	床距系数（E/A）	1.9	·	·	2.0	2.1	·

36系列

		A-36	B-36	C-36	D-36	E-36	F-36
A	每层床位数	36	36	36	36	36	·
B	每组床位数	9	12	12	9	9	·
C	距中心点最短距离（x）	49'	49'	38'	63'	49'	·
D	距中心点最长距离（y）	87'	91'	108'	84'	94'	·
E	距中心点平均距离	71'	66'	76'	71'	67'	·
F	走道总长	472'	462'	476'	472'	504'	·
G	周长	504'	504'	502'	504'	504'	·
H	总面积（平方英尺）	25 172	22 301	21 794	25 956	22 084	·
I	中心辅助区面积（平方英尺）	11 316	8 521	7 930	12 100	6 704	·
J	可用的病房面积（平方英尺）	10 080	10 080	10 050	10 080	11 405	·
K	走道面积（平方英尺）	3 776	3 700	3 813	3 776	3 973	·
L	辅助区域百分比	75%	38%	36%	46%	30%	·
M	周长／总面积（G：H）	1:50	1:44	1:39	1:51	1:43	·
N	床均面积（平方英尺）（H/A）	699	929	605	721	613	·
O	床距系数（E/A）	1.97	1.85	2.1	1.9	1.87	·

▶护理部四层平面，阿罗黑德地区医疗中心（BTA/P & W）

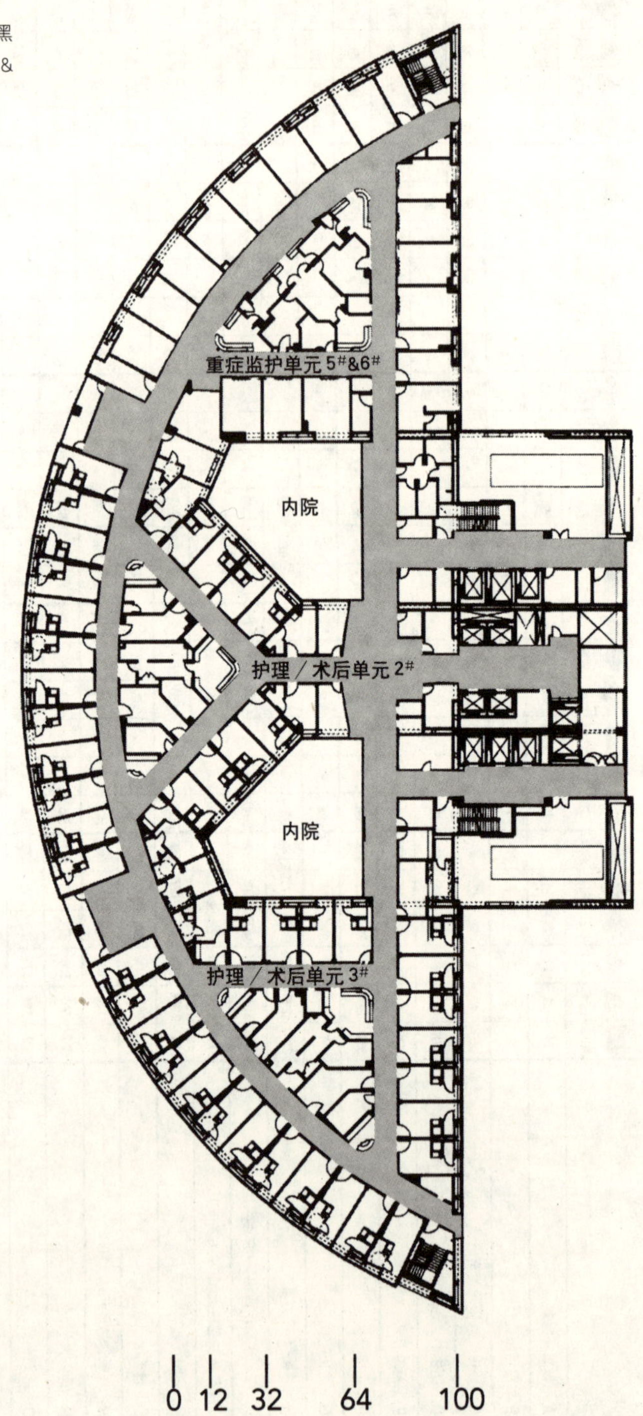

- 机动空间，可根据需要作治疗、护理用房
- 各单元中可以观察影像的数字图像室

病人的环境

- 病房中有家属和探视者的空间
- 为患者／家属提供教育、休息、咨询的空间
- 能够看到室外景观，拥有自然光线
- 加强病人对周围环境的控制，如灯光、噪声、电视、景观等
- 病人可以观察到走廊的情况
- 降低噪声水平

医院护理单元的设计研究要结合医院的特点和场地关系进行，阿罗黑德地区医疗中心护理单元的设计就是这样一个实例。每一个新的方案都有其特点，应从以前的研究和分析中汲取有益的经验。

室内设计要点

现代医院内部空间设计的出发点是创造一个宾至如归的环境，其中住院环境应成为让病人感到更为友好、更有人情味的场所。受规范、经济性和维护等方面的限制，过去十年内医院形象的变化反映了这样一个认识，即医院必须回应病人对于舒适、控制等方面的心理需求。这种变化的结果是将旅馆设计的一些成功手法应用到医院设计中。

将上述思路应用于医院，还有很多需要努力的地方，尤其是一些医院传统上曾作为一个功能性的机器和系统进行设计，划分为“院前”和“院后”两个分离的区域。设计者和医院管理人员正逐步意识到医院设计的关键在于提高医院环境的舒适性、外在表现和使用效率，不仅仅考虑病人、家属和探望者的需求，还要注意医生、护士及所有的医护人员的想法。

日光照明

内部空间设计最主要的改进之一是在医院环境中引进了自然光线，尤其是一些人员密集区。位于加利福尼亚州英格尔伍德的丹尼尔·弗雷曼纪念医院（BTA）就

▼门厅，阿罗黑德地区医疗中心

▲餐厅空间，阿罗黑德地区医疗中心

▼走道空间，阿罗黑德地区医疗中心

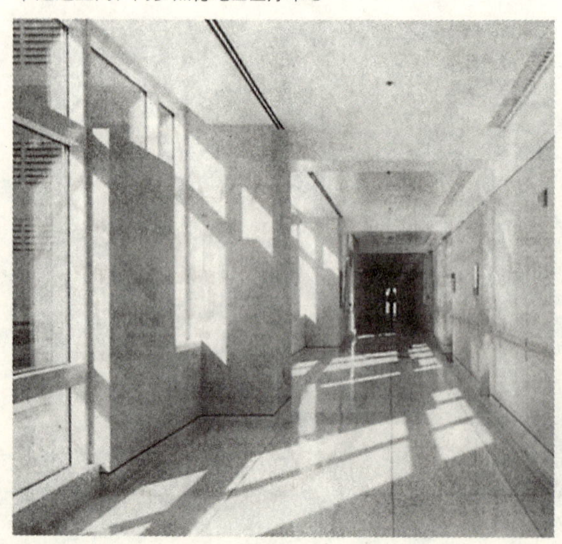

是一个较早的例子，利用庭院将医院的三层楼面串联起来，包括地下室都有很好的景观。庭院设在主要通道和交叉口的一侧，为探视者和医护人员提供了一个明确的方位标识(这种手法在其他医院中得到广泛应用，包括阿罗黑德医院)。

在自然光线照不到的地方，或者为了补足照度，可以选用一些灯光装置，如模拟日光灯或白炽灯，它们发出的光线比一般的荧光灯暖和。

结构布局

最难发生显著变化的是标准病房(妇产科病房是一个特例)。大多数医院都逐渐采用单床间，为病人及家属提供一个更舒适的环境。然而，病房设计时更多地着眼于病床、床头设备的安排，以及方便护理的需要，而忽略了病人及家属的需要。可以添置另一张床作为窗前的座椅，家属可以在此陪夜，让病人有种平常在家的感觉，而且，实际上也可以减轻护士的一些非护理性工作。

最早的实践是在妇产科，两个里程碑式的项目掀开了这个竞争激烈的医疗领域由市场驱动的改革步伐。在盐湖城(Salt Lake City)的卡顿伍德(Cottonwood)医院，KMD的建筑师建立了妇产科病房设计的新标准；在UCLA/圣莫尼卡医院医疗中心，BTA拓展了这个理念，在庭院中新妈妈能够享用烛光晚餐，和丈夫共同分享喜悦，同时设置了窗前床位，供丈夫休息。

突破性进展在于LDRP(待产/分娩/恢复/产后休养)模式的设计。它考虑到家庭的需要，将婴儿的出生作为全家共同分享的喜事，采用了家庭化布置。这样一间病房可以看到外部的露天花园，设有丈夫睡觉的窗前床位或双人床。

在医院内全部实现这些想法还需作进一步探索。丹尼尔·弗雷曼纪念医院为病人、医护人员和探视者提供一个聚会场所，围绕一个小的厨房设置，称为“Village Pump”，就像《*模式语言*》中所提到的那样，欧洲乡村把水泵周围作为聚会的地方。走廊被特意加宽，超过一般所需的8英尺，以满足活动及聚会的特殊需要。

在丹尼尔·弗雷曼纪念医院试验的第二个想法是桌子，采用独立的圆桌作为护士记录的场所，也是病人聚在一起和医护人员讨论治疗计划的地方。没有任何方向和障碍感的圆桌消除了病人和家属心中无形的障碍。

近期有悬铃木卫生组织设计的一些医院发展了以上的一些理念，设计从不同层次的细部体现了人性化的要求。

装修和地面处理

医院里要不要铺设地毯仍是一些医院争论的话题（考虑诸如清洁和感染控制等方面的因素）。地面的处理有很多种方式，可以解决耐久和成本的问题。

阿罗黑德医院对内部装修材料的耐久性和保养方面的要求都特别高，比如说这家医院曾花数月时间测试大厅的地面材料，因为那里交通流量大，还可能受到意外的

▲病人活动空间效果图，希望之城医疗中心（BTA）

▼病人活动空间效果图，希望之城医疗中心（BTA）

▶入口效果图，UCSF 斯坦福健康中心(UCSF Stanford Health Care)，肿瘤治疗预防中心／日间护理中心 (BTA)

▼候诊区效果图，UCSF 斯坦福健康中心，肿瘤治疗预防中心／日间护理中心 (BTA)

损害。所有的装修材料如磨石地面、石灰石和条板墙体都经久耐磨，同时还很漂亮，有很好的质感，给人以稳定坚实的印象。自然光线可以一直透射到建筑深处。

阿罗黑德医院的庭院与走廊相连，自然光可以透射进来，白天不同的时间有不同的效果。墙裙采用密封的面板，上面是质感坚实的墙体，共同构成一个耐久易擦洗的表面，与光洁的地面互为映照。

色彩长期以来被作为指路的工具之一，不同的色彩被用来指示不同的科室、

◀中庭效果图，UCSF 斯坦福健康中心，肿瘤治疗预防中心／日间护理中心（BTA）

建筑或提示重要的区域，如护士站。

阿罗黑德医院的用餐室是病人、家属和医护人员聚会的地方，尽管它位于地下，但自然光可以穿过天窗照射下来。种植多种植物和采用富有动感的色彩等通常在旅馆设计中使用的手法，在这儿也同样适用。装饰的主题是与医院发展有关的人和地区的图片，反映了由原来的圣贝纳迪诺医院到现在的阿罗黑德地区医疗中心的历程。

当前病房设计的趋势是提供空间个性化的可能，比如设置可粘贴的墙面或搁板，可以放置图片、花或书籍。窗前的坐席可用于沉思，也可以用于睡眠。希望之城医疗中心的病房被设计成有很好的花园视野，病人可以透过窗户感受到自然的气息、声音、光线。

在病房外为病人及家属提供聚会的空间很重要，可以设计成一间起居室，采用木材、地毯、石材装修。壁炉和亲密的谈话区可以创造一种有别于传统医院的和缓的氛围。

各类护理单元及设计要点

护理单元收治许多不同病种的病人，通常包括：急诊／手术护理单元、危重护理单元、妇产科护理单元、儿科护理单元等。随着各类设施面积和功能的增加，产生了一些新的治疗单元。

在大型医疗机构、教学医院和专科医院有更进一步的分类，其出发点是将病情相似的病人安排在一起以便更有效地治疗。其他一些护理单元类型包括康复单元、精神治疗单元等等。限于篇幅，我们只讨论最常见的一些护理单元的设计以及目前最新发展的一种类型，这些护理单元都有一些共同的设计模式，并根据病人和治疗的需要作相应的改动。

重症监护及冠心病单元

早期的重症监护和冠心病护理单元都是类似麻醉后苏醒室的布置，在开敞的病房中，病床成行排列，两床之间的距离很小，除了床与床之间的拉帘外没有其他私密措施。现在的单元布置可以保证病人的私密性，同时从护士站也可以很好地观察病人的情况。单元的布局不断改进，很多采用单床间，有最大程度的可视性，床位可以调节，还配有多种辅助设备。一般利用移动式吊塔的形式提供各种医用气体、压缩空气、真空吸引和电子监护仪器。房间面积比标准病房大得多，保证在紧急情况下众多医护人员进行抢救的需要。

产科和妇女保健单元

一些特殊的护理单元可以为医院创造宝贵的市场机会，不仅仅是通过专业

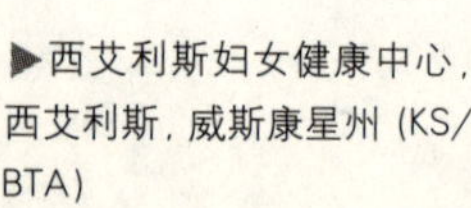

▶西艾利斯妇女健康中心，西艾利斯，威斯康星州（KS/BTA）

病人的活动区，与主入口直接相连，成为妇女健康设施的中心。设计者有意识地创造一种家居的气氛，病人和探视者可以在壁炉旁见面聊天，在图书室阅读

◀妇女健康中心设计的重点之一就是尽可能地引入室外的景观和阳光。咖啡书店区位于花园边，是中心内几个鼓励探视者坐坐、看看、走走的地方之一。探视者可以在这里找到有关妇女健康保健的图书。设计也应用了目前比较流行的做法，探视者在阅读挑选的同时也可以小憩一下，吃些茶点

服务，也可以通过独特的设计来实现。产科单元正是当今最为有利可图的市场之一。产科单元的设计要特别强调“人性化”，创造出类似家庭的非医院的氛围。

用作产房（LDR）的大单人病房可以设计成温暖而舒适的卧房，将必要的产科器械隐藏起来。到临产时，只需增加一些必要的设备和照明，卧房可以很快地转换成产房。最近也有把这类房间用作产后病房，但由于房间使用率低，护理培训困难，病人希望休养环境更安静等原因，情况发生了一些变化。许多产后病房临近产房设置，拥有安静的环境，通常采用母婴同室，有些还设有父亲的床位。

产后病房，和其他的妇女住院设施一样，采取了不少措施让她们有一个很好的

▼西艾利斯有一个特殊的要求是产后病人区和产房层有一定的联系，这里利用一个开敞的夹层和楼梯达到了目的

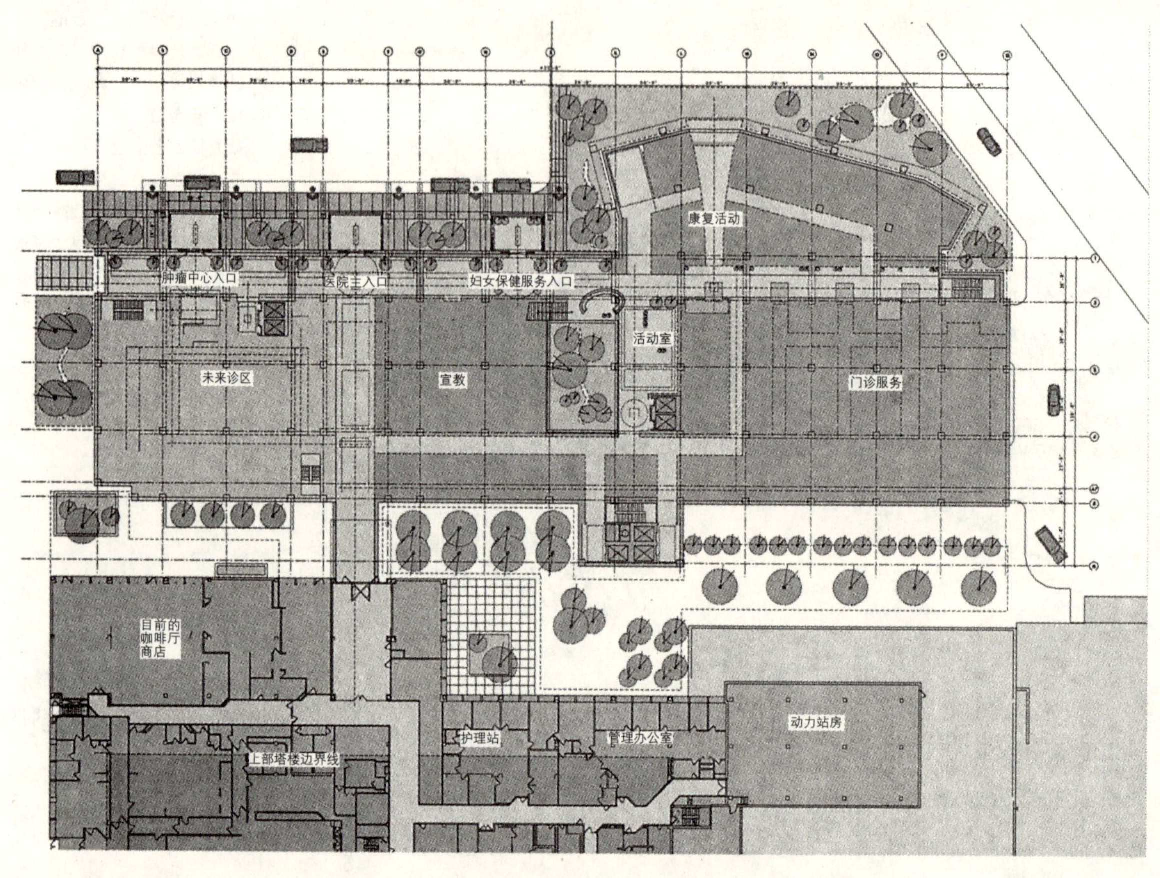

▲妇女健康中心的底层平面，可以看出门诊服务的组织安排。运动及替代性治疗在花园中进行，有直接对外的出入口。门诊科室的布置主要考虑便于辅助空间的利用

休息和恢复环境，这些措施包括同层设置病人和家属的休息室、小型阅读区、配有计算机的活动室，还有电子图书馆(提供包括图书以及其他一些可在医院礼品店中看到的东西)。

类似的设计理念也被用于其他的妇女治疗单元，将不同病种（妇科、肿瘤、泌尿科等）的病人合并成一个特殊的单元。这样的环境可以增进健康，营造安宁的气氛，与以前冷冰冰的医院气氛完全相反。

由KS/BTA 设计的西艾利斯妇女健康中心(West Allis Women's Health Services Building)(西艾利斯，威斯康星州）是一个很好的实例，良好的服务可以全面地改善所有病人对就医的感觉。设计通过不同阶段视觉形象的处理，给病人以积极的情感影响。

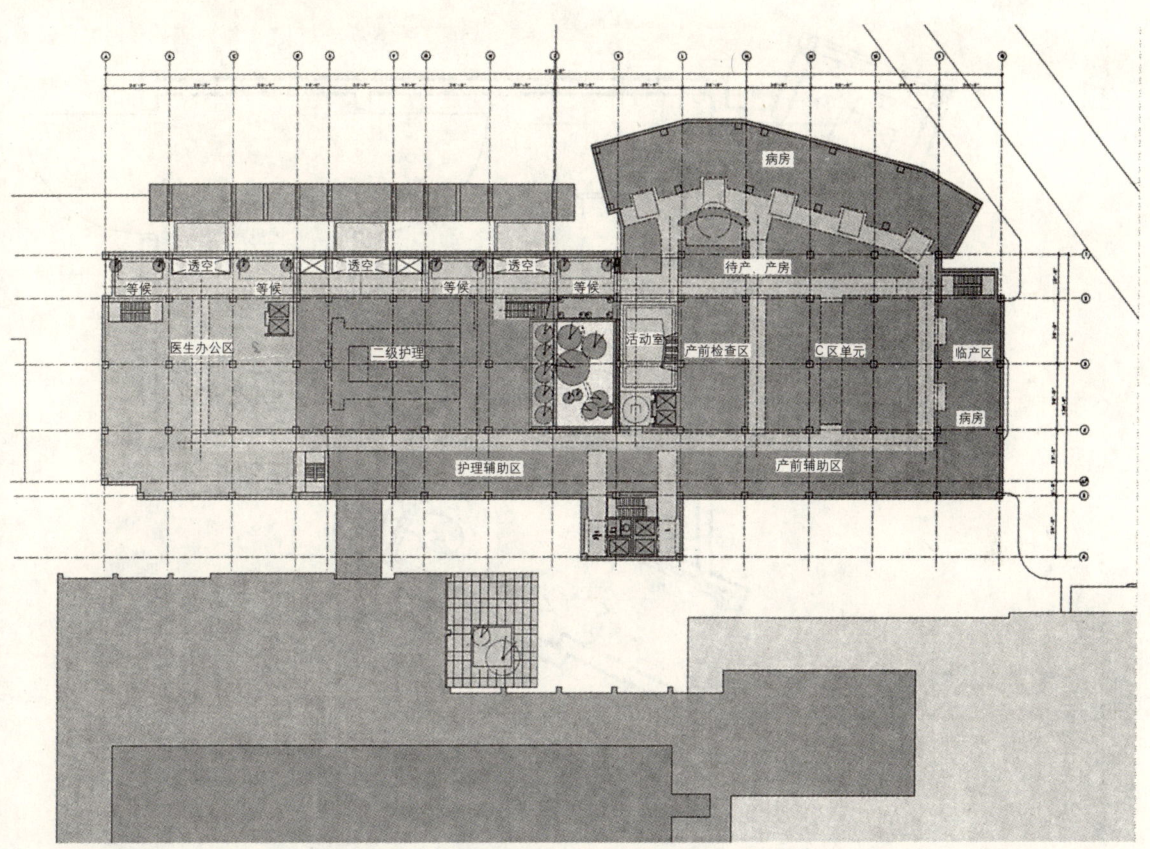

▲妇女健康中心的二层平面，主要安排待产/分娩/恢复(LDR)单元、剖腹产房和二级护理病房等部门，相互之间联系比较密切。LDR单元的位置可以看到外部的花园

儿科单元

儿科是最特殊的护理单元之一，要满足儿童的心理需求。儿科单元的设计要有助于减少儿童对住院的恐惧和焦虑，要注意的是不仅要考虑患儿的需求，还要考虑他们父母的要求。

儿科护理单元要有适合孩子的尺度，要有供孩子玩耍和捉迷藏的地方，让孩子们感到安全，帮助他们驱散恐惧和烦闷。窗外的自然景色、多彩的色块能使孩子和家长们感觉快乐。

病房的设计也必须尽可能使孩子和家长感到舒适。提供可拉出的床或其他家具，方便家长照料孩子，以减轻他们的焦虑。设计最容易忽视的是对护理者的影响，护士必须有条件让患儿既轻松又安静，这些都需要设计来考虑。类似于许多特殊的成人护理单元，护士要能够清楚地

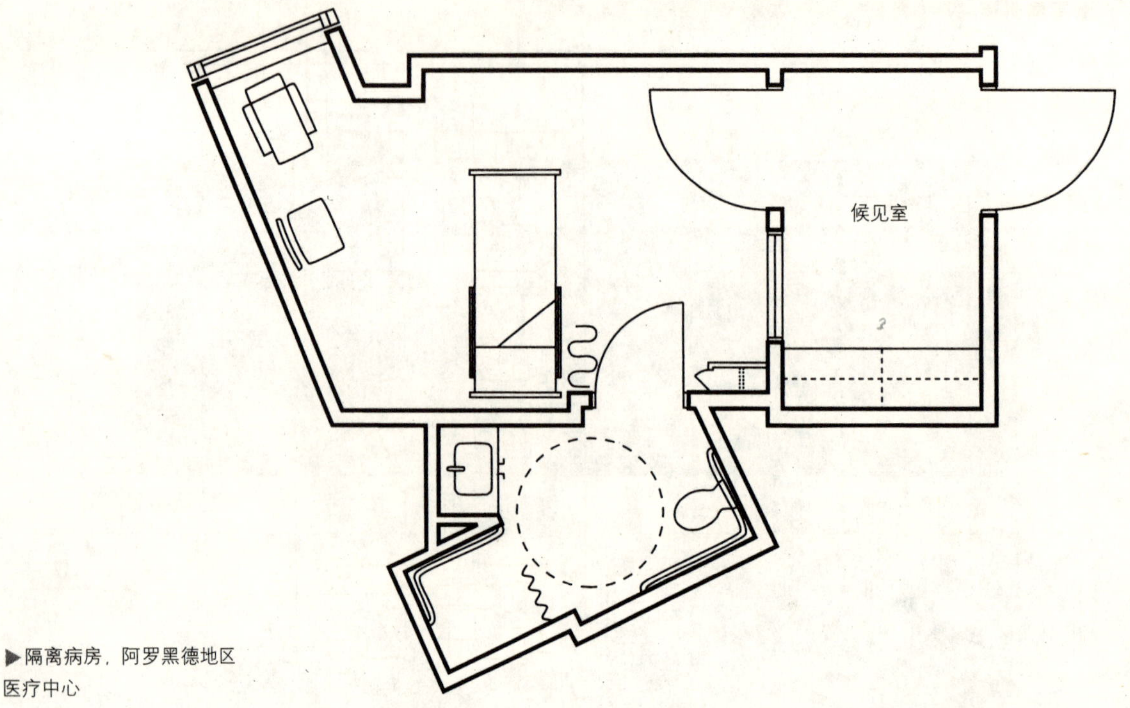

▶隔离病房，阿罗黑德地区医疗中心

看到患儿的病床。

儿科单元的护理压力很重，需要为医护人员提供放松休息的地方。医护人员可以有条件到户外走走，或者看看外面的自然风光，这样能有效地缓解压力，减轻疲劳。

通常由专科医院来回答一些儿科护理单元设计中会碰到的问题。例如，是设置单床间还是公共病房，因为孩子们更喜欢与同龄人在一起；还有涉及儿科单元区域设置的问题，比如，儿科的重症监护病房是否单独设置，还是与成人监护病房合并？儿科床位是按年龄还是按病情分配？

这些问题通常需要由使用者根据实际使用的情况，考虑护理模式、市场趋势、竞争因素等来决定合适的方案。每个因素都会影响儿科病房的设计，反过来也证明了医院设计对灵活性的需要。

艾滋病(AIDS/HIV)、肿瘤、感染科单元

1980年代艾滋病被看作一种传染病，

因而建立艾滋病护理单元和专门的医院就成了当务之急。随着接受门诊治疗人数的增加，对住院治疗的需要开始下降，需要住院时根据其临床症状安排进不同的科室病房。

当他们确实需要住院时，患者最需要的是保护他们受损的免疫系统。免疫系统受损的不仅仅是艾滋病患者，还有一些肿瘤患者，尤其是那些正在接受化疗的患者。

这些患者很容易受到感染。因此，护理单元设计时应设置一定比例的正压病房，保护那些易感患者。正压是指患者病房的空气压力要高于邻近的用房，这样空气从被保护区域向外流动，可以减少经空气传播的疾病感染几率，也可以降低建筑环境中的霉菌和由霉菌引起的空气污染的感染机率。

其他需要对空气进行特殊处理的病房包括那些收治传染病人的病房。这些病房采用负压，室内空气直接向建筑外部排放。许多医疗专家预言，在不久的将来，随着细菌耐药性的增加，传染病将在第三世界国家肆虐。我们已经看到了耐药性增强的葡萄球菌和结核菌，更不用说那些形形色色的病毒如伊波拉(Ebola)等。

为了控制传染病的传播，尤其是在医院中的传播，考虑到病人本身的易感性，病房应设计成负压型，并且要设置探视者和医护人员更衣的房间，将来许多病房都可能设计成可以正负压转换，以方便使用，但这样会明显地增加成本，这需要当局和医院方面的共同合作解决。

功能与空间设计要点

医疗护理产业一直在变化发展，也将持续地影响住院部的设计。“越大越好”的模式在1980年代已被淘汰，控制床位总量，提高护理质量和护理工作效率，保证高度的灵活性已成为新的设计目标。

在1970年代及以前设计的医院已被证明不能适应新的医疗体系的要求。最近的一些设计方案都侧重改造原有的医疗设施，以便提供更好的门诊服务。很多设计调整了原来的规划构想，减少了病床数量。

因为更多的治疗在门诊进行，对住院床位的数量要求急剧下降；而受到偿付制度的压力，病人的平均住院日也下降了，这样进一步降低了对病床的需求。当前病床需求共减少了约50%，1992年，每10万人口有927张病床；到2000年，降低到498张。

BTA设计的库克县医院(Cook County Hospital)(芝加哥，伊利诺伊州)，病床数从原来的900张减少至464张；阿

▶通用病房，阿罗黑德地区医疗中心

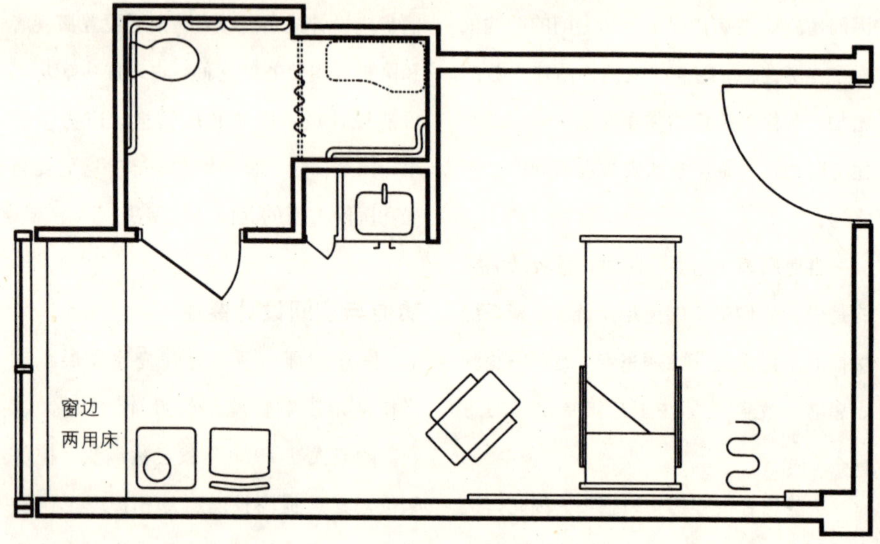

罗黑德医院，病床从500张减少到373张；Natividad医疗中心（Salinas，加利福尼亚）改建，病床由219张减少到163张。

为了增加灵活性，进行不同等级的护理，病房的大小满足各类护理和诊治的要求。单床间可以满足以上要求。确定合理的尺度，保证各种床边治疗；配置各种装备，有效地了解病人的情况；合理安排布局，将卫生间设在病房外侧，使病床位于医护人员可视范围之内。上述的一些措施都是为了让病房能够方便地从作一般外科治疗之用转换为可供进行更为严格的抢救、监控或作重症监护之用。

单人病房

除了灵活性、通用性以外，单人病房由于其单人使用具有独特的优势。随着全国范围内病床总数下降，调查表明，床位使用率提高了。单人病房的设置有助于增加病房使用率——从平均的75%～85%增加到理论上的100%。这是因为单人病房消除了因为病人的性别、诊疗要求、疾病传染性等因素造成的“不兼容性”。

另外，单人病房能够在床边提供更多的治疗，这样可以减少病人到护理单元外接受治疗的必要，可以在同一个地方提供不同标准的治疗，而不用把病人送到不同的护理单元。

典型的部门空间分配表

条例	房间名称／配置设备	使用对象	数量	面积	净面积(平方英尺)备注
22 常规护理单元					
22 常规护理单元					
22K.10A.1	单人病房		6	212	1272
22K.12A.1	半私密病房		7	250	1750
22K.15A.1	隔离病房		4	212	848
22K.77A.1	卫生间	病人（男／女）	17	54	918
22K.87A.1	前室		4	40	160
22K.56A.2	护士站分站		2	172	344(每站护理12床)
	2　计划				
	1　治疗				
	1　营养				
	1　洗涤				
	1　清洁物品存放				
22K.56A.1	护士站		1	327	327
	6　计划				
	1　监视				
	2　营养				
	1　推车				
	1　气动管道站				
22K.70A.2	会议室	小组	1	140	140
	7　席位				
22K.61A.2	工作室	住院医生／学生	1	120	120
22K.83A.1	储藏	轮椅、担架床	1	80	80
22K.83A.2	储藏	设备器械	1	120	120
22K.91A.1	污洗间		1	185	185
	合计，净面积(平方英尺)				6264
	合计，建筑面积(平方英尺)	(转换系数：1.55)			9709

最后，单人病房还可以使医院更具竞争力，提供更“私人化”的病房，为探视者和家属设置足够的使用空间。病房里还可以增加一些家庭设施，如为陪夜者提供床或休息区等。这对医护人员也有好处。此外还可以在护理工作区为家属或来探视者设置小厨房。

设计的重点将从提供高技术的治疗服务转变到关注人的因素。住院部的设计致力于非医院化环境的创造，根据整体治疗的理念——包括精神、身体和心灵的全面治疗。这些因素将对空间设计产生很小的但很有意义的影响。

床位规划／床位需求分析／住院部辅助设施

在组织医疗和日间护理大规模出现之前，床位数不仅决定了护理单元的大小，还决定了医院其他科室的大小。现在这种情况已经有了很大的变化，床位几乎成了医疗服务的附属品，医院各科室大小由门诊量决定，而医院的功能和科室设置则由社区及其特殊需求决定。

然而，还是需要进行床位规划以确定护理单元的大小和模式，只是现在更强调灵活性，可以根据情况进行转换。床位的数量根据预测的住院人数、人口统计的数据及分析、所占有市场和体系份额以及平均住院日等确定。病人住院天数由每年的总天数和预计的床位使用率决定，与床位和病房的类型有关。

尽管床位数量已不再是很多医疗设施设计时的主要参数，但它仍与某些特定的辅助设施的大小有关，如餐饮服务、出入院管理、物业维护、供应管理、解剖室／太平间以及一些特殊的化验室、药房等。

护理单元的大小和形式将决定对某些相关设施的需要，如药房、食物加热分发系统、物品供应、病案的记录整理、交通系统、影像系统等，还有护士站的大小和形式。

最后，床位需求将决定住院部在医院中的作用。是否需要建立分离的门诊和住院区？现有的辅助设施是需要扩展还是需要适当压缩？将来对床位的需求是否会要求出现新的护理单元形式还是仍应用已有的设计？当然，如果我们看过人口统计，回想一下以前从未有过的预期平均寿命和各种新技术，就不会对未来会有的新创意抱任何疑问了。

规划步骤

任何护理单元的设计都有一些工作需要完成，其中最重要的一步是空间需求的发展规划。空间规划就是确定护理部门的特殊要求，包括细化对房间的需求和空间尺度、描画部门运营及其独特的功能需要以及影响部门运作的跨部门的联系等。

通常这个阶段的工作还包括成本的初步核算——计算全部建设成本和未来可能追加的投资——简单的楼面分配表和工作量分析，可以以此为依据确定未来各类房间的大小、数量、形状。工作量分析主要是为了保证规划设计的空间能满足将来建成时及以后一段时间内医院的需要。其他的一些工作包括一些基本用房的平面布置和控制性数据、有关设备的统计及特殊的规范分析等。

科室空间的表格可确定为保证部门有效操作所需的特殊的用房和空间，表格的制定应考虑未来发展的要求。由于各部门情况各异，表格制定应建立在调查统计的基础上有所取舍，要听取各部门主管和医护人员的意见。表格要符合医院的战略发展方向。

空间表由房间/空间的类型和功能组成，包括各个用房的净面积——平方英尺（NSF），部门所有用房的净面积——平方英尺和一个包含交通和辅助面积在内的转换系数。

大多数护理单元的转换系数在40%~50%之间。系数确定后，根据净面积就可以计算出整个部门的有效建筑面积（DGSF）。整个住院部的面积（BGSF）要根据建筑物的总体来计算，包括结构面积、机械或电气设备的面积及水平和垂直交通面积等在内，一般在有效建筑面积的基础上再增加25%，就是建筑物的总面积。

所有的医院建设之前都要进行功能计划，以保证未来设施的有效使用。功能计划将明确对某个部门的功能要求，通常包括对各种规划和设计要点的论述、部门之间以及各个部门内部的联系、对医护人员的要求以及工作量等方面的计划。此外，还包括各个部门运转的流程及变化情况。

功能计划对建筑师和未来的使用者都有一定的指导意义。它描述了这个部门是按何种方式去运作的，在部门的规划建设中有哪些先天的限制或优势，在发展的不同阶段预期的工作负荷为多少。

对于护理单元来说这份文件尤其重要，因为严格的预测是护理单元设计的关键。例如，文件可能包括对床位的要求与使用、护理单元的模式、护士和患者的比例、计算机或其他监护设备的使用，医院在其本系统内或特殊的市场范围内（例如地区医疗中心、社区医院、教学/科研单位）的未来地位。

下面是最近针对一个重要的教学医院所作的功能计划的实例。

典型的功能计划

常规的护理单元

常规的护理单元为各种住院患者提供护理治疗。这些单元服务于各种病种、各种科属、各个年龄。下面讨论常规护理单元的设计要点。

目前，一般的急诊治疗床位在医院中是分散安排的，绝大多数位于多床间内，根据科室要求设置，男女分开。这种安排降低了急诊床位的使用率，缺乏足够的隔离措施，也限制了对病情不断变化的患者的救护标准。

患者人数继续上升的趋势表明急诊护理水平需要不断提高，结核等传染性疾病的发生率也有持续增加的势头，这些都说明现行的急诊床位的配置不能满足未来的需要。此外，医院内很多急诊床位现在被用于留院观察。新设计的医院设置专门的观察床位，供留院不超过24小时的病人使用。这些床位不在护理单元内，而是在其服务对象附近设置。

在新的医院中，为了使急诊病床得到高效的使用，要求这些床位有最大程度的灵活性，比如：(1)单元床位按性别划分，而不应按病种分类；(2)在床边留有足够的空间，可以进行不同标准的护理，使用各种仪器；(3)提供足够数量的单间和隔离床位，以满足日益增加的需求，包括免疫力缺失的患者和患传染病患者的要求。

中级护理可以在常规护理单元中进行，也可在重症监护单元中进行。护理的等级由所使用的监测设备和对护理治疗的要求决定。普通的护理单元当被用于中级护理时，要利用床边的监护仪，增加护士与患者的比例以提供较高等级的治疗护理。

儿科护理单元有其自身的特点，应设置一些特有的儿童娱乐设施和辅助用房。儿科护理单元和成人护理单元分开，并且与儿科重症监护单元和儿科急诊室有便捷的联系。

除了保证一定的灵活性以外，护理单元的设计应最大程度地保证医护人员工作的高效性和患者的舒适性，使患者得到合适的护理。而且，应尽量减少护士走动的距离，包括从护士站、储藏室到病房之间的距离、设置有效的物品运输分发系统和必要的储藏空间。应尽量减少并控制护理单元内部的交通，让患者尽量不要离开护理单元。为了达到这些目的，可以采取下列一些措施：

- 可以将护理单元分散成较小的床位组，2～3个组构成一个标准的单元。每组将拥有独立的护士站，便于观察患者和避免集中护士站的拥挤。自动化护理计划的应用将使这种设置更趋向高效化，减少对纸张的需要。
- 每间病房内部或附近应配置一个服务点，及时提供护理用品。由物资管理人员负责服务点的物资补充。
- 储藏室的位置应紧邻服务电梯，以减少单元内的交通，并且病房内应有足够的空间容纳家庭成员和医护人员。探视人员专用的等候区应位于每一层楼面的中心，以减少走廊和护士站的探视者人数。
- 护理单元内部应设置一定的空间，存放经常使用的辅助设备，这样可以减少出入单元的交通。每2～3个单元就应设置用于诸如康复治疗、患者教育等辅助服务使用的空间。这些“多功能”房间应当按通用标准设计，根据需要使用。

患者和医护人员流线

患者和医护人员的流线必须注意以下事项：

- 入院的病人绝大多数来自出入院处／床位控制中心，部分病人来自急诊部，还有少部分病人从外科转来。病人或是被设在急诊部的工作人员收治入院，或者被直接送到护理单元接收。也有从其他医院转送来的病人，直接送往相应的护理单元。还有的是从不同的辅诊部门或留观室来的门诊病人。
- 一旦病人被收治，那么他（她）就被限制离开所在的护理单元。虽然有可能需要送到一些辅诊部门去检查，但许多检查治疗是在单元内部进行的，或者在床边，或者在通用的检查室。单人病房和较大空间的半私人化病房在病房内就可以进行多种治疗。
- 病人出入应使用专用电梯。
- 探视人员应该在医院信息服务处了解到

病人所在楼层；各楼层应设接待处，引导探视者到病人的房间或在探视区休息等候。

- 清洁物品应该通过服务电梯送到各楼层的清洁物品储藏室，由物资管理人员用小推车送到各使用点。
- 床单由物资管理人员每天分发，使用过的床单也由他们每天从各层的污物间收集，统一运送。
- 废弃物由环卫人员从各层的污物间收集，污物间应设在电梯旁。
- 利用餐车将食物运送到每一层的配餐间再加热，每个护理单元集中设置。
- 药品供应由药剂室的工作人员完成。每个护士站都要设置自动运输推车，药品应通过气动管道运送。
- 检验样品也应通过气动管道运送，每个护士站设一个站点。
- 病案将采用计算机全电子化管理。

邻接空间的要求

邻接空间的设置对护理工作的效率有很大影响。

- 类似的护理单元应该设在一起，至少应该在同一楼层设置，这样可以进行物资、设备和人员的统一调配。
- 为了提高灵活性和高效性，所有的常规护理单元的楼层应该纵向相邻。
- 所有的常规护理单元应与病人的电梯直接相通，并与主要的住院病人辅助治疗设施有直接的联系（如住院病人手术室和诊断影像部门）。

主要的功能要求

医院一般的病人照护楼层由三个主要功能区组成。两个10～12张床位组成的小组合成一个标准的护理单元（20～24张床），然后再组合成一个楼面（60～72张床）。每个楼面都有与之相配套的辅助空间。

*床位分组*应符合绝大多数护理模式及有效照顾不同急性护理的比率的要求。病房按以下比例分配：25%的隔离病房，75%的单人病房。这种分配比例与日益增加的急诊护理和传染病例的需求相一致。每个组应包括下列用房：

- *单人病房*：每个病房应该有足够的空间，可以容纳日益增多的床边治疗设备和操作这些设备的医护人员。病房也应有足够的空间给患者家属和探视者。所有病房内都应设置专用的卫生间和浴室，还有供患者放物品的橱柜。为了提高护理水平，每个床边应配有自动感应测量装置，以备未来抢救之需。从护士站应可以观察到房间内的情况。考虑到移动式肾透析仪的应用，病房内不必安装特殊的管道设备。

- *隔离病房*：隔离间应与普通病房有相同的设施和空间，只是在其外面应有一间缓冲室，以控制对外界的污染。病房应配备特殊的空气处理设备以防止传染病通过空气传播。进入隔离病房前，必须先进入外面的缓冲室更衣。更换床单和护理服务都可以在此小间准备。当不需要隔离时，这个病房也可以用于非隔离患者。
- *辅助区*：每组应设一个小护士站，在此进行护理计划、配药、备餐、储藏供应物品／床单及洗手等。另外，在病房还可以设置一些服务点。

每个*护理单元*由2～3个组构成，还包括下列辅助空间：

- *护士站*：一个中心护士站应设置电子监控仪，可以监控有关病人的情况；还应设气动管道站、计划室及推车存放空间。
- *员工辅助区*：员工辅助区应位于治疗单元附近，包括医案室、会诊室、住院医生办公室、实习学生工作室和一间小的示教室。
- *储藏室／设备间*：储藏室内放置轮椅、担架及一些常用设备。每个护理单元应设一间废弃物收集室。

每个*护理楼层*包括2～3个护理单元以及同楼的护理单元共享的辅助区。楼层辅助区包括：

- *接待室*：各楼层的探视接待和家属咨询区应集中设置。接待、信息和公共人流都由邻近的接待处负责管理。
- *员工工作区*：医护人员的办公室应集中设置，应为其他科室的工作人员准备一间工作室，包括社会工作者、营养师、理疗师等。
- *员工辅助区*：包括休息室、更衣室、值班室、示教室。
- *储藏／设备间*：每层的集中储藏室可储备额外的设备和物资，应设置清洁物品储藏室和存放危险品、化学品、可回收垃圾、一般垃圾及使用过的床单的房间。
- *多功能治疗室*：每层设一间多功能治疗室，进行那些一般病房中无法操作的理疗和特殊治疗。

- *厨房*：一个可用于再加热和餐饮准备的大厨房，位于楼层的中心位置。

重症监护

重症监护单元牵涉到所有的科室，需要配置包括心内科、儿科、外科、神经科、烧伤科、创伤科、新生儿急诊等所需的医疗和手术专用设备。现存的病房分散在整个医院，要求增加更多的隔离病房以满足日益增加的传染病和免疫缺乏患者的需要。

和常规护理单元一样，重症监护单元的布局也要保持最大的灵活性。中等水平的护理既可以安排在常规护理单元，也可安排在重症监护单元。护理的等级基本由监测的项目和需要护士进行护理的工作内容决定。在重症监护单元可通过减少护士和患者的比例而将护理级别降为中级治疗。

在重症监护单元，除了提供灵活性外，还应保证医护人员工作的高效性及患者得到适宜的护理。儿科重症监护单元有其独特性，应与成人护理区分开，有直接的通道连接常规儿科护理单元和儿科急诊室。

患者与医护人员的流线

- 重症监护单元的患者主要来自已收治的住院患者，急诊室（包括转院者）、创伤科、普通或中级护理单元患者或诸如外科、心内插管室等辅诊部门的患者。由于这些患者中许多需要高级别护理治疗，直接收住重症监护单元也是常见的。
- 由于这些患者病情危急，一般限制其离开重症监护单元，如确需离开时，应使用装有急救信号按钮的专用电梯。
- 探视者在医院底楼咨询处可了解患者的住院楼层，底楼的接待处告之他们患者的病房号码及探视者在何处等待。
- 清洁物品应该通过服务电梯送到各楼层的清洁物品储藏室，由物资管理人员用小推车送到各使用点。
- 床单由物资管理人员每天分发，使用过的床单也由他们每天从各层的污物间收集，统一运送。
- 废弃物由环卫人员从各层的污物间收集，污物间应设在电梯旁。
- 利用餐车将食物运送到每一层的配餐间再加热，餐车运输应使用服务电梯。
- 药品供应由药剂室的工作人员完成。每个护士站都要设置自动运输推车，抢救药品可通过气动管道运送。

- 检验样品，包括那些血气分析样品，应通过气动管道运送。每个护士站设一个站点。
- 病例记录可通过计算机调取。

邻接空间的要求

- 重症监护单元在院区中应集中设置。功能类似的单元应该设在一起，至少应该在同一楼层设置，这样可以进行物资、设备和人员的统一调配。
- 绝大多数重症监护单元应与急诊部直接相通。
- 烧伤科监护单元应紧邻住院部烧伤手术室。
- 创伤科监护单元应紧邻创伤科复苏室，以便于人员的统一调配。
- 如有可能，创伤科和烧伤科监护单元应彼此相邻，以便于人员和床位设备的共享。

主要的功能要求

重症监护单元应设置单间病房，其中包括1～2间隔离病房，供传染病或免疫缺失患者使用。每个单元应包括下列用房：

- *重症监护病房*：重症监护病房应采用单人病房，护士站可随时观察到病人的情况。大玻璃门的使用提高了可视性，在需要考虑病人隐私时可使用拉帘。房间内配有卫生间／浴室或移动式卫生设备。未来可能会采用整体式设备以适应灵活性的要求。房间入口应有足够的宽度以便急救设备容易出入。考虑到移动式肾透析仪的应用，病房内不必安装特殊的管道设备。
- *隔离病房*：隔离间应与普通病房有相同的设施和空间，只是在其外面应有一间缓冲室，以控制对外界的污染。病房应配备特殊的空气处理设备以防止传染病通过空气传播。进入隔离病房前，必须先进入外面的缓冲室更衣。更换床单和护理服务都可以在此小间准备。
- *辅助区*：每个病房旁边都应设一个服务区域。
- *护士站*：中心护士站应设置电子监控仪、远程诊断影像设备、气动管道站、计划室及推车存放空间。
- *员工辅助区*：单元内的员工辅助区应包括医案室、会诊室、家庭咨询室、休息室、办公室。
- *储藏室*：储藏室内应储备有轮椅、担架、常用设备和器械、便携式X光摄像仪，每个单元都应设有清洁物品存放室和污物处理室。

每个治疗楼层应由2～3个重症监护单元组成，还包括同楼的护理单元共享的辅助区。每楼层共享的辅助用房包括：

- *接待室*：各楼层的探视接待和家属咨询区应集中设置。接待、信息和公共人流都由邻近的接待处负责管理。
- *员工辅助区*：包括休息室、更衣室、值班室、示教室。
- *储藏／设备间*：每层的集中储藏室可储备额外的设备和物资，包括PT/OT和呼吸机等设备。应设置清洁物品储藏室和存放危险品、化学品、可回收垃圾、一般垃圾及使用过的床单的房间。
- *厨房*：一个可用于再加热和餐饮准备的大厨房，位于楼层的中心位置。
- *烧伤单元*：烧伤单元有特殊的要求，包括为了防止感染而必需的特殊的空气处理设备（如正压或层流设备）。此外，这个单元还应包括水疗区、员工和探视者的更衣室。由于烧伤单元对康复理疗的要求比较广泛，需要设置额外的理疗设备储存室。

部门间的联系和组合

护理单元的定位取决于许多因素，包括对各种诊断治疗设备支持的需要、与急诊部门的联系、对后勤服务和辅助支持的需要，以及将各个护理单元组合叠加的可能性等等。

按常规，护理单元串联在一起，采用简化了的结构体系，统一考虑有关机械、电气和管道系统，以达到建设经济性的目的。由于各个护理单元对使用面积的要求不一，所以在排列组合时有相当的复杂性。为了确保各单元的正常运作，要对此给予特别的关注。

其他影响护理单元位置的主要因素还有护理单元的面积大小和其在院区总体中的地位。最近一些资料表明，由于诸多原因，主要是经济方面的考虑，当前护理单元的面积有增大的趋势，很多护理部创造了“超大规模护理单元”，每层床位达70～120床。

通常护理部的设计受总体规划的影响很大。医院总在不断地更新发展，现状总是不完善的，要保证未来的单元都能围绕原有的垂直交通核心发展有相当的难度，可以参考一下瓦利长老会医院的发展战略，它在15～20年中护理床位从63

张扩展到360张，三幢塔楼(见142～143页)。

国际性的挑战

由于各国在文化、经济、政府在卫生保健中扮演的角色、保险、技术、服务和人口构成等方面存在很大差异，因此，在美国以外，设计护理单元有一定的困难。虽然绝大多数国家都在追随当代美国医院的设计水准，但只有在大多数发达国家才能见到类似的设计。在这些国家中，除了单床病房的使用外，其他方面的差异较小。很多国家仍在使用多床间的布局。

在这些发达国家，尤其是西欧和部分的亚洲及中东国家，产生差异的主要原因在于复杂的设备系统的使用和维护的能力。

在许多发展中国家，经济因素使得这些国家的医院设计停留在20世纪初的模式。文化的差异也是一个重要的影响因素。在一些国家，在设计护理单元空间时必须要考虑到整个家庭的因素。家属经常

建议医护人员／辅助设施比例

职位／服务内容	最大用途（床位数量）	年费用／护理单元*（美元）
护理班组(11.5FTEs)	10000／床　10000／床	348714
职工	640／床	23500
护士长	1040／床	50000
药剂师	1000／床	80000
X光技术人员	625／床	37500
静脉切开医师	790／床	39500
理疗师	880／床　630／床	39500
餐饮服务员		19000
供应品分发员		23000

20　30　40　50　60　70　80　90　100

最大用途　床位数量

建议范围

*1997年资料

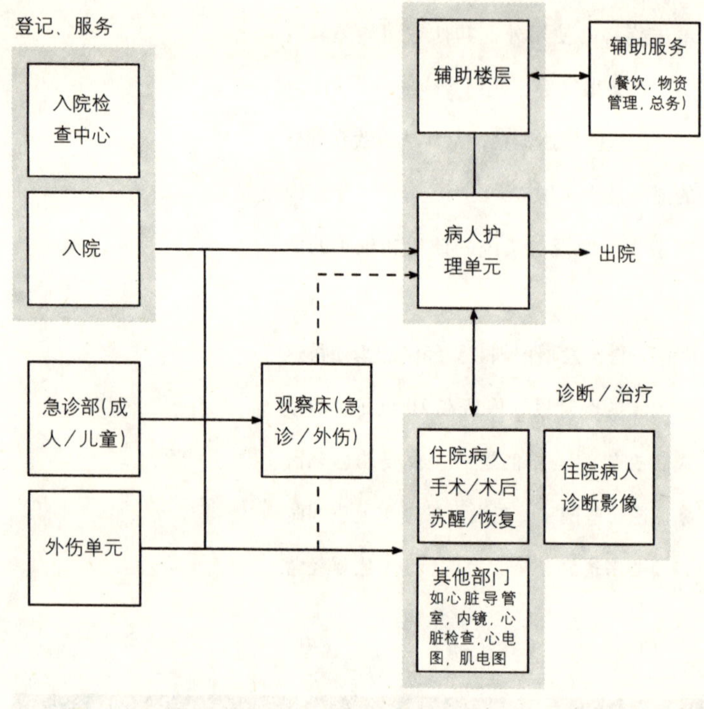

▲住院部与其他相关部门关系图（BTA）

和患者待在一起，在他们的房间里做饭，也可以为医护人员紧缺所带来的不便提供帮助，这样，则必须为他们提供必要的空间。

在那些没有条件安装空调的国家，护理单元的设计要回到原来的窄长的条形，以便于组织自然通风。

在许多信仰伊斯兰教的国家，必须考虑异性之间的隔离，不仅病房要按性别完全分开，而且要防止单元间的视觉穿通。

在技术方面提供后备支持服务的能力对设计者而言是更大的挑战，中东的许多工程在建设的早期是无法投入使用的，直到有了必要的支持系统，以及能够掌握这些复杂科技的员工以后。

具体的技术要点

结构问题

加利福尼亚州针对所有的住院部建筑出台了一项替代性规定，要求在以后的30年中，所有建筑都要能在8级地震后继续正常运营，惟一在该规定颁布时符合此要求的大型医院的是圣贝纳迪诺县的阿罗黑德地区医疗中心。该医院由Bobrow/Thomas and Associates设计，咨询顾问公司为Perkins Will。

建筑结构

考虑到建筑是作病房使用，选择与病房的窄长平面相适应的柱网是非常重要的。通常30平方英尺见方的柱网刚好适合两间病房。对于某些特殊的病房（如LDR），稍大一点的柱网会更好，另外，也可以调整LDR病房的方向，将长向垂直外墙布置。

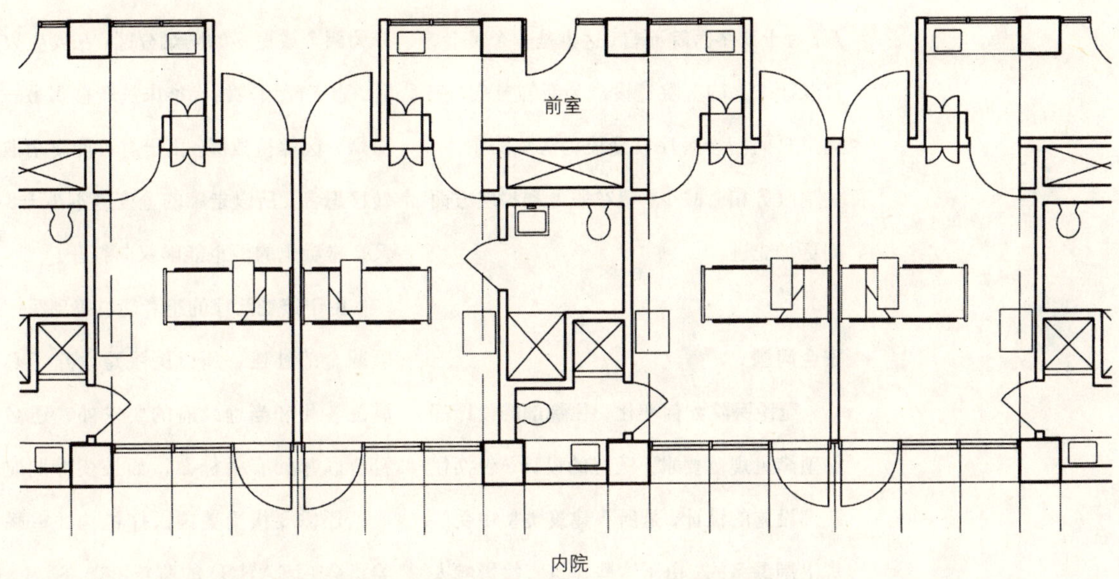

▲骨髓移植病房，希望之城国家医疗中心

结构通常采用钢结构或钢筋混凝土结构体系。在地震频发的地区，最普通的是经防火处理的钢结构。钢结构可以是钢框架体系或钢斜撑体系。对于钢斜撑体系来说，需要考虑安排可能影响使用灵活性的斜撑的位置。而对于钢框架体系，需要在梁柱之间焊接加强构件，所以造价会更昂贵一些。

钢筋混凝土结构也很常见，一般采用框架结构或灵活性稍小一点的框架剪力墙结构。楼面可以采用简单的平板，也可以有一些混凝土次梁。

因为必须抗震而且震后仍须继续使用，所以一些病房现在设计成上部结构与基础相分离。这项相对较新的技术是在建筑的柱与基础之间设缓冲介质，减少地下震动的影响。与基础分离的上部建筑在地震中内部的应力相对较小，对建筑系统的破坏也会降低。

阿罗黑德医院的设计采用了380个垂直缓冲器、粘性水平阻尼器以及其他一些技术，将上部位移控制在8英尺以内，可以作为未来项目建设的一个参考。尽管加利福尼亚州在抗震设计方面已走在全国前列，但其他地区如太平洋沿岸、中西部的一些地区也有可能需要考虑这方面的问题。对于许多医院而言，这也是一个机会，可以让未来的医院建设成为新的典范，在这里日间门诊医疗设施成为医院的主体，住院服务相对减少，但在服务和护理方面则更加先进。

安全问题

无论医院如何变化，住院部的设计都必须满足规范要求。医院的设计，包括住院部设施的设计，是所有建筑类型中受法规限制最多的。由于这些建筑直接影响人们的健康和安全，因此必须符合各州的条例，在建设和运营过程中达到相应的要求，设计者们必须遵守各个州所制定的规章制度。

此外，住院部设施被认为是“核心建筑”，在遭受重大灾难时也必须能够正常使用。因此，必须满足更高的结构安全要求，必须有预防设备和供电系统发生故障的措施。例如，在加利福利亚，医院建筑的抗震性必须远远高于一般建筑。有专门的条例要求提供紧急备用电源，以及在紧急供电时拥有优先权。

护理单元也必须满足有关安全方面的要求，这些规定是假定卧床的患者无法步行离开建筑。条例规定病房所在楼层应划分为两个或更多的防烟分区；在发生火灾时，患者能用轮椅或推床被转移到另一个防烟分区等待救援。由于有可能要用推床转移患者，所以走廊的宽度应不小于8英尺，走廊上的门也能够双向打开。

由于接受治疗的患者能够得到医疗保险基金的补偿，所以医院建设除了必须满足各州和当地政府的要求外，还必须符合联邦的有关标准。如果获得批准开业，还需要接受美国医疗机构评审联合委员会（JCAHO）的监督检查。通常，联邦政府授权于医疗基金管理委员会（HCF）和医疗机构评审联合委员会负责检查修订有关的防火条例，主要包括《*医疗设施的标准*》（*NFPA99*）及《*生命安全条例*》（*NFPA101*）。

另外一个可以作为理解有关护理单元规范的依据，同时也可以作为一本优秀的设计参考的是《医院及医疗设施设计与建设导则》，每两年由美国建筑师学会医疗建筑学会出版发行，由美国卫生部协助编制。这部导则被许多州作为依据引用，而那些像加利福尼亚州一样执行自己条例的州，有关护理单元这部分的内容也与导则相一致。无论如何，还是很有必要更好地理解应用于某种特定条件下的有关法规，确认那些执行起来可能有冲突的法规所以如此制定的原因，并积极地与管理部门沟通取得对有关法规的明确阐释。

除了有关卫生和安全方面的法规，《美国残障人士法案》(ADA)也对护理单元的设计发生影响。在《美国残障人士法案》的有关条例中，对医院各部门的无障碍设计作了规定：对于一般医院的精神病治疗设施和戒毒设施，10%的病房和卫生间必须满足无障碍要求；对于长期护理设施，50%的病房和卫生间必须满足无障碍要求；对于那些专门收治因各种原因行动不便病人的医院和康复设施，100%病房和卫生间都必须满足无障碍要求；而且根据《美国残障人士法案》的要求，除了对病房及卫生间的特殊规定之外，护理单元的其他设施都必须满足无障碍要求。

机械系统

采暖、通风和空调系统（HVAC）必须保证患者舒适以及节约能源。设计时要考虑满足各种复杂的医疗设备对环境的要求。

由于住院部一般是整个医院的一个组成部分，其所需的各种能源往往由医院中心站房统一供应。由中心锅炉房供应热水或蒸汽；由中心制冷机房供应冷水，如此统一安排比各个部门单独设置冷热源更节约。是否决定设置中心站房不仅直接影响到对中心站房和新建建筑的面积要求，而且影响到新建筑的使用成本以及整个医院的管道系统排布。

采暖、通风和空气调节一般通过空调送回风管道系统来完成。条例对回风有一定要求，控制有关排风和过滤的设置。由于病房总是需要满足一定的通风标准，因此可以采用变风量（VAV）箱作为空气调节分配的手段之一。

每层风机房的设置对严格灵活使用的问题具有很大的意义。每层风机房内配备空气处理设备，可以根据需要满足各层楼面内的变化而不影响整个建筑系统的运行。空调设备是噪声和震动的可能来源，应隔离设置，机房还需作特殊的隔声处理。

对于绝大多数病房而言，回风是通过风管将空气返回到机房进行过滤和再循环[大部分房间使用90%效率的高效空气微粒子过滤器（HEPA)，有特殊洁净需要的房间使用99.97%效率的高效空气微粒子过滤器(HEPA)]。室外的空气也要进行处理以满足最低的清洁要求。

随着免疫缺失患者和传染病患者的增多，最近条例要求设置安全病房和空气传染隔离病房。安全病房与周边环境相比是正压，进入病房的空气都要经过99.97%效率的高效空气微粒子过滤器(HEPA)过滤；空气传染隔离病房与周边环境相比是负压，所有的气体都直接排放到室外。

上述病房在设计时还需要设置一间前室，作用类似病房与周围环境之间的一把空气锁。例如希望之城国家医疗中心的骨髓移植病房，两间病房共用一间前室。病房与前室之间的空气压力关系是正压，所有空气从前室直接排到室外。只有当患者首次进入病房时，才使用那扇直接通向病房的大门，其余时间医务人员都必须通过前室才能出入病房。

在设计住院部大楼时，室外取风口的位置必须慎重考虑以避开当地的一些污染源（例如繁忙的汽车交通），并将进风口与排风口分离。楼内的空气质量主要决定于建筑和采暖通风和空调系统的设计。选择的建筑材料要避免释放出超过标准的有害物质。

除了特殊的采暖通风和空调系统要求外，机械设计还包括对一些特殊的管道要求，也就是那些医用气体供应所需的管道。通常包括氧气、真空和一些医用气体。在进行手术时，还需要使用氮气（用来使一些设备正常工作）和一氧化二氮（用于麻醉）。由于现在所使用的麻醉气体没有爆炸性，所以手术室地面不再有绝缘的要求。医用气体系统必须分区，每个区的报警装置设在护士站或其他医护人员工作区。如果某个区发生问题，分区可以将这部分单独隔离检查，而不影响整个系统的使用。医用气体系统在施工过程中应由独立的检测机构监督检查，以确保各处接口的正确安装。由于手术室使用各种医用气体，为了保护手术室内部的有关人员的健康，应考虑废气单独排出的问题。这项工作可以通过一个废物收集系统来完成。它是一个真空系统，可将患者呼出的气体直接排出手术室，防止患者呼出的气体感染医护人员或影响手术室内的空气质量。

机械设计的另一个关键问题是病房的垂直交通。为了提高效率，电梯应该分组集中设置，位于整个交通体系中的核心部位，并将探视者、病人、医护人员/后勤服务等流线分离。在决定电梯核心的位置时，还应考虑到将来扩建的可能以及道路导引等问题。

位于主要电梯核心之外的其他专用电梯也需要考虑，例如连接手术室和急诊、创伤单元或重症监护单元的大轿厢电梯，在电梯里可通过担架运送患者，周围可以有医护人员，并可以连接监护仪、静脉输液(IVs)和医用气体。还需要设置专用的电梯／小升降机联系中心供应室和手术室。通常电梯分成两类，一类为清洁电梯，运送手术器械和无菌物品；另一类为污染电梯，主要运送使用后的物品。

在住院部内还经常设置气动管道系统。气动管道以前常被用于运送各种表格和病案，现在则主要用于运送药品和血样。最近出现的"软着陆"技术使气动管道系统更加实用，同时电子信息技术的应用也降低了各类文件传递的重要性。

电气／通信系统

电气系统要保证在当地停电的情况下，也能给住院部提供必要的电力以使关键性的手术得以继续。应按规定准备充足的燃料以供紧急发电。另外，在考虑医院的建设和未来发展时，最好能有两路供电，理想情况下两路供电引自不同的电厂或相互独立的变电站。万一一路出现故障，可以实现自动切换。但是，对于一些特别重要的部门，如生理监护等，需要配备不间断电源系统（UPS)。

条例规定了住院部哪些系统必须首先恢复，哪些可以过一段时间再恢复。目前的条例并没有要求所有的功能系统都配备应急电源，然而，应尽量考虑提高备用的发电量，保证更多功能设施的运行，例如，虽然按规定不需要，但为电梯提供应急电源也许是明智的选择。

住院部的通信系统包括一些传统的声音联系，如电话、对讲、护士呼叫、数据网络以及许多专用的子系统，如用作放射影像传输的影像系统。除了医护人员与病人之间的内部联系外，住院部同样需要设置采暖通风和空调系统和照明自动控制系统、火灾自动报警系统、建筑安保系统等。

最近住院部通信系统设计的一个趋势是许多设备系统采用标准的接口，这样它们之间可以相互联通，由系统服务器统一管理。最为重要的是，可以使用共同的网络设施或通信光缆。这样就可形成建筑综合布线系统（IBS)，可以减少所使用电缆的类型和数量。当然，为了通信顺畅，必须有足够的带宽。

目前，五类铜线(Category 5)可以用于绝大多数设备。但是，如图像等高流量的传递则需要用到光纤。随着对带宽要求的逐渐提高，未来可能采用中空的管束连接各接口，在需要的时候，将纤维连接到外接口（如用液氮）。这需要一定的投资，但考虑到由此带来的灵活性，也许值得使用。

另外一个影响灵活性的因素是通信机房的大小和位置。机房应与电力设备用房分开，应预留足够的发展空间。理想的通信机房是上下对齐设置，这样光纤的弯曲最少。从设备机房到最远输出点的距离是300英尺。如果每层用房比较分散，可能需要每层设置不止一个机房。

可以应用电子信息系统管理日益增加的各种住院信息。目前，住院部已安装有关医案和影像检索系统。虽然现在书面与电脑计划相结合还很常见，但未来还是有全部电子化的趋势。护士呼叫系统也变得更加复杂，包括一些远程控制设备，护士不在护士站时也可以接听电话。另外，远距生理监测设备也在得到更多的使用。举例说，即将分娩的母亲即使在走廊里也可以保持对胎儿的监测，这样她们就不必一直待在病房里。

科学技术正在快速地发展，而一幢住院楼规划到建成往往需要5～7年，因此应适当推迟作出一些决定的时间，让设计保持足够的灵活性，可以在最后一刻选用最新最合适的技术，这样就能确保住院部充分利用已有的先进科技。

特殊设备

住院部设计关键的一步是计划好所需要的医疗设备。医疗设备的范围，大到需要花费上百万美金的大型影像治疗设备，小到花费不多的手术室推车。设备计划通常分几类：I 类是大型的固定设备；II 类是大型的可移动设备，有各种电气、机械、控制等方面的要求；III类指小型的可移动设备，诸如推车、架子等。平衡好设备的预算，选择、购买各种设备是一项浩大的工程。设计者要特别关心的是设备安装使用对有关电气、管道的要求。

最大型的设备设计通常需要与设备生产商直接协调，他们会准备详细的安装图纸。用于肿瘤治疗的直线加速器要有厚重的墙体与顶板以屏蔽射线，这些设备必须设在建筑的底层，以减少屏蔽设备下部辐射的需要。核磁共振成像仪需要进行广泛的射频屏蔽，一般设在一楼，在使用时必须确保磁场里没有金属物。

医疗中心：设备及投资									
单项	内容	是否在当前计划中	面积（平方英尺）	投资／平方英尺（美元）	当前情况（在原预计范围内）（美元）	当前情况，新（不在原预计范围内）（美元）	当前情况，经修正（不在原预计范围内）（美元）	预计增加或变化（不在原预计范围内）（美元）	备注
	土建部分：								
1.1	减少结构空间，增加诊区／辅助区域	是	3 882	80		310 560			
1.2	原住院医生卧房区改建为心脏导管实验室（三层）	否	2 131	90				191 790	不含设备
1.3	扩展护理区的理疗空间	是	800	169	135 200				不增加建筑面积
1.4	调整区的住院医生休息室／工作室	是	1 300	52					
1.5	通往原餐饮部的连廊	是	2 000	110			220 000		
1.6	会议入口旁的新门厅和室外楼梯	是	300	90			27 000	67 600	
	装修部分：								
2.1	预制建筑外立面／家庭中心	否	9 800	16				156 800	
2.2 2.2.1 2.2.2	更新装修： 扩展医疗部分：艾滋病咨询检测区的聚乙烯地面 扩展医疗部分：涂料部分50%聚乙烯墙面	 否 否	 8.68 25 872	 2 3				 17 360 77 616	
2.3	二层等候区的天窗	是	8	1 000		8 000			每单元4′ × 8′
2.4	中心站房预制墙体	是	2 212	25		54 194			

放疗科需要统一安排各种复杂的影像设备。一些正在不断扩展的治疗技术包括诸如心脏导管术、电生理辐射干扰术以及介入发射治疗等。诊断与介入之间的界限已没有以前严格，传统的成像房间将采用类似手术室的一些布局，而手术室将加强有关的成像功能。

声音控制

住院部的声音控制对病人和医护人员的健康都很重要。病房、办公室及检查室之间的墙体都要满足相关的隔声要求，隔声量要达到45分贝。此外，要注意防止机械设备的振动，采取措施防止来自管道、电梯和其他建筑设施的噪声。

住院部有一些区域对声环境有特殊的要求，例如新生儿监护区。近来有关婴儿生长情况的调查表明保证婴儿有一个安静的环境是非常重要的。这些区域的噪声不应超过50分贝。

声音控制的一些要求可能与其他方面的要求相矛盾，比如内表面的可清洁性。有些区域要求顶部可以清洗，因此就无法作消音处理。地板可能需要选用聚乙烯板材而非地毯。设计时可以通过选择合适的墙板和家具来补偿房间内表面吸声方面的不足。

主要的成本因素

和其他建筑一样，工程早期的一些决策对住院部的使用成本有很大的影响，其中包括场地的选择、建设对已有建筑运营的影响、妨碍建设行动的已有建筑的拆除、需要易地重建的一些设施等。其他的一些重要决定包括选择基本的结构形式，机械、电气系统类型和外部装修标准等。

首先，最重要的是确定项目的质量标准。这需要与业主讨论预算标准及业主对项目的要求。医疗建筑建设的成本因地区不同而变化，在住院部的浮动范围更大。当前，根据建筑的空间复杂性及质量标准的不同，成本在每平方英尺200～300美元之间。

在设计住院部设施时，应认识到建设成本仅仅是项目全部运营成本的一部分。有必要与业主和建造商一起确定工程所有单项的预算。一旦确立费用预算，就可以据此进行管理，及时地根据各设计阶段的实际情况进行调整，以保证总费用的控制。189页所示为最近的一个住院部项目的经费预算分类。最近阶段已发现有经费不足的问题，为了保证项目的顺利实现，已向业主提供了一些建议，见第187页表

医疗中心：预算摘要

	预算子项	1999年4月30日 总体规划 （美元）	调整 总预算 1999年8月27日 BTA	初步估算 （美元） 1999年9月17日	估算 （美元） 1999年10月5日 BTA	草案 概算 （美元） 2000年1月27日 BTA
1	建设费用	38 642 169	45 149 000	44 629 567	45 584 023	48 961 027
2	场地准备	2 773 000	2 773 000	4 500 000	4 644 442	4 859 450
3	设计预备费	6 212 275	2 575 000	1 785 183	2 009 139	1 942 441
4	小计(1+2+3)	47 627 444	50 497 000	50 914 750	52 237 604	55 762 918
5	费率调整(2000年6月)	4 411 444	1 800 000	1 740 806	1 828 316	1 123 626
6	场地费用(4+5)	52 038 888	52 297 000	52 655 556	54 065 920	56 886 544
7	家具和设备费	7 961 545	7 960 000	7 419 944	7 960 000	7 960 000
8	土建预备费(3%)	0	2 345 000	2 345 000	2 345 000	0
9	业主预备费(1项×2%)	0	2 265 000	2 265 000	2 265 000	2 448 051
10	小计(7+8+9)	7 961 545	12 570 000	12 029 944	12 570 000	10 408 051
11	土建小计＋家具和设备费(6+10)	60 000 433	64 867 000	64 685 000	66 635 920	67 291 497
12	审批、检测等费用	1 088 000	1 088 000	1 088 000	1 088 000	1 088 000
13	其他费用	6 717 833	5 630 000	5 630 000	4 920 688	5 100 000
14	小计(12+13)	7 805 833	6 718 000	6 718 000	6 008 688	6 188 000
15	主要费用小计(11+14)	67 806 266	71 585 000	71 403 500	72 644 608	73 479 497
16	场地原有建筑搬迁费	6 225 000	3 745 000	3 745 000	2 045 000	2 045 000
17	总计(15+16)	74 031 266	75 330 000	75 148 500	74 689 608	75 524 497
18	家庭中心	1 275 000	1 050 000	1 231 500	1 690 392	1 673 439
19	筹集的资金	7 093 733	6 020 000	6 020 000	6 020 000	6 020 000
20	项目成本合计(17+18+19)	82 400 000	82 400 000	82 400 000	82 400 000	83 217 936
	20A－总费用节余－可能节约费用：					817 936
	附：医院办公楼					概念，1999年9月12日
21	预备费及费率调整					5 117 171
22	场地准备					200 000
23	其他费用					270 000
24	预备费(51项×10%)					511 717
25	总费用(21+22+23+24)					6 098 888
26	合计(20+25)					89 316 824
	医疗中心面积(平方英尺)					
	医院新楼(OSHPD)T1	173 635	179 048	186 844	184 435	186 468
	医院改造(OSHPD)	23 400	20 855	23 136	23 136	23 136
	门诊(non-OSHPD)T2	40 000	57 902	68 109	69 000	69 000
	行政／辅助(non-OSHPD)T2	31 161	35 853	30 000	31 200	29 952
	扩展医疗／康复(OSHPD)T2	25 413	23 540	22 933	23 847	24 545
	发电机房					3 437
	面积小计	293 609	317 198	331 022	331 618	336 538
	家庭中心	7 000	7 319	9 852	13 365	13 802
	面积总计	300 609	324 517	340 874	344 983	350 340

格。只有在各阶段都严格控制有关费用，才能保证不超过原来的预算。

发展趋势，包括改造与更新

▼加利福尼亚州立大学，海峡群岛(Channel Islands)[BTA；以前的卡马里奥州发展医院(Camarillo State Developmental Hospital)]

医疗体系的发展趋势和对住院部设计的指导

医疗卫生制度的快速变化对住院部的建设也有很大的影响，而且这种影响将一直持续下去。以下是一些发展趋势及对住院部的影响：

病人的护理标准将不断提高

将更多地采用家庭健康护理／亚重症护理／熟练护士护理

老龄化人口比例增加，可能需要多种诊断／治疗手段

将更多地采用计算机进行病床边的计划管理

将更多地进行病床边的治疗

将更多地让家庭成员参与护理服务

将更多地注重对病人的教育与沟通

将更多地注重病人的活动

将更多地采用重症监护单元的形式供手术后病人的恢复，简化麻醉后恢复的阶段

将更多地提高收治患传染病／免疫缺失病人的能力

交流培训的成功性值得探讨

在护理单元以病人为中心，提供进一步的辅助服务的可行性值得探讨

不断变化的护理服务／支持（不断减少的职业护士／有执照的护士）

将更多地采用电子方式接受和传送信息（如气动管道系统和数字X线摄影术）

将更多地以病人为中心进行护理和治

疗，医治病人而非疾病

医院可能的再利用

考虑到医院里越来越多的床位以及某些设施不必要的重复，将一些医院建筑用于其他用途已经逐步提上议事日程。这一点随着住院部的使用率不断下降，更多的治疗在门诊或医生办公室里完成而变得越来越重要。

对医院未来的再利用有很多的建议，而已经实现的有在东海岸改造为一所艺术大学，将加利福尼亚州的一所精神病长期治疗医院改作一所州立大学，还有一些将医院改建为单室的公寓的实例。

总结

对设计来说，变化是永远存在的。为现在的使用而设计的东西并不是永久的，在某些意义上它都会被重新使用、改造或迁移。因此，有必要准备一个能兼顾到未来要求的总体规划。医院设计的最高境界就是认识到这种开放的不确定性并为这种变化制定一个概念性的结构体系。

我们已经认识到住院医疗会不断变化，并且在许多情况下消亡。目前有必要建立这样的护理单元，采用灵活性较高的大跨度结构体系，将垂直服务系统从建筑核心迁移出去，留下尽可能规整的楼面，以适应未来可能的变化。

趋势表明，事实上以后所有需要住院护理的病人都将接受与重症监护等级相接近的护理，需要复杂的监控设备。现在病房应按“通用”病房设计，以适应未来的发展。

建设替代的护理单元经常由于最初的费用以及资金方面的困难被质疑，解决这个难题的方法在于设计一个有利于降低人员需求的护理单元。建设的费用相对于医院每天的运行成本来说仅是一个很小的部分。对于一幢楼的整个使用期来说，建设费用平均只占医院所有运行成本的6%。研究表明，按现在的美元计算，减少一个护理人员或同等薪水的雇工相当于在建设费用上节省100万美金。对医院来说，更为有利的是采用高效的单元布置，减少可能的人员配置。

因此，对建筑师和医院来说，挑战在于要建造这样的护理单元——既能最有效地适用于现在的运营，又有足够的灵活性，可以适应未来的需要，并为治疗过程提供一个更为人性化的正面的环境。

第四章

日间医疗设施

托马斯·M·帕耶特，*Payette Associates Inc.*

概述

在世纪之交，查尔斯和威廉·梅奥提出了健康护理服务的理念。它需要多个学科的医生进行合作来满足广泛的护理要求。他们的观点成为如今非常兴旺的日间医疗产业的基石。梅奥诊所通过系统化管理，为患者提供其所需的全方位服务，从而将传统的医院资源与独立诊治相结合。来自各地的患者来到这个诊所就诊，因为他们相信在这里他们可以得到比在其他医院更好的治疗。目前它的影响早已远远超过了诊所最早在明尼苏达州的罗切斯特(Rochester)开设的治疗室的范围，它改变了全世界的医疗服务思路。

梅奥诊所和后来其他类似的医疗设施非常强调诊所与医学院校的合作。在此过程中，有天赋的医生通过对病人的诊断和治疗，将在学校中学到的知识运用到实践当中，从而积累了大量经验。尽管在这些诊所中，用于美化环境的设施不多，但其优势在于可以一次为患者提供多种健康服务，而且比私人诊所节省诊治费用。

随着健康维护组织（HMO）及其带来的资源集中共享化的出现，对这类设施的需求也不断增加。健康维护组织被视作为大型集团公司的员工提供福利化健康护理的一种方式，理所当然关心如何才能高效地满足多种多样的医疗需求。因此，既然公司投资于所有员工的健康，这种形式的服务正在逐步缩小原来存在的经理与普通员工间的健康护理方面的差距，而且在为患者提供了跨学科诊治的同时，也更加重视对患者隐私的保护，并注意使就诊环境更加舒适。

上述发展的过程也大大影响了日间医疗设施的设计。在竞争激烈的医疗服务行业中，这种新形式的成功取决于设计，其成本的经济性和思想的创新性能够吸引并留住病人。当前，设计师被要求设计出合理的结构体系，满足医护人员高效工作及特定医疗流程的要求，同时还应体现审美的需要。尽管本章节所选的范例都有其各自的侧重点，但它们还是有很多相似之处。以下是当前日间医疗中心设计中所需要注意的一些关键因素：

场地规划

尽管日间医疗中心是为非住院病人服务的，这些病人能够自由走动，基本不需要太多的帮助，但他们多多少少都有一些行动上的不便。下面所说的关于场地和布局的出入口及便利方面的问题非常重要：

- 便于停车和上下车，这是好的日间医疗中心非常重要的一点。
- 患者进出的路程不要太长。
- 下车的地方应该有顶棚遮蔽。
- 应设置残疾人通道。

与医院的关系

因为日间医疗中心通常是位于医院院区内，因此应注意与整个医院的关系。设计时应该全面考虑以下因素：

- 医院中的一些辅助服务设施，如化验室、放射科，应与日间医疗中心距离不能太远。
- 医生应该能够方便地往来于门诊区和住院区之间。
- 工作人员和患者也应很方便地在门诊区和住院区进出。

流线

医生办公室

日间医疗中心通常设置医生办公室。这些办公室应该被规划在一起，与病人及诊室间的联系方便。医生在诊室和办公室之间往返所用的时间越少，医院的效益就会越高，为患者提供的服务也就会越好。

人员配备

有效的人员配备对于提高对病人的服务质量和减少开支都是非常重要的。工作场地的布局应该便于医护人员的工作。例如，护士站应该设计成能够应付高峰期大量的病人及不同的班次，适合于观察患者的治疗和康复状况。手术室、恢复室和治疗室应采用标准化设计，以便于所有医护人员能够方便地进行各种治疗工作。这些房间应该配备适当的仪器和设备，设计均要以提高医护人员的工作效率为指导原则。

病人／家属教育

日间医疗中心一项重要的工作内容就是为病人及其家属提供各种诊断和治疗的信息。许多日间医疗中心都设计了提供宣教资源的场所，里面包括图书、影像资料和各种讲座等。这些区域也可以设计成为图书室、会议室或电子阅览室。宣教区域应该与其他公共场所，如大厅、候诊室等结合设置。

相关服务设施

广义上的日间医疗中心还应该包括一些与治疗并不直接相关的服务设施。必要的辅助设施，如药房、日间护理、医疗器械的零售场地和餐饮设施等可以在设计时统一安排。这些设施的位置应与使用要求结合，可以将其设计到中央大厅、走廊或者中厅附近。

引导系统

在建筑物中很容易地找到要走的路有利于帮助患者克服恐惧和焦虑。在设计日间医疗中心时应该考虑以下要求：

- 登记处或信息台靠近大门设置，病人一进门就能够看得见。
- 在大厅、走廊转弯处和电梯厅设置统一的标识。
- 采用自然光帮助患者确定方向。来访者会记住有自然光线的地方，无论是天窗、可以看到室外景观的窗户或是仅有一点反光的地方。
- 其他一些装饰的设施，如水体（养鱼池、瀑布或者喷泉）、工艺品（雕刻、油画、展品等）、刻有捐助者姓名的墙体和经过设计的细部等等，都可以作为一个内部的标识，帮助患者在通过迷宫一样的走廊、科室和候诊室时定位，增加患者的安心感。

采暖通风和空调系统／电气系统

在设计空调系统时，最基本的就是要满足患者和工作人员的舒适要求、节能及控制成本。在设计采暖通风和空调系统／电气系统时应该考虑以下问题：

- 建筑的外部围护结构应该隔热，以防止外面的热量和冷气影响建筑内部。需要注意热天室内强制冷的地方容易生霉。入口处要采取遮阳措施。冷天主入口处要设置前室以防止热量损失。
- 可能的情况下要尽量循环利用空气，
- 根据对环境的需求，将建筑划分成不同的区域。例如，将需要空调净化的空间设置在一起。走廊成为缓冲区域，免受外来突发环境因素的干扰。

内部设计

日间医疗中心的环境设计要使患者感到舒适，要有助于减少患者的焦虑，有别于一般住院部的环境。在设计内部空间时应该考虑以下几点：

- 家具和内部装修不应带有传统诊所的特点。
- 家具布置应满足患者及其家属的使用要求，并能够为他们提供很好的隐私保护。
- 家具、装修及固定设备应该易于保养，耐用。
- 应选择恰当的色彩，让建筑内部环境明快一些，这一点很重要。
- 提供自然光线和景观。
- 在公共空间和治疗区域可以布置一些艺术品，让环境看起来更轻松一点。

- 一些特殊的设计，如音乐和水体，有助于使来访者在紧张的时候得到宽慰。

文化因素

当地的文化背景在设计医疗建筑时应充分考虑，在跨国的医疗中心中尤其如此。一般情况下应该考虑以下问题：

- 当地不同的发展阶段可能会影响到建筑的设计类型（塔楼、独立诊所或商业化的综合体等）。
- 私密性
- 男女区分
- 为家属或随从人员提供食宿。
- 由于医生的背景和所受教育的不同，行医的方式也各不相同。
- 一些地方病可能需要比常规更大的空间来治疗大量的患者。

对于将来的预测

医疗服务的形式正在迅速变化。随着日间医疗服务趋势的发展，设计师们应考虑未来可能发生的下列变化：

- 新的先进的健康护理方法
- 新的技术
- 医疗费用偿付政策的变化
- 新的社会和环境一起

其他更“建筑化”的问题包括：

- 患者智能卡和床边计算机的使用将影响病案记录的方式，需要有特殊的电缆和信号设置。
- 医院、日间医疗中心和研究院所之间的电子会议需要特定的设备和建筑构造。
- 新的医疗设备需要更多的空间来使用、贮存和保养。
- 医疗费用偿付政策将不断地要求控制医疗成本。设计应注意提高员工的工作效率和改善对病人的服务，但降低设施的运营成本对于医院来说同样重要。
- 新的安保系统对门窗的监控可以更有效地预防犯罪。
- 有关环境的规定将越来越严格，其中包括污废处理、交通、区域划分、建筑高度、湿地保护和水土保持等。符合可持续使用要求的环保建材和建设方法将更加普及。
- 地域的限制使得日间医疗中心在居住区增长迅速。建筑的体量、规模、材料、交通模式和景观等因素将变得愈加重要。

日间手术中心

在过去的十多年中，许多手术已不在昂贵的住院医疗设施中，而是在独立的日间手术部门进行，其中绝大多数是在日间手术中心。这主要是源于医院偿付政策的变化，变化对于日间护理较为有利。除了器官移植等最为复杂的外科手术以外，一般的手术均可在门诊条件下完成。病人停留的时间从数小时到1天。

阿森斯地区医疗中心手术中心

阿森斯，佐治亚州

设计师：Payette Associates，Inc.，波士顿，马萨诸塞州

竣工时间：1986年

阿森斯手术中心建筑面积2万平方英尺，另外还有一幢1910年建的住宅：塔尔米奇(Talmadge)小楼。小楼和它周边的绝大多数胡桃树林及风景都被保护下来。房子现在成了手术中心的接待入口。谷仓一样的加建的房子是中心的诊所。天窗将间接的自然光线引进手术室、恢复室、准备间、更衣室和辅助工作区。

新的手术单元与房子的主要地面在一个高度。整个场地有一个向下的坡度，医护人员和病人可以在新加建的辅楼下面停车，车辆隐蔽在木格子后面。

经过恢复和修缮之后，大厅入口左边的空间为接待和候诊区，右边为预约登记、检查和化验诊断区。楼上设有办公室。

日间手术中心90%以上的业务是各种手术，需要将一般综合医院手术部内对各种设备和环境的要求结合起来，在一个相对狭小的空间内实现，就像一个普通诊所一样运作自如。以下是在规划设计日间手术中心时需特殊考虑的事宜(以后可能被称作手术中心)。

▲现存的建筑与环境创造了轻松的欢迎的氛围

规划要点

- 确定将要开展的手术的类型和数量。除了一些像器官移植等时间较长、难度很高的手术外，大多数手术都能在日间手术中心作为门诊手术完成。
- 确定所要进行手术的例数及开放的时间(包括周末和晚上)，就可以决定手术室的数量及所需设备的类型，随之确定其余的一些内容，如术前准备室、术后恢复室、医护人员的更衣室以及辅助区域——清洗、灭菌、供应等。
- 确保病人单向流动，应避免将要进行手术的病人与术后的病人交叉。
- 通过设计3个洁净区域：非手术区、手术区、手术室内区，来避免感染。

特殊的设计要点

- 环境——病人在手术前后均不需要长时间卧床。通常他们在手术过程中是清醒的(可能会作局部麻醉),能意识到他们所处的环境,包括灯光、视觉、听觉、嗅觉和温度等方面。
- 隐私——与同外界接触沟通的需要相比,手术病人更希望隐私的保护。
- 衣物——要妥善考虑病人入院穿着的衣物。他们需要一个合适的更衣场所,并能在离开时方便地取回。
- 陪伴——手术成功需要病人和医护人员的共同努力。朋友和家人在术前和术后能起到很大作用。休息等候区和公共空间应可以容纳大量的病人及朋友、家人。

流线/空间设计

- 在阿森斯手术中心,病人的流线非常清晰,准备室→手术室→术后恢复室→更衣室→第二阶段康复室。
- 更衣室与准备室相邻,从两个地方都可以进入衣柜,这样衣服就不需要搬动。病人从准备区进入4间手术室的任一间。手术结束后,他们被送到恢复室,然后进更衣室,取走他们的衣服。
- 第二阶段康复后,病人就将离开手术中心。残疾人可以使用旧楼与新楼接口处的电梯上下。
- 手术室围绕着一个清洁物品核心布置,这样巡回护士就可以方便地照管所有4个手术室,手术医生们也可以从容地观察和互相帮助。与传统的布置相比,消毒和制暖的隔间能减少一半。清洁核心成为手术过程中交流的核心。

场地规划/停车/出入口

一般情况下,不允许病人独自到手术中心。病人的停车场地必须进出都很方便,避免病人迷路。如果经过妥善的设计,步行道路和大楼有很好的关系,稍远一点的下车区和停车场也是可以接受的。

满足法规和《美国残障人士法案》的要求

- 尽管不像综合医院手术部那么严格,但在日间手术中心安全问题仍是至关重要的。所进行的手术相比较而言都是短时间、创伤较小的。如果需要,手术可以终止。因此,法规的要求也不那么严格。
- 手术中心要采用通用的设计——各种身材、年龄和状况的病人都可能来接受手术治疗。
- 应为那些乘坐轮椅或使用拐杖的病人提供足够的坐位空间。
- 应设置扶手。

结构

- 大的房间至少在一个方向上是有灵活性的，可以根据要求改变布局。手术室内的顶棚下及病人的周围将会有越来越多的设备。
- 各种管道可能与手术灯、气体吊塔和影像设备的固定支架争夺空间，因此空间净高与平面大小一样重要，推荐高度为3.5英尺。

机械系统

- 空气净化单元的位置及空间大小——包括空间的垂直和水平尺度及管道——都是影响使用成本的主要因素。从提高使用效率的角度考虑，布置时还应考虑轴向和水平的距离。
- 控制板和空气净化箱的位置便于接近和操作很重要。
- 注意医用气体管道的安排。管道本身必须超净，内部接口光滑，不能有细小的砂眼。

电气／通信系统

- 必须设置应急电源，以确保手术病人的安全。
- 手术室中应设置独立的不间断电源系统，在停电后应急电源启动供电的间隙起到过渡作用。
- 通信／数据室应集中设置于空调房间，所有计算机和通信设备都应带有备用电源和备份系统。
- 正常电气控制面板和应急面板应分开，以防误操作。
- 日间手术中心规模较小，建筑出入相对容易，应设置必要的安全系统来保护病人、药品及贵重设备。
- 应设置可以摄像的闭路电视系统，这是许多外科手术的一部分。

材料

材料选择的标准是易清洗、易消毒、经久耐用，同时从视觉和触觉上都比较舒适。

噪声

各种设备管道安装时应注意密闭隔离，以防止噪声和振动。应避免管道传声。应采取措施避免公共场所如员工休息室、病人等候室或更衣室之间声音的传播。

灯光照明

- 由于医护人员和病人在手术过程中通常位置和姿势固定，无法从刺眼的强光中移开，因此应避免因直接的阳光或各种设施表面物质反光而形成的眩光。
- 在不影响建筑内部隐私的情况下，自然光线和良好的视觉景观都是非常理想的。最有效的自然光线是来至墙面、顶

▶主要的楼层与屋面布置都可以表示出病人的流线，采用天窗引入自然光线

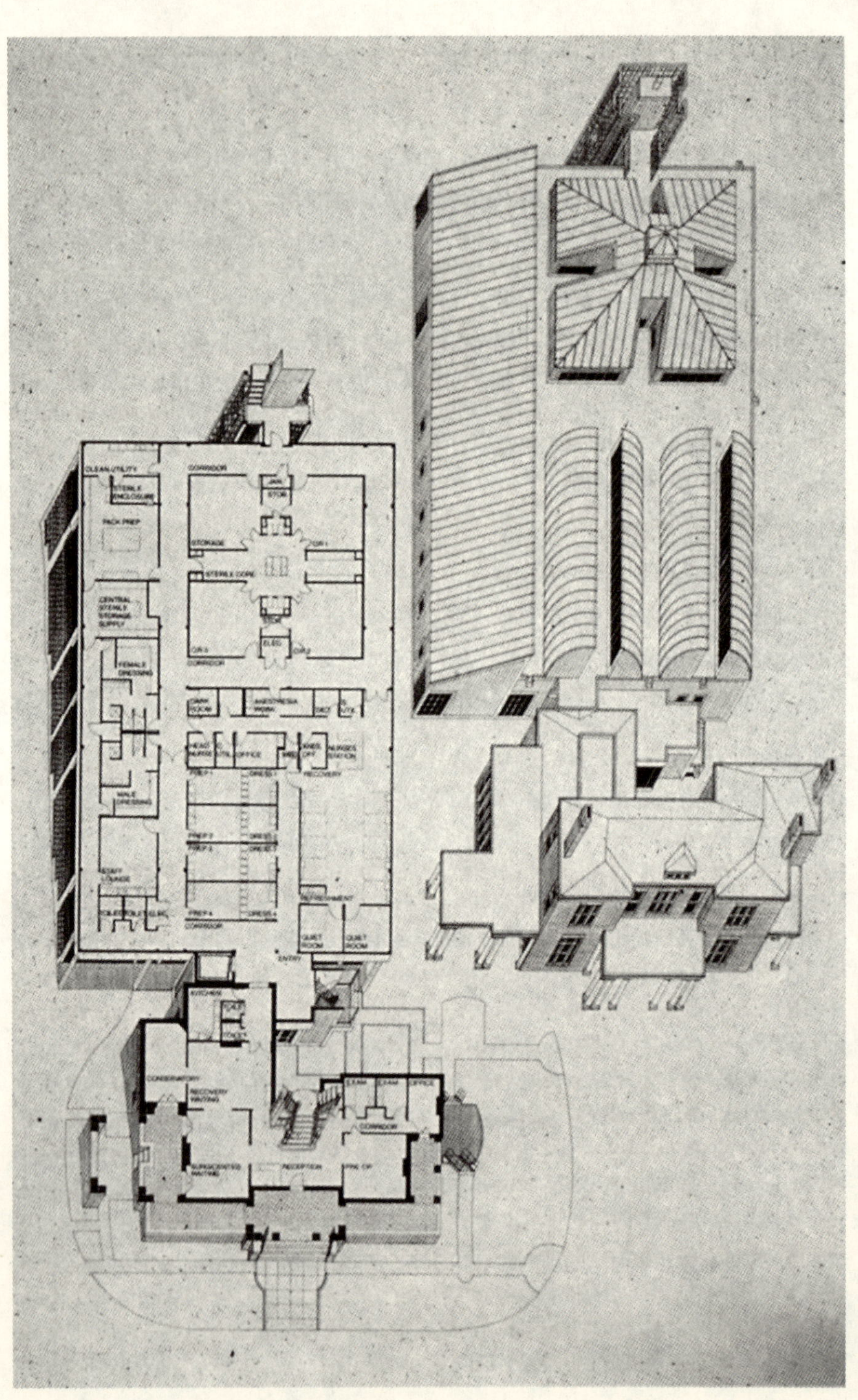

棚和地面的反射光，例如由天窗射入的和可调控的顶部光线，以及彩色玻璃外窗或通过窗户能欣赏到美丽的风景。

- 应限定人工光的区域和方向，避免产生眩光和明亮的白点。

导引系统

- 导引系统的关键是室外的方位布局和内部简明易懂的流线。
- 日间手术中心的标识系统是建筑的一部分。
- 色彩、材料、光线是组织流线的重要工具，也是划分公共区、净化区、非净化区的工具之一。

改建／重建／再利用

评价已有的建筑是否适合作日间手术中心，应注意以下几点：

- 手术室、苏醒室及中心净化区都是大空间，需要各种设备管道系统——压缩空气系统、医学气体系统、污废处理系统等。
- 日间手术中心的运作的成功部分取决于其平面的布置，如病人、设备器材和敷料等的流线。
- 在需用使用担架的地方，走廊的宽度应允许两个担架通过。

阿森斯日间手术中心将原有建筑作为技术要求低的用房，而将有净化要求的用房布置在新加建的部分。

运营与维护

高使用率的一个关键因素是要用多长时间才能完成手术室的清洁，准备好进行下一台手术。手术设备、供应物品及污废处理系统应与手术室邻近设置。

主要的成本因素

美国日间手术中心的建设成本有一个基本范围。独立的日间手术中心建设成本在每平方英尺200～300美元，包括所有土建和设备费用，其中医疗设备和各种机械、电气和管道系统所占比例超过一半。

资金

日间手术中心一般由医生、投资者和医院（私人和公家的）共同建设，资金来源包括个人、银行、投资集团以及某些赞助。

眼科中心

眼科中心提供了各种眼睛疾病的检查、诊断和治疗。它们可能是独立的机构，或者附设于大的健康护理机构。大多数情况下，眼科诊所独立设置运营。作为一个功能独立的单位，专门提供各种眼科治疗服务，从常规的视力测试到激光角膜切除术，通常还包括光学方面的服务。

南佛罗里达大学眼科中心

坦帕(Tampa)，佛罗里达州

设计者：Payette Associates

记录建筑师：Woodroffe Corporation Architects

竣工：1996年

南佛罗里达大学眼科中心是在已有建筑的基础上经改扩建而成的。作为改造的一部分，其中设立了两个独立的研究所，眼科中心和癌症中心。每个中心都有自己独特的要求。

眼科部包括28个检查室、相关的候诊室和一个新的入口。新入口突出了眼科中心的标志性。中心占一个楼层，诊所对所有病人开放，邻近病人停车场。

24个成人检查室设在大楼扩建部分，8个一组高效地运作。它与旧楼的办公和辅助区通过工作人员走廊连在一起。病人入口和候诊室的周围区域是开放的，可以看到室外。由于检查时不需要自然光线，因此检查室是封闭的。

4个儿童检查室设在旧楼改建的区域，还有一个独立的儿童候诊室。在两个区域之间设有共用的卫生间。

治疗区，包括激光室，设在了成人和小儿区之间，便于共用。邻近用房还有教学设施、实验室、办公室、管理和工作人员服务区。为了便于工作人员和医生进出，辅助区与大楼的另一部分癌症中心相连。

规划

规划设计决定于眼科医生和技术人员工作的特殊要求以及诊所的开放时间。一般眼科中心需设下列用房：预检室、检查室、治疗室、保障区、候诊区。

流线

好的病人流线应包括下列步骤：

- 登记和候诊。
- 进入检查室作预诊或扩瞳。
- 进入检查室旁边的小等候室。
- 进入检查／治疗室。

设计要点

在设计眼科中心时，应假设所有病人都有视觉障碍，考虑下面几点：

- 检查室中避免有自然光线。
- 在候诊、交通和工作区域提供自然光线。
- 靠近入口处设置一般的候诊区域。
- 将小等候区设在一组检查室的附近。
- 医生应可以从他们的诊桌或病人椅后的控制板上控制灯光和设备。

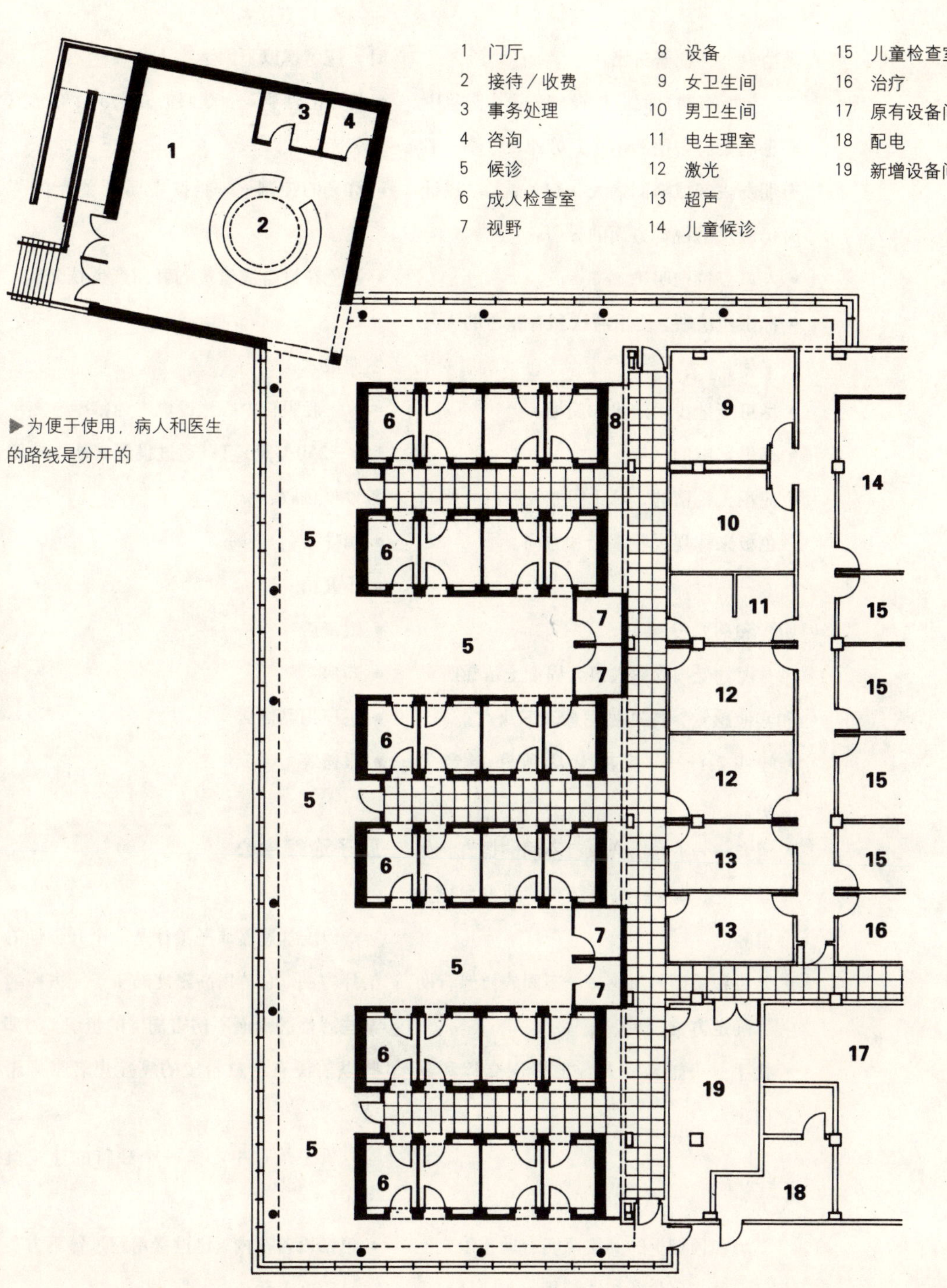

1 门厅
2 接待／收费
3 事务处理
4 咨询
5 候诊
6 成人检查室
7 视野
8 设备
9 女卫生间
10 男卫生间
11 电生理室
12 激光
13 超声
14 儿童候诊
15 儿童检查室
16 治疗
17 原有设备间
18 配电
19 新增设备间

▶为便于使用，病人和医生的路线是分开的

场地设计／便于进出

与所有的日间医疗设施一样，眼科中心也需要有方便的泊车。另外，尽管一般有朋友或亲戚陪同病人一起来就诊，设计时仍应考虑视觉方面的导引：

- 入口应特别明确。
- 标识应清晰，使用易认和有颜色的大号字体。
- 尽可能地少用踏步和门槛。
- 提供足够的照度。
- 应用大范围的，对比明显、黑白分明的色板来体现视觉平衡和方向。

听觉和感觉控制

视觉受损的病人很大程度上依靠听觉和其他感觉，特别要注意以下几点：

- 呼叫系统——应注意场所和声音大小。
- 语音——不同场合应有不同的语音，如登记处，或一些需要轻声的地方如检查室等。
- 地板和墙面的质感——不同的质感有助于确定方位。
- 扶手——能为病人行走提供支撑和导向。

灯光

墙和顶棚上的间接照明有助于限定空间。可见光可作为指路标识。在选择灯光时，应考虑以下因素：

- 灯光的性质——耀眼的强光、自然光或荧光。
- 灯光的控制——能按需要调整光的强度。
- 避免在设备或建筑的表面产生眩光。

主要成本

一般眼科中心建设成本为每平方英尺150～250美元。可以通过设置其他一些服务设施创收：

- 咖啡店
- 小餐馆
- 眼镜店
- 药房
- 医疗用品商店
- 报摊等

质子治疗中心

回旋加速器质子治疗是一个开创性的治疗方法，它是用高密度的质子流去照射某些恶性肿瘤而不伤害周围的组织，为那些以前没有治愈希望的癌症患者带来希望。

质子治疗中心是一个独特的建筑类型：

- 包括设备在内，建设费用超过每平方英尺300美元。

- 因为其设计的复杂性，需要额外增加一倍的设计时间。
- 由于以前从未设计过此类中心，设计时需要考虑到某些实验设备。

麻省总医院西北质子治疗中心

波士顿，马萨诸塞州

设计者：Tsoi/Kobus & Associates，Inc.，
剑桥，马萨诸塞州

竣工时间：1997 年

西北质子治疗中心是世界上最早进行回旋加速器质子治疗癌症的中心之一。治疗中心与总医院及一所历史悠久的监狱为邻，用地受到一定限制，而由于需要采取建筑防护，防止粒子泄漏，场地更为紧张。

规划要点

因为没有什么先例或条例可供参考，设计质子治疗中心时，必须认真考虑将建筑和设备的要求相结合。质子治疗中心相比其他的护理中心有更高更严格的尺度和流线方面的要求，因此不能有丝毫的差错。在麻省总医院，规划设计时考虑了以下因素：

- 回旋加速器重达 200 吨，电压输出超过 200 兆伏。
- 加速器支架围绕着一个轴旋转。
- 混凝土地面满足必要的平整度。
- 设备入口间隙要小于 1 英寸。

特殊的设计要求

和许多高科技的医疗设备一样，质子治疗中心对建筑有特殊的要求：

- 创造一个受欢迎的，让病人安心的环境氛围。
- 确保身体健康，避免高能量粒子可能产生的危害。
- 满足严格的尺寸和流线要求。
- 提供必要的服务和将来的灵活性。
- 实现开创性的项目管理方法。

在西北质子治疗中心，外部圆形大厅代表了诊所的中心—回旋加速器。室内采用了环形的天窗。一个大胆的壁饰代表了质子击中了肿瘤时质子流的能量峰。对患有生命危险疾病的病人，特别是那些接受高科技治疗的病人来说，提供一个积极的、充满生命力的环境是很重要的。建筑师可通过选择合适的形式、材料、细部、色彩及自然光线来实现这一目标。

安全

在开始设计之前必须充分理解所有的安全措施。建筑师应在整个设计和建造过程中与设备制造商及屏蔽专家紧密配合。

安全方面的要求包括下面几种：

- 回旋加速器治疗室里采用 6 英尺厚的混凝土墙来保护病人和工作人员。

▶总平面，挑战在于紧张的基地、周围已有的历史性建筑、较高的水位以及邻近使用功能相对较为敏感的建筑(如眼科手术中心等)

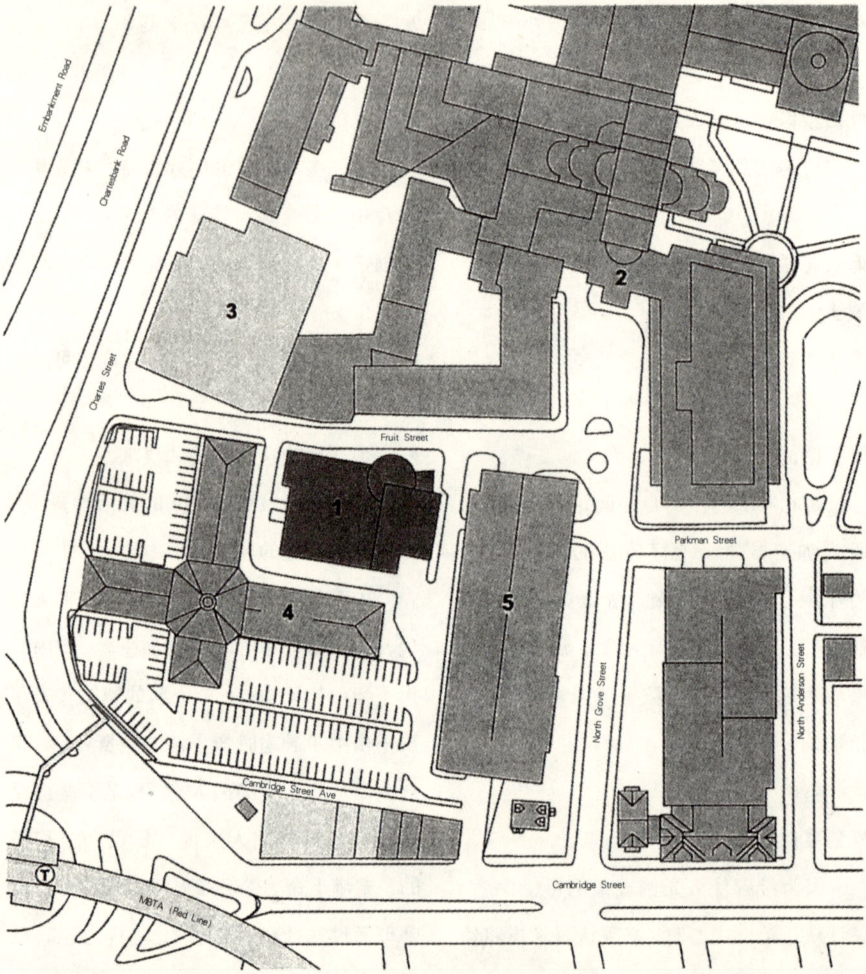

总平面

图例：

1　西北质子治疗中心
2　麻省总医院主入口
3　麻省 眼、耳科医院
4　监狱
5　车库

- 在建筑物周围用泥土来吸收高能中子粒子。
- 排除所有视线的穿通，否则可能会出现游离粒子的泄漏(如透过混凝土迷路的开口处或电线管道的弯头)。

设备的可维护性和灵活性

复杂新颖的设备对环境要求很高，难于保养。为了便于维护，应考虑下面因素：

- 光源(真空管和磁极)必须易于接触，从各个方向保持清洁。

- 支架必须可以从桥架上接近。
- 设备维修间应设于附近，便于及时修理。
- 可以采用一些可移动的屏蔽和入口处理，以便于设备的升级和更新。

考虑到未来设备的升级换代，设计时应有一定的灵活性。麻省总医院设计时考虑了将来增加一台加速器以及配套设备的可能。

新的项目管理方法

到目前为止，质子治疗中心设计和建设时只有为数不多的人参与，参与者有建筑师、合同承建商、设备商和医护人员。

由于质子治疗所使用的粒子加速器等设备还在不停的更新改进，建筑设计者和设备设计者应充分合作，有助于对建造项目的分工和承包提出创造性的要求。

建筑师和承包商应具备高度的医学专业水平，并注重与国际设备商的合作。

日间精神疾病诊所

美国模式的精神卫生服务正处在剧烈的变化中，越来越多的健康护理提供者转向日间治疗诊所来为病人提供行为诊断。日间精神病护理就其本身而言不是什么新的现象。公共精神健康组织一直在为那些非住院病人提供服务。在综合医院、心理康复诊所或其他的非住院治疗诊所进行精神疾病的治疗已经持续30～40年了，主要治疗由于经济和社会压力而引发的精神疾病。然而，有组织的医疗服务体对精神健康护理系统提出了新的要求。医院化的转移策略已催生出一个介于传统的门诊病人（如诊所）治疗和住院病人治疗方式之间的一个服务统一体。这些统一体所提供的非住院病人服务泛指以下这些：

- 日间行为健康护理设施
- 部分住院治疗式的服务项目
- 门诊精神疾病诊所
- 家庭护理中心
- 日间医院

霍尔—布鲁克医院(Hall-Brooke Hospital)

韦斯特波特(Westport)，康涅狄格州

建筑设计：Graham/Meus，Inc.

完成时间：2000年

医院位于康涅狄格州的韦斯特波特，占地25英亩。这个集中的5.8万平方英尺的建筑将取代原来5个大小不一的19世纪或20世纪早期的建筑物。建筑为两层，上层是包括两个可灵活调整的单元，共能安排60张病床。一层设置准住院／门诊治疗

▶总体鸟瞰，尺度较小的立面，低的楼层有开敞的窗户

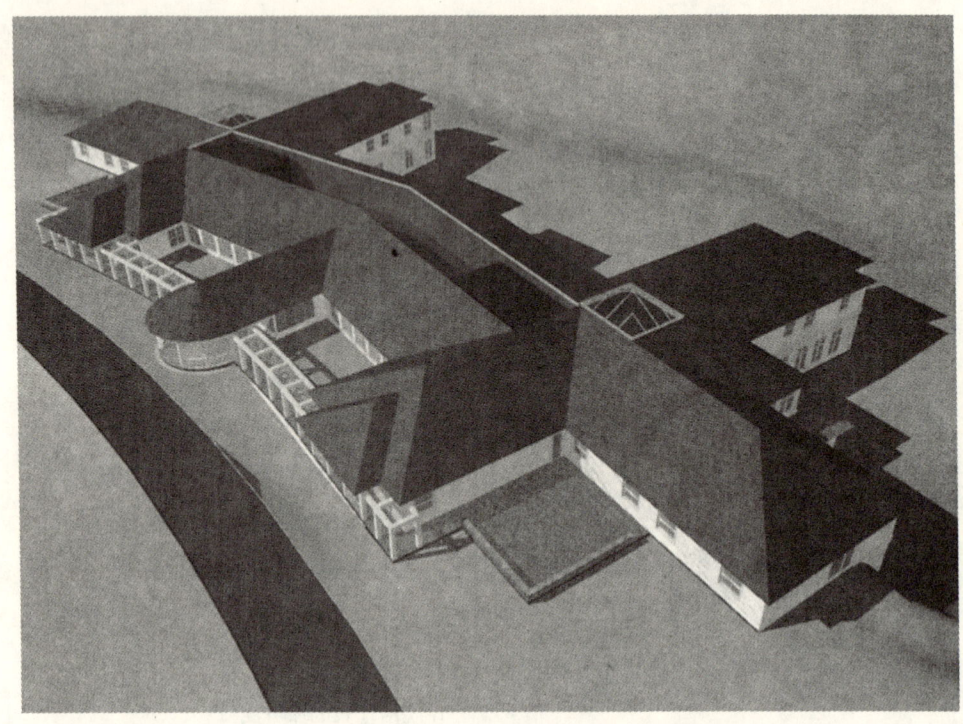

项目，管理和后勤用房。新的建筑物利用现成的地势，从周围看起来像是一层的建筑，尺度不大。但底层实际上在一个水平高度上，窗子通高。在建筑较低的北部非住院精神护理区（约1.24万平方英尺）有一个单独的入口。

规划要点

日间精神疾病治疗设施的设计有以下因素需要考虑：

- 场地设计／便于进入
- 灵活性
- 治疗计划轨迹
- 辅助区
- 医生办公室
- 中心社区室
- 其他有关规划的因素

场地规划／便于进入

日间护理的交通组织有以下要求：

- 有一个特征明显的大门，特别是如果日间护理诊所位于医院院区内的时候。霍尔－布鲁克医院的精神护理部有独立的出入口、专用的车道、下客区和停车场。
- 一些特定的治疗和活动区，相互间应靠

在一起并相通。

- 紧邻入口设置大厅，附设有安全室和接待区。
- 管理/财务办公室应设在入口附近。

灵活性

治疗一般采用集体或个人治疗方式，因此需要一个高度灵活的空间和格局。灵活性体现在设置了各种各样的会面场所，如一对一的、几个人的，或很多人都能舒适地聚在一起，没有外来的刺激和打扰。这些地方的设计要满足个人和群体不同的舒适性需求。基本要求如下：

- 中性——满足不同年龄、不同性别的病人对环境的舒适要求。
- 简单性——可以根据治疗需要布置不同的家具和设备。
- 良好的隔声效果
- 灵活的环境控制
- 可控的灯光

治疗计划轨迹

日间精神疾病诊所的基本设计因素中包括“轨迹”的概念。轨迹是指针对个体，有相似要求的一些特殊项目，如：

- 成人治疗项目
- 妇女治疗项目
- 儿童和青少年治疗项目
- 成瘾者治疗项目
- 双重诊断治疗项目

新的霍尔－布鲁克日间护理诊所提供了两个成人轨迹空间，可容纳最多60个需要准住院治疗的病人，第三个轨迹空间设在霍尔－布鲁克医院内的一个教学楼上，可容纳20名儿童和青少年进行单独的治疗。治疗过程一般持续3～6个小时，通常还包括一顿饭或者点心。治疗项目包括以下部分：

- 个人辅导
- 群体治疗
- 社会互动

轨迹空间应与下面几个区域相通：

- 医生办公室
- 卫生间
- 护士站
- 药品分发站
- 接待处
- 财务室

每个轨迹空间包括许多治疗区，如12～18人的大群体治疗室、6～8人的小群体治疗室、一对一的个人辅导室或家庭交流。

空间应尽可能舒适、安静和隐蔽。可以将走廊特别放宽，以便为治疗前后的非正式的社会互动提供空间。

辅助区

核心治疗空间主要是针对那些在治疗

▶平面关系示意图，满足病人对私密性的要求，又有一定的灵活性

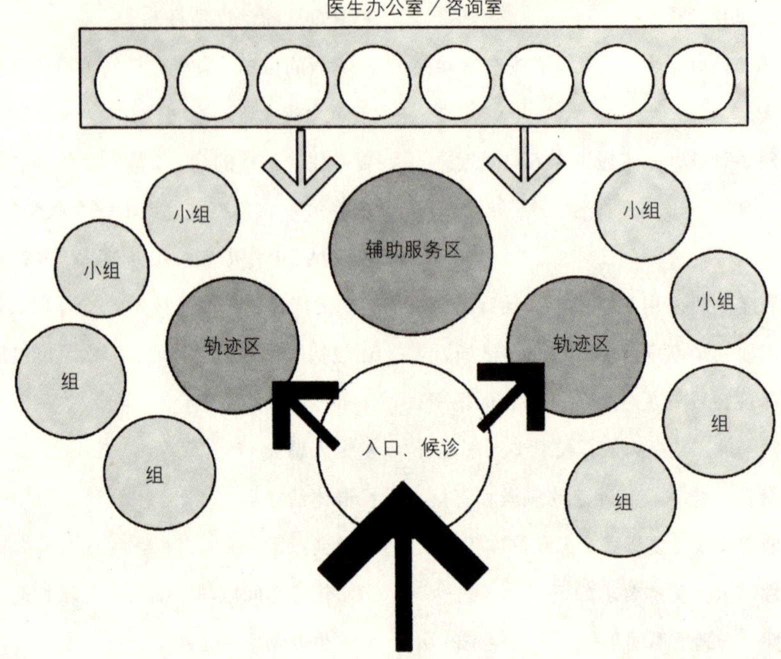

过程中需要接受护理服务和药物治疗的准住院病人提供临床保障，应集中设置于接待和护士站附近，包括：

- 人员配置齐全的护士站
- 采用玻璃封闭的计划室
- 内部工作区
- 药房
- 小的功能室
- 储存室等

医师办公室

门诊病人的治疗、个人及家庭的辅导一般在医师办公室进行，对此有以下要求：

- 医师和管理人员可以便利地进出，与一些特殊服务区联系方便。
- 设置可供管理人员和团队开会的会议室。
- 设计能提升私密感和舒适感。

中心社区室

霍尔－布鲁克医院的轨迹空间包含一个社区的概念，每个轨迹都有专门的空间，不同轨迹之间的病人相互隔离。每个

轨迹空间都围绕在一个中心社区室/病人休息室的周围。中心社区室能提供以下功能：

- 一个进行社交、聚集、休息和用餐等活动的场所
- 一个中转点
- 一个暂时保存病人物品的地方
- 一个轨迹空间的总部
- 一个设有冰箱、水池和微波炉的厨房

其他有关规划的因素

尽管标准轨迹区域在霍尔－布鲁克日间护理诊所中是最为基本的空间，但其仍有一些配套要求：

- 公共大厅/前门区
- 一个保障功能核心
- 临床和管理办公室
- 一些特殊的治疗项目区

流线和规划

在规划流线系统时应考虑下列情况：

- 应将参观者、服务及管理功能与临床功能的流线系统分开。
- 应为门诊病人提供一个候诊区，临床医生办公室能观察到这个区域。
- 在轨迹空间中治疗的病人应可以由大厅直接到达总部。
- 住院病人和门诊病人的治疗服务应独立进行，但应可以使用一些共用的资源，如康复活动室、食堂等。

安全/防护/耐久问题

尽管门诊精神病患者被假定为不会对自己或他人构成威胁，但在设计过程中应充分考虑有关安全和控制问题。可以采用下面一些措施，既满足安全性和耐久性，又确保环境的愉快、舒适和功能。

- 钢化玻璃窗
- 纤维加强石膏板墙面
- 在不便于监督管理的地方采用实心石膏顶棚
- 水、电和机械系统应设计安装得牢固

室内设计

霍尔－布鲁克医院以及其他的一些精神健康中心的室内设计与一般护理中心明显不同，因为它们对治疗环境的要求不同，其治疗组织是临床过程、治疗及身体状况的结合。这也就对室内环境提出了新的要求，要综合利用每一个因素，以期达到环境的舒适、平和与安全要求之间的平衡。

日间精神疾病治疗设施应耐用、可控、灵活及安全，同时还能满足病人和医护人员对情绪和精神上的需求。霍尔－布鲁克的室内采用了下面的一些设计手段：

- 柔软、吸声的材料，如走廊中的地毯和治疗室中的吸声墙体构造。
- 色彩和材料都是中性统一的，提供了一个柔和平静的氛围。
- 木制的家具、门和墙饰，提供一个温暖、耐用和适合居住尺度的环境。
- 走廊和治疗室采用间接模糊的灯光。

急诊部

急诊部主要为那些外伤或疾病急需治疗的病人提供诊断和治疗。由于该部门的选址、便利程度及24小时开放的特点，一些不那么紧急的病人也经常来这里接受一些日常的护理或治疗慢性的疾病。目前有趋势保险公司将放弃那些没有基本医疗保险的病人。这些病人和残疾人一般就求助于公立医院的急诊部——这是他们最后的救护所。急诊部，又称ED，通常在医院内是一个独立的区域，服务于各种不同的人群，包括成人、孩子，精神病患者甚至罪犯。

急诊部的位置应便于首次就诊者寻找，救护车也可以方便地进入。应设置一个明显的护士站和分诊处，让进来的病人很快地知道需要到哪个部门去（分诊处的作用是对病人的情况作出迅速的判断，并将病人送到合适的部门）。

当前设计急诊部最大的挑战之一是如何保持足够的灵活性，可以随时应对病人数量的变化，处理种疾病。

剑桥公共卫生联盟

剑桥医院急诊部

剑桥，马萨诸塞州

设计师：Payette Associates，波士顿，马萨诸塞州

合作建筑师：Warner Associates，波士顿，马萨诸塞州

竣工时间：1999年

剑桥医院急诊部有18张抢救床位，是在现有医院内进行的改造，也是一个大型的门诊护理服务延伸和改革方案的一部分。该设计有以下考虑：

- 项目改扩建的规模意味着整个医院布局体系的调整。
- 改建促使医院的主要入口重新布局。
- 重新规划设计将医院的大门数量从6个减少到1个。
- 对所有来医院的病人或探视者来说，只有一个入口，无论他们需要的是门诊、住院，还是急诊服务。新设计的中心大厅附设导引、信息服务、登记和服务，已变成了整个医院活动的中心。
- 停车库位于门诊部的下方，电梯可以将就诊者直接带到中心大厅。
- 重新调整设计后只有惟一的一个入口。病人无论有何需要，目的地都很明确。

规划要点

设计一个高效的急诊部时应考虑以下关键性的问题：

- 方便进出，综合高效
- 功能区清晰
- 各类用房的灵活性
- 人员配置的灵活性
- 医护人员和病人的安全
- 病人隐私和安全

入口和一体化

急诊部和医院相关的各部门保持联系，并且这些联系应尽可能简单化，这点对于急诊部的高效运转是至关重要的。本项目将步行入口与主入口组合在一起，也将门诊病人入口和传统上急诊部独用的紧急入口合在一起。由于医院用地的限制，原来街道一面的入口变成了有顶盖的救护车停靠站。这就使得救护车站点和紧急治疗区相分离，未能达到流线的最优化。

按流程计划，病人可以直接从大街进入玻璃大厅，到达分诊处。分类检查室和个人咨询桌与分诊处直接相邻，以便于病人快速地检查／评估。候诊区在分诊处的正对面，成人和儿童分别候诊，其位置可以确保分诊护士指导病人到达适当的候诊区，直到中心护士将其引入治疗室。

不同寻常的三角形平面可以同时服务于三个区域的病人：快速治疗、成人急诊和儿童急诊。

快速治疗区，主要服务于那些仅仅是轻微的创伤或者是在正常门诊结束后需要看病的病人。位于救护区最前端的快速治疗区包括一个护士站和两个治疗室，与成人候诊区直接相连。这里是一个独立的护理检查单元，那些只有小的创伤或疾病的病人可在此得到医治，不需要与成人急诊的病人接触。

儿童治疗区，在救护区的另一端，有自己的护士站、卫生间和3个治疗室。儿科病人能直接从儿童候诊室进来。儿童区与主护士站通过医生的休息区相连，这里可以透过玻璃窗了解到整个区域的情况，但与成人区声音是隔开的，这样为孩子们保持了一个安静的氛围。

成人治疗区，在救护区的中心，中心护士站位于楼面正中间，成人治疗室安排在救护区的两翼。辅助用房如药房、营养、化验室和医生的会诊、休息室及厕所都设置在其中。

化验室位于中心，同时为三个区域服务，可以快速地提供结果。

服务区的划分

在急诊部有一些特定的服务区域。这些划分明确的区域在急诊部紧张运作时有

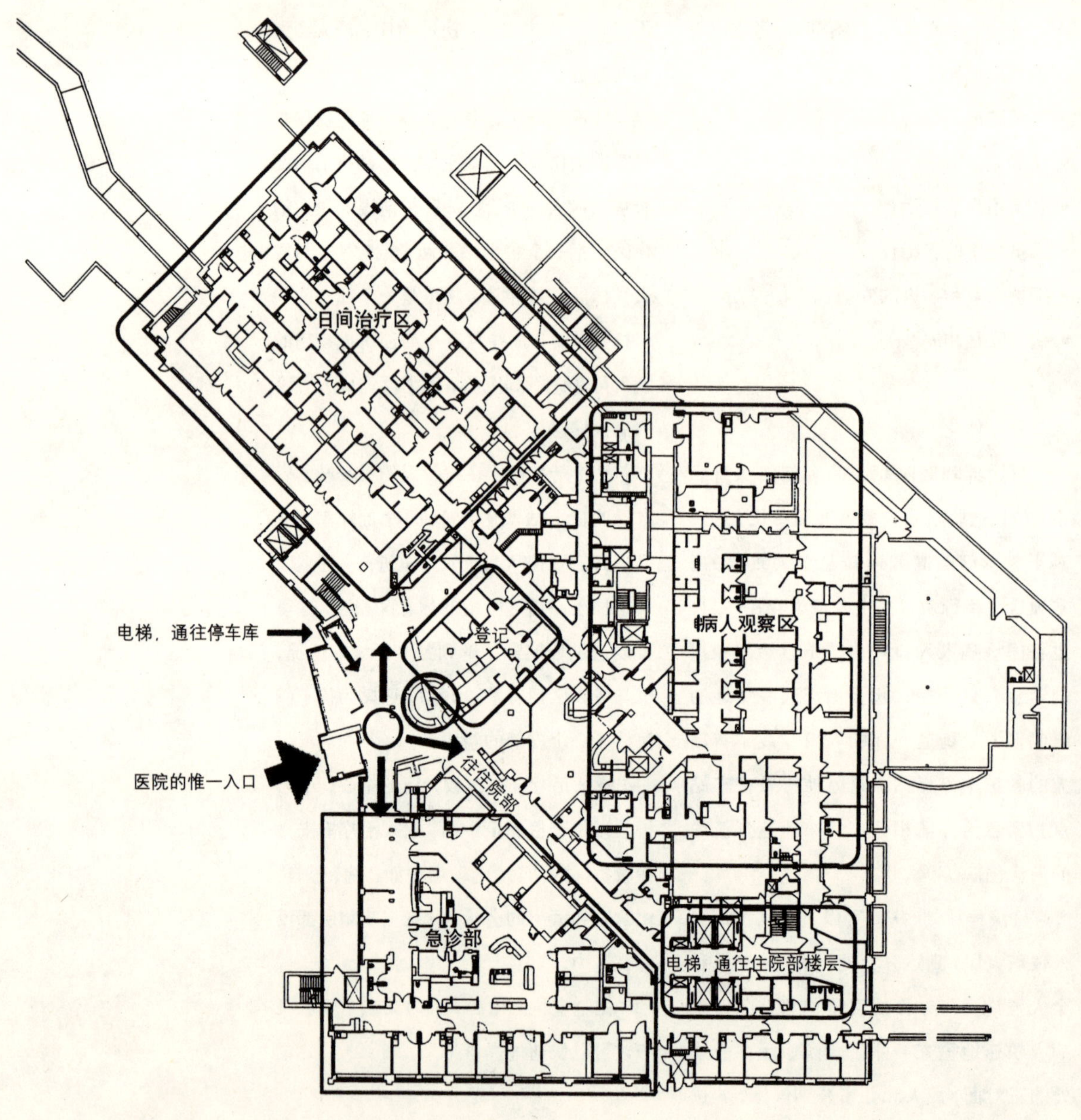

▲平面布置可以规定各区域划分明确，交通顺畅

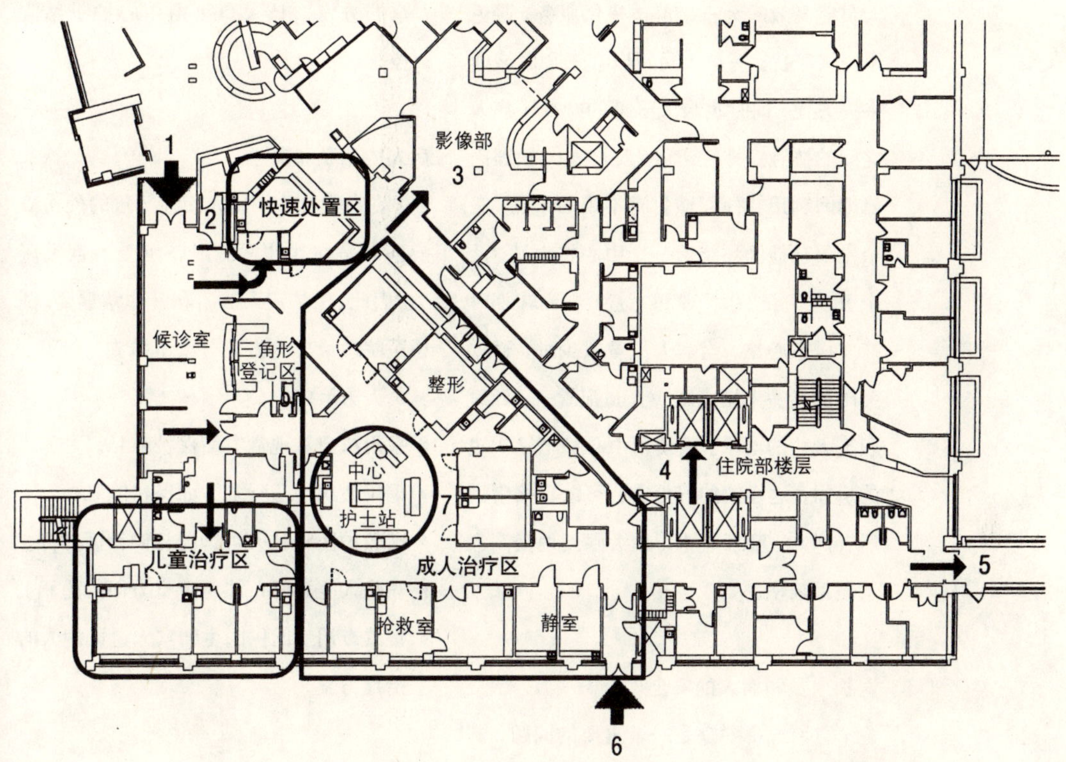

▲各区域有单独的出入口

助于提高护理效果。

- 成人护理区（传统上主要的治疗区）
- 儿童护理区
- 快速治疗区（在急诊部中基本的非紧急护理）
- 独立的“静室”
- 观察室（在剑桥医院没有提供此项服务）

用房的灵活性

剑桥医院急诊部中的18张标准治疗床位不同于正常科室的床位，一般用于特别紧急的护理，其使用依当时情况而定。每天的需要各不相同，采用标准室的设计为房间的使用提供了更大的灵活性。可以利用推车将各种特殊护理设备从护士站分别送到各个房间，减少了病人在候诊室里等待某些配有特殊设备的房间腾空，而其他一些房间是一直空着的可能。

人员配备的灵活性

三角形的平面布局使得急诊部的工作

人员能高效的为三个群体提供服务，避免了交叉干扰。医护人员可以在三个区域间来去方便，同时也最大限度的减少了病人之间的接触。另外，它允许在成人护理高峰期间利用其他区域暂时不用的床位。三个主要功能区环绕着一个中心护士站。两个卫星站（快速护理和儿童）在高峰期时能支援中心站。当病人流量减少时，通过关闭卫星护士站来减少人员配置，降低对职工人数的要求。只使用中心护士站周边的房间，这样做的好处有：可以直接看到所有病人，降低成本，最大限度地提高人员使用效率。

医护人员和病人的安全

急诊部中安全是一个重要的问题，其病人包括罪犯和精神病患者。在设计急诊部时要考虑采取以下安全措施：

- 医护人员和病人都能相互看到。
- 设计时避免人们在护士站和医生休息区迷失，要特别注意急诊和挂号登记区的设计。
- 在每个部门的控制台上安装安全报警装置。
- 如有可能，将医院的安全部门设在急诊部附近，能直接看到候诊区。
- 在急诊部内设置一个独立的区域来隔离那些不能自控的病人。
- 提供一个可控的入口区，以便于药物安全的分发，该入口可由中心护士站监控。

病人的隐私和安全

在急救部中，病人面临严重的外伤或疾病时是往往非常脆弱，承受着巨大压力。因此，保护病人的隐私就非常重要。剑桥医院急诊部这方面有以下措施：

- 单人床治疗室。
- 采用拉帘从视觉方面保护隐私。
- 采用玻璃门从听觉方面保持隐私。
- 在救护区将私人咨询区与候诊区分开。
- 在病人登记时，注意听觉方面的隐私。
- 设置专用房间供医生和家人讨论病人的治疗方案。

流程

急诊部应与医院的其他相关功能区联系在一起：

- 从主入口处可以有直接的步行通道。
- 安全部门可以直接观察到候诊区的情况，并能对急诊部的需求快速地作出反应。
- 影像科应与急诊部联系方便，病人可以方便地进出，并能迅速地得到结果。
- 需要住院的急诊病人可以很快到达住院部交通核心。
- 疑似精神病患者应可以隐蔽地被送到医院的精神病病房。

- 救护车和警车能通过一个独立安全的入口进入。
- 应采用专门的升降机联系急诊部登记处和上面的医案室。

特殊的设计要点

急诊、成人和儿童的治疗室有同样的使用要求，必须按照规范进行。下面列出了一些必备的设备，这些设备需要在治疗室内有一个合理的布局。内部布置和医务人员的工作习惯必须吻合。无论是进行重大的救治还是普通的治疗，所有的治疗室都应有合理规范的布置，以便于医护人员高效地工作。

- 可调节的治疗床，可以满足妇产科和眼科病人治疗的需要
- 洗手池
- 工作台
- 顶部的储物柜
- 检查时保护病人隐私的拉帘
- 玻璃移门，供保护病人隐私用
- 医用设备吊塔（气体、真空、电源插座）
- 与中心护士站相连的病人监护仪
- 灭菌的紫外线灯
- 护士呼叫按纽
- 紧急抢救按纽
- 电话和内部对讲系统
- 计时钟
- 一般的时钟
- 检查灯
- 悬吊式静脉注射支架
- 锐器／有害物品的容器
- 常规的诊断仪器

考虑进行重大救治的治疗室一般需要准备进行诸如心脏或小型的介入治疗，为了满足这些治疗活动要求，房间要适当放大，可以容纳更多的移动设备和医护人员。特殊的设备包括：

- 医用气体和真空吸引
- X 光机
- 专用的心电图(EKG)推车
- 治疗心脏病突发的专用推车

急诊治疗用房一般按照一个通用的形式配置，在一般的急诊部的中心护士站附近安排带专用设备的推车，包括：

- 手术缝合车
- 石膏车
- 妇科设备车
- 眼科设备车
- EKG 车
- 应急车
- 麻醉车
- 专用的诊断设备车

除了外科治疗室和一个儿童治疗室外，剑桥医院急诊部所有的治疗室都设有一个单人床位。许多房间通过外墙顶部的毛玻璃透进自然光，既不影响病人的隐私又使房间充满生气。

专门的治疗室

外科治疗室

主要用来接合断掉的骨头。房间的大小应满足操作方便的要求，并能放置全套的小型治疗工具和以下一些特殊设备：

- 带有石膏夹的石膏槽
- 手工和电动的石膏锯
- X线观片箱
- 敷料和拐杖的贮存空间

抢救室

急诊部最重要的房间之一，其空间应可以保证各科医护人员最大限度地接近床边抢救。它可以用于心脏病急性发作的治疗及其他一些需要以最快速最高效的紧急复苏和治疗。抢救室一般设在救护车停车场附近，便于迅速转送病人。特殊的设施提供包括：

- 先进的床头设备
- 固定配置的EKG推车和急救推车
- 手术室洗手池
- X线观片箱
- 移动式的手术灯
- 设于墙内，可以迅速得到清洁供应物品补充的储物柜

静室

专为精神病人或被监禁的病人设置。该用房应直接与救护车停车场相邻，便于快速转移病人。它们有以下一些特殊要求：

- 门可以从外部进行控制。
- 可以固定到地面上的治疗床，以防被翻掉。
- 防攀爬的顶棚，防止病人逃跑。
- 隔声的墙和门，防止影响到急诊部其他区域。

其他一些设计要点

- 尽可能多的为医护人员和病人提供自然光线。
- 尽可能通过设置单床间、房间之间做好隔声处理、将吵闹的病人与急诊部其他病人分开、将成人和儿童分开等方法保持一个安静、平和的氛围。
- 设计一个清晰的道路系统，减少病人就诊时的不便。医院和急诊部的大门应明显易认，分诊处应位于病人一进门就能见到的地方。

机械／电气系统

急诊部在医院内是一个独立的部门，采用100%的新风供应，不考虑空气循环利用，需要保持空气系统的独立。治疗室应保证足够的换气次数。在剑桥医院急诊部，大多数治疗室都采用独立的空气系统，以防止医护人员和其他病人受到交叉感染。按规范要求，有两个房间专用于隔

离治疗，设置必要的压力监测和报警装置。

电气系统设计时需考虑提供应急电源，在停电时为关键的护理设备和监护提供电力。设计还应注意包括床头网络的设置以便于将来一体化的病案系统的结合。

运营／维护

- 护士站的设置应满足医护人员的工作需要，例如有好的视线来监控病人等。合理设置护士站有助于最大限度地减少重复劳动，降低对医护人员数量的要求，从而降低了医院的运行成本。
- 为医护人员会诊提供一个固定的场所。
- 恰当地安排分诊护士和值班护士之间的工作配合，从而有效地监控进入的病人，并引导他们进入合适的治疗场所。
- 治疗室中用无缝的地板处理以防污染。
- 采用抗冲击的护墙板保护墙裙。
- 在墙体的上部区域尽可能采用一些令人愉快的色彩。

妇女健康护理中心

妇女健康护理中心中绝大多数检查护理都具有高度的个人化特点，在设计和布局时特别注意保护病人的隐私和焦虑。来护理中心作妇科检查，特别是非常规性检查的病人，通常都会有隐私和舒适方面的需要。如果设计满足了这方面的要求，就可以减轻她们不必要的顾虑，放松心情，尽管有些紧张是固有的。因为这类设施的服务对象往往都是女性，女职工也占绝大多数，所以医疗和服务区的设计应适应女性的需要。

在上述思想的指导下，许多护理中心在设计中将其作为首要原则，无论其是为一般的妇女健康服务，还是有某些特殊的服务对象。女性健康护理产业已经派生出一种特殊的门诊病人护理模式，以前所未有的方式将顾客的需求和医疗服务结合起来。护理中心可以提供一系列的服务，从针刺疗法和按摩到高科技成像，从为病人的小孩照管到设备完备的实验室和检查室。这些中心注重在提供全面的治疗（从诊断到后来的治疗）服务的同时，营造一个舒适、轻松的氛围。

斯彭斯妇女健康中心(Spence Center for Women's Health)

韦尔斯利(Wellesley)，马萨诸塞州

建筑师：RUR Architecture P.C.，多布斯费里(Dobbs Ferry)，纽约

设计记录：Andrew Cohen Cambridge，马萨诸塞州

竣工时间：1996年

中缅因州医疗中心(Central Maine Medical Center)
萨姆和珍妮·贝内特胸部护理中心(The Sam & Jennie Bennett Breast Care Center)
刘易斯顿(Lewiston)，缅因州
设计：Harriman Associates，奥本(Auburn)，缅因州
竣工时间：1998年

建造一个能够治疗所有女性健康问题的医疗设施，斯彭斯妇女健康中心的设计将其治疗功能融入到了轻松愉快的气氛中。暖意浓浓的卤素灯和白炽灯替代了常规的荧光灯，鲜花和专为顾客设计的家具营造了一个放松、愉快的氛围。整个6000平方英尺的区域采用了刻蚀般的外形。病人从接待室到检查室的路上有充分的私密性。

萨姆和珍妮·贝内特胸部护理中心与缅因州医疗中心连在一起，专门提供各个阶段的胸部护理——从常规的乳腺X线摄影术、乳房填充、乳腺癌和相关疾病的诊断治疗等。现场各科专家的密切配合能使病人在同一地点接受各种服务，也要求医生更快更有效地治疗各自的病人。

4200平方英尺的用房设计时充分考虑到私密性方面的要求，利用自然的色彩和舒适的家具来减轻病人的焦虑。

规划要点

下面是基本的设计要求，按顺序列出一系列场所。

斯彭斯中心

- 公共场所：接待/候诊区、儿童活动区、健康护理书店、办公室
- 半公共场所：教育/班级空间、运动空间、更衣室和淋浴处
- 可替代药物治疗的服务：按摩和针刺疗法空间
- 私密场所：一般的检查室和服务、内部候诊区
- 实验室、技术和设备区、医生办公室、医案贮存室

贝内特胸部护理中心

- 公共场所：接待/候诊区
- 半公共场所：教育/后勤辅助区
- 私密场所：检查室、操作室、柜子、更衣室、内部候诊和图书馆区
- 技术和设备区、医生办公室、医案贮存室

流线

斯彭斯中心

在中心内部，病人经由连续的、开放程度逐渐降低的一系列空间，直到一个几乎完全隐密的候诊室，而后接受各种检查

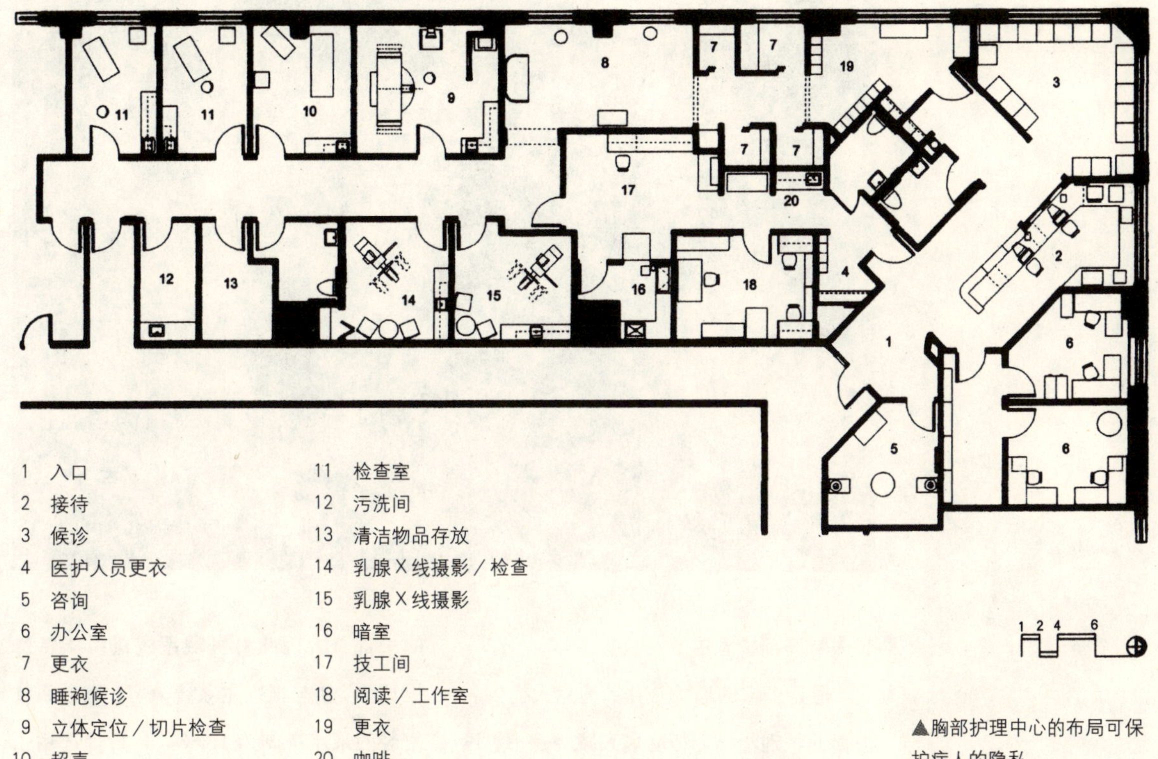

▲胸部护理中心的布局可保护病人的隐私

和治疗。

贝内特胸部护理中心

通过将病人和工作人员的流线完全分离来保证病人的隐私。更衣室和候诊区与检查室直接相连，与中心的公共区域分开。

特殊的设计要求

设计时应牢记项目是专门为女性使用者设计的，上述两个中心的设计都通过在整个病人活动区营造高级水疗般的氛围来减轻病人的焦虑。

斯彭斯中心

现代的线条，温暖的色调和质地，家庭化的灯光，设计者尽量避免让人联想起传统的健康护理中心。设计还将其他服务内容如健康教育、锻炼课程、按摩、针灸和儿童娱乐等结合进来，以鼓励更多使用者的光顾。

▶斯彭斯中心简洁现代的室内风格塑造了良好的氛围

贝内特胸部护理中心

通过专家的通力合作，为病人提供各方面的护理治疗，帮助病人减轻焦虑。设计将病人区和内部工作区相分离。高的顶棚、自然光线、柔和的木色和带有海边胜地的自然色彩集合在一起，为中心增添了高级水疗一样的感觉。

场地设计

和其他门诊护理中心一样，选择场地时首先应考虑出入的方便和有足够的停车场，如有可能还应考虑周边是否有足够的空间以便将来的发展。

机械系统

贝内特乳房护理中心是已建好的建筑的一部分，因此对机械系统进行了特殊设计，以便与楼内主系统兼容。机械系统安装的最小净高为12英尺。设计选用了可独立控制的变风量空气系统，排除房间中设备产生的热量，调整温度，让病人感觉更舒适。另外，还需对厕所和暗室进行排风。

电气／通信系统

随着健康护理技术的发展，两个中心都采用了集电话、对讲和网络于一体的方式进行设计。另外，贝内特胸部护理中心的信息系统（包括电脑网络、发电机、消防、保安和应急系统）与缅因州医疗中心的网络中心直接相连。

噪声控制

上述中心的噪声控制的关键是将区域进行合理的划分。另外，地毯、实木门以及隔声的墙体和顶棚都有助于控制声音的传播，从而营造了一个安静私密的环境。

照明设计

斯彭斯中心

在公共和交通区域，都是将低压的卤素顶灯、壁灯和色调柔和的荧光灯组合在一起，产生了照度良好、感觉舒服的空间。在检查室内，顶部的荧光灯与两侧的壁灯组合得到最大的亮度而又不刺眼。

贝内特胸部护理中心

宽大的窗户透进足够的自然光线，照亮了整个候诊室。公共场所的台灯以及照在艺术品上的灯光都能提供家一样的氛围。检查室和治疗室内的灯光都可以根据需要调节，以适应各种情况。医护人员可以方便地读片，观察电脑屏幕。

内部装修

斯彭斯中心

弧形的墙面（规则的锦砖、金属饰钉）在建造时既不困难，也不昂贵。设计者在一个相对窄小的空间内确立了流线，并通过选择色彩和材料创造了一个宽敞舒适的氛围，并形成从公共场所逐步向私密场所的过渡。

▲贝内特胸部护理中心睡袍候诊区尽量风格强化了休闲放松的气氛，保证了病人的隐私

贝内特胸部护理中心

通过采用统一协调的色彩图案、装修细部，选择合适的家具风格、织物式样、工艺品以及灯光，形成一个放松休闲的环境。丰富的色彩与自然光线的结合使用增强了病人的舒适感。

指引标识

定制的标识、图案和两个中心的专用标识成为一体。虽然医疗流程不同，在两个中心里病人的流线都是单向惟一的。

资金、费用及可操作性

如果中心是私营的（如斯彭斯女性健康中心），设计和建造的费用由个人承担；

如果是医院所有（如贝内特胸部护理中心），则主要通过上一级的医疗公司投资以及私人捐赠，捐赠者的名字将刻在入口处和候诊室的纪念板上。

心脏中心

心脏中心为心血管病人提供各种诊断、治疗和康复服务。成功的设计应体现心脏病治疗的原则，即早期检查、预防及心理社会服务等。

莫顿医院心血管部（Morton Plant Hospital Heart and Vascular Pavilion）

克利尔沃特（Clearwater），佛罗里达州

设计：TRO/The Ritchie Organization，萨拉托加（Sarasota），佛罗里达州

竣工时间：1996 年

▼以病人的要求为出发点，有些类似宾馆的风格

莫顿医院的鲍维尔心血管部（The Powell Check Heart and Vascular Pavilion）是一个 10.2 万平方英尺的 4 层独立建筑，主要提供心血管疾病治疗和保健服务。心血管部提供以下服务：

- 介入和非介入的诊断和治疗
- 心脏康复治疗
- 运动监护
- 营养和培训教育
- 糖尿病患者的饮食起居
- 伤口处置和氧疗

医疗设施各个部门都有一种旅馆式的氛围。在入口处有导医迎接新的就诊者，并引导他们到达各自的目的地。从建筑内外都可以看到一楼的健康中心、餐厅、教育报厅和休息室；二楼是诊疗空间，包括介入和非介入手术室及会议室；再上面两层是医生办公室。

规划要点

规划的关键是为病人营造一种轻松的环境氛围：

- 场地选定时要考虑出入便捷
- 社区的扩展延伸
- 综合的治疗手段
- 便于扩建

为了更好地宣传心血管健康理念，减少人们对心血管疾病治疗和康复的忧虑，

鲍维尔心血管部的选址可以让公众方便地来访。当病人和来访者到医院咨询或接受治疗的时候，希望有方便的停车。在莫顿心血管部设有一个5层的停车库。为减少病人往返劳顿，车库的工作人员用高尔夫车接送病人／来访者。

基地／通道设计

- 在大型医院院区或居民区附近设置心脏中心，提高大众的健康观念。
- 为病人／来访者提供有顶盖遮护的出入口，通道应能允许两辆车并排通过。
- 为残疾病人提供方便的通道。

社区的扩展延伸

心血管部设在医院的主入口附近。作为入口区域的重要组成部分，标志着医院在社区中的形象。会议室对社区开放，争取其成员对医院发展的支持。会议室设在二楼，来访者将穿越一楼，感受到亲切宜人的环境，可以提高各类服务设施的利用率。

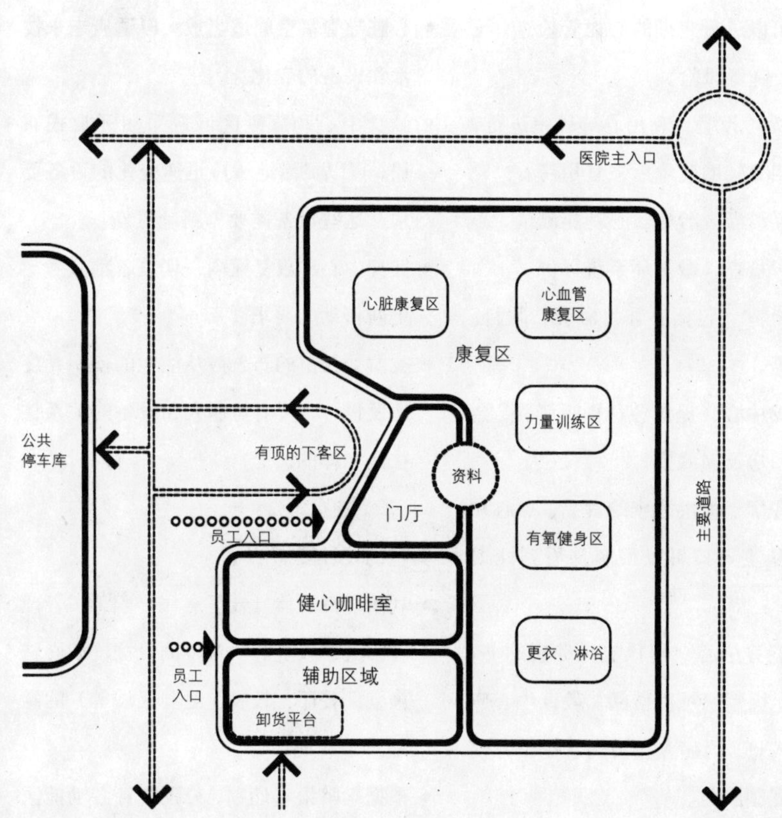

◀方便地出入是最基本的要求

综合的治疗手段

莫顿医院这样规模的医院可以提供全面的心血管医疗服务：

- *健身中心*　提供各种锻炼设施，如跑步机、健美操练习场地和特殊的运动/康复训练。运动的场地在公众的视野范围内，也需注意个人的私密要求。
- *心脏疾病康复*　监护心脏病康复病人及心脏手术病人的术后锻炼。宜将心脏疾病康复区和健康中心设置在一起，中间略加分隔。康复患者将可以从健康运动的健身者那里获得精神鼓励。
- *评估*　可以进行定期的心血管检查，及早治疗，降低风险。
- *介入诊断/治疗*　利用心导管室进行，需设置相关辅助及术后恢复用房。
- *非介入性诊断/治疗*　心功能测试，心血管超声检查，微循环系统评价。
- *医生办公室*　包括心脏、血管、胸科、放射科等。
- *社区会议中心*　提供各种视听资料、会议交流用房及储藏室。
- *零点/餐厅*　提供健康的食品、点心和饮料，从主入口可以很容易看到此餐厅。
- *图书/教育中心*　提供有关健康的书，小册子，视频仪可供借阅。教育中心应靠近主入口，为病人和访问者提供方便的复印复制服务。

便于扩建

确保未来扩展的可能。尽管使用方可能无法预见5～10年的需求变化，但当前的设计一定要便于以后的扩建。

- 如果可能，在邻近可能扩建的区域设置诊室和心导管室等用房。
- 检查室和治疗室之间使用同一种垂直墙体，以便于将来重新分隔。
- 在健身区尽可能在楼面内统一布置各种管道系统，以便将来设备移位或更新之需。
- 装修布置力求简洁，便于将来改造。
- 心脏导管室空间适当放大以适应未来技术和设备的变化。
- 健身中心和康复区域应采用开放式布局，可以灵活地适应迅速变化的设备要求，这些设备需要不断地更新。
- 健身中心和康复区内一切设备都应考虑更新移动的要求。
- 类似处置室的布置应从医生的使用角度出发设计，医生与病人和设备的关系往往是一样的。

其他的设计要点

- 利用焦点群体（社区居民、职工、管理者、医护人员等）对不同设施（如心脏康复、餐厅、教育、健身区域等）的意见。
- 根据年龄组和性别，分别统计各功能区

使用者（健身中心、居民教育、心脏康复、餐饮服务、医生预约等）的数量和使用时间。

- 不同设施的使用时间。
- 各类诊断治疗的数量，当前的和预期的。

流程／空间规划

流程规划要符合如下设计目标：

- 尽量缩短病人在建筑内的步行时间。一个浅浅的U形平面结合中走廊的布置，可以方便地由中心到达建筑的任何区域。指示标识简单明了。康复／健身中心包含了所有的配套设施，如儿童看护、更衣、健身和康复中心及活动用房。
- 为病人提供一个参考定位点，例如在U形走廊的中部，由入口引至中庭休息室。中庭在二层贯通，成为一二层所有活动的出发点。
- 将以病人为中心的服务设施设在显眼的地方。从中庭休息室可以清楚地看到健身中心、图书馆、咖啡厅，在充当定位参考点的同时，也有助于提升公众的健康水平。
- 将介入与非介入区域分离。应将诊断／治疗区域与康复／健身区分开。为提高工作效率，介入和非介入区域应该共享管理空间。
- 根据不同的服务内容和使用者划分不同的区域。
- 宣教和公共健康信息区应该明确标示，且集中设置。
- 有序地将病人分流到各检查和临床治疗区域。
- 确立严格的独立服务入口。

机械／电气系统

为了给使用者提供舒适的环境，室内空气温度应根据不同要求调节控制。例如，健身区和候诊区对气温就有不同的要求。

▼二层"U"形布局划分为介入区、非介入区和社区教育

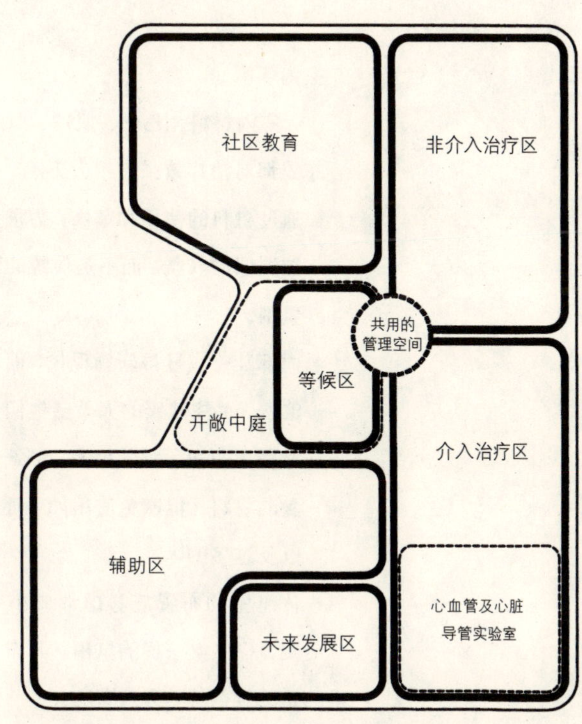

健身中心埋设于地下的管道系统可以适应安装新设备需要或调整原有设备，如踏车、固定式自行车布局的要求。地下管道系统也能按需要设置遥感监测系统，用以收集分散的数据。遥感监测是指收集设备使用者的基本信息，并将数据整理储存在中央数据收集站的方法。使用者也可以通过个人的监视器了解自己的基本信息。

安全

应考虑运营的时间和相应的安全措施。健身中心24小时开放，需要有专门的安全和监护措施。

室内环境

室内材料、色彩、肌理、灯光的选择布置都对治疗效果有很大影响。

- 通过材料的使用和装修，力求建立一种旅馆似的气氛，而不是传统的医院里的氛围。
- 内部装修应显得新颖现代，而不是奢侈浪费。关注健康的人希望他们支付的医疗费用花在所需的地方。尽量使用高质量的材料，但避免使用如大理石、黄铜以及过多的木材。
- 休息室的布置应考虑形成小规模的组团，提供家一样的氛围。其布置应有一定的灵活性，可以满足大型交流活动的需要。
- 健身中心要多使用玻璃，引入自然光线，以加强健康环境的印象。可以使用半透明的隔断提供必要的私密空间。
- 会议室要配备多媒体设备，其内部分隔可根据需要进行调整为2个小组或1个大组。
- 采用大窗户，最大限度地让阳光射进来。为适应不同的需要，内部的隔断尽可能设计成可移动式的。
- 不同治疗室的门采用不同的颜色，这种颜色要易于改变，以反映将来的用途。
- 所有的家具，装修和辅助设施都应该易于维护和更新。

遵守规范/《美国残障人士法案》

因为所提供的服务和使用者的多样性，设计者要充分理解规范的要求，关心那些使用者的要求。

噪声控制

因为个人的爱好不一，避免在建筑中使用广播，可以为健身中心的使用者提供耳机。

指向标识

设计中应注意建立一些地标式的场所，减少使用者迷失的可能。在莫顿医院，中庭空间可以兼作地标。

其他的特殊设计点

- 通过开放和视觉形象塑造健康的形象。
- 所有设计都需考虑未来变化的需求，变化时不能中断现有的服务。
- 健身和零售区应该有一个优美的环境，避免类似医院的氛围。
- 考虑到资金偿付的要求，心脏康复区必须和普通的康复／健身区域分开，其设备只能为心脏康复病人专用。

肿瘤中心

独立的肿瘤中心提供诸如CT、放射、放射肿瘤治疗仪和核磁共振等服务，协助进行肿瘤的诊断和治疗。肿瘤中心一般拥有肿瘤学、放射、血液学、外科和化疗方面的临床专家。在设计肿瘤中心时，设计师们所面临的一个有挑战性的问题是：如何将各方面专家的要求整合在一起，保证整体联系的便利，同时满足不同病人对私密性的需要。

格林尼治医院肿瘤中心(Greenwich Hospital Cancer Center)

格林尼治，康涅狄格州

设计师：Payette Associates公司，波士顿，马萨诸塞州

竣工时间：1993年

格林尼治医院肿瘤中心建筑面积7.2万平方英尺，邻近医院独立设置。一楼全部作为肿瘤中心，楼上是医生办公室。地下室采用5层立体车架式停车，可供90辆汽车停放。肿瘤中心的规划要求对其周边的自然环境及建筑的尺度、形象和景观等方面进行考虑。

规划要点

规划决定了设计，尤其要引起注意：

- 由于诊疗病人和治疗病人的要求不同，其使用空间必须分离。
- 病人治疗期间，应该给患者家属提供休息等候空间。
- 化疗区应给病人提供不同层次的私密空间，从敞开的隔间到小房间。这样有利于适应不同年龄、不同程度的患者的需要。
- 应为接受免疫抑制治疗的病人提供至少一间正压或负压室。
- 在格林尼治医院肿瘤中心，医生办公室设在化疗区的两边，他们可以合用中间的诊室。办公室和诊室的距离尽可能缩短，以节约医生的时间。
- 护士站应设于化疗区的正前方，可以直接看到就诊的病人。
- 登记处和辅助区（包括会议室、图书馆

▶将停车库设在建筑下部，既方便病人出入，又有利于环境美化

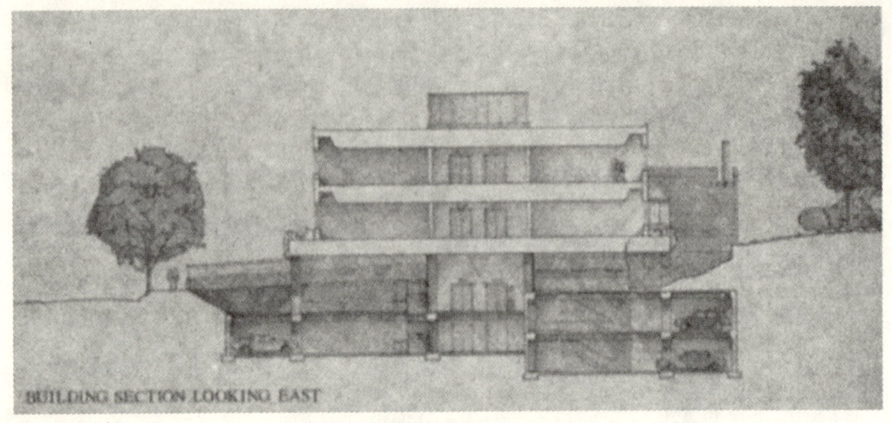

和门厅等）应集中设置。

- 化疗科和放疗科应分别设置候诊区域。
- 确定设计方案时应听取病人的意见。
- 确定一个合理的模数以适应不同的需求，常用模数为28～30英尺，最小为26英尺。

考虑未来发展要求：

- 预留未来直线加速器的位置。
- 预留发展空间。
- 办公空间考虑管道安装要求，以便将来可能改造为检查室。
- 不要低估取血或化验室的空间，肿瘤中心中上述空间使用最为频繁，未来很有可能需要扩展。

场地规划

格林尼治医院肿瘤中心的停车场和车道设置在建筑下面，保证了建筑对基地的充分利用。除了可以减少停车对周边的影响以外，这种布置也简化了病人进入中心的程序。病人上部一直有顶盖，从停车场经最短的距离就可以进入中心，而这一段往往是肿瘤病人就医过程中心情最为压抑的地方之一。

设计要点

通过对建筑物使用功能的仔细分析，肿瘤中心巨大的建筑体量被分散化。医生办公室和检查室占据了主要的区域，立面上凹进去的地方则作为每个单元的候诊室。

从技术角度，将门诊医疗中心和周边

的住区环境结合起来有以下几点：

- 将建筑和周围环境融为一体，而不是形成一个封闭的孤岛。在格林尼治肿瘤中心，利用本地特有的石头墙、长凳和植物的配置，逐步将建筑与街区环境结合起来。
- 控制建筑体量，与周围居住建筑的比例、尺度相协调。
- 提供社区会议室，为志愿者团体和居民提供咨询服务。
- 确保外部服务设施外观上不过于显著。
- 考虑到步行者和车辆出入的方便，格林尼治医院肿瘤中心为方便病人建立了新的公共汽车站点。

在肿瘤中心的设计中，特殊地考虑到自然光线的作用。它有利于病人和陪护人员确定方位，为化疗病人提供精神上的支持，他们往往要坚持几个小时的治疗，陪护人员同样要等待好长时间。每个医生办公室和治疗室都有外窗，化疗室和候诊室也有大的窗户，可以直接看到外面花园的优美风景。

- 自然光线和优美的风景有助于病人在建筑中活动。
- 自然光线可以提供方向感，减少指示牌的数量。
- 当病人接受长时间治疗时，自然光线还可以为他们提供有变化的景观。

▲花园为门诊病人出入提供了很好的缓冲空间

室内外的空间的结合可以大大地优化建筑室内的效果。两个主要的人行入口设计成病人和陪护者可以离开喧嚣的街道空间，进入到一种平和安静的环境。沿着南面的入口进入肿瘤中心时，行人可以看到一系列正对着候诊室的楼顶花园。

直线加速器是一种利用放射线为病人治疗的大型仪器，要求有专门的房间和迷路设置，往往会给人一种冰冷和压抑的感觉。在格林尼治肿瘤中心，直线加速器室设在地上，入口处可以看到外面的阳光和小花园。这样可以有助于减少病人的焦虑

▶开向一个小花园的窗户将自然光线引入到治疗区

和紧张。

透析中心

与其他医疗设施相比，透析中心的设计有其独特的地方。肾病病人需要接受经常的治疗，具体视病情而定，通常一周一次，也有每天都需要进行透析治疗的。通常的透析过程需持续2～6个小时，在此过程中，病人必须保持一定的姿势。这就要求设计者对相关的审美细部及娱乐的可能性有所考虑。治疗过程要求空间布局充分符合医疗流程需要，同时还能够保持一定的舒适及居家氛围。病人所处的空间应有必要的私密性，又能保证医护人员方便地监护。恰当地考虑这些看似冲突的要求，会带给设计者一些有趣的挑战——其中往往包括平面上一些细部的处理，如体重秤设置的位置等。

圣徒纪念医学中心门诊透析单元，洛厄尔，马萨诸塞州

设计：Payette Associates Inc.

竣工时间：1999年

在设计该透析单元的过程中一个主要问题是选址问题。尽管从经济角度考虑最好将透析单元和医疗中心合并设置，但透析病人的出入问题最终决定了透析单元作为医疗中心的一部分独立设置。每周透析病人都要在透析机旁进行数小时的治疗，他们以及医护人员的观点在确定透析单元的设计时发挥了很重要的作用。中心透析治疗区设计成一个温暖、宽敞、充满阳光的环境，这种环境可以促进医患之间的交流。中心护士站的布局便于护士监测患者的治疗情况，并形成一个半隐秘的工作区域。透析单元还设计了一系列的流体供应系统，包括反渗透液(R/O water)、酸、重硫酸盐等供应给各个使用点，系统有关的管线也采用隐蔽安装，既美观也有助于防止渗漏事

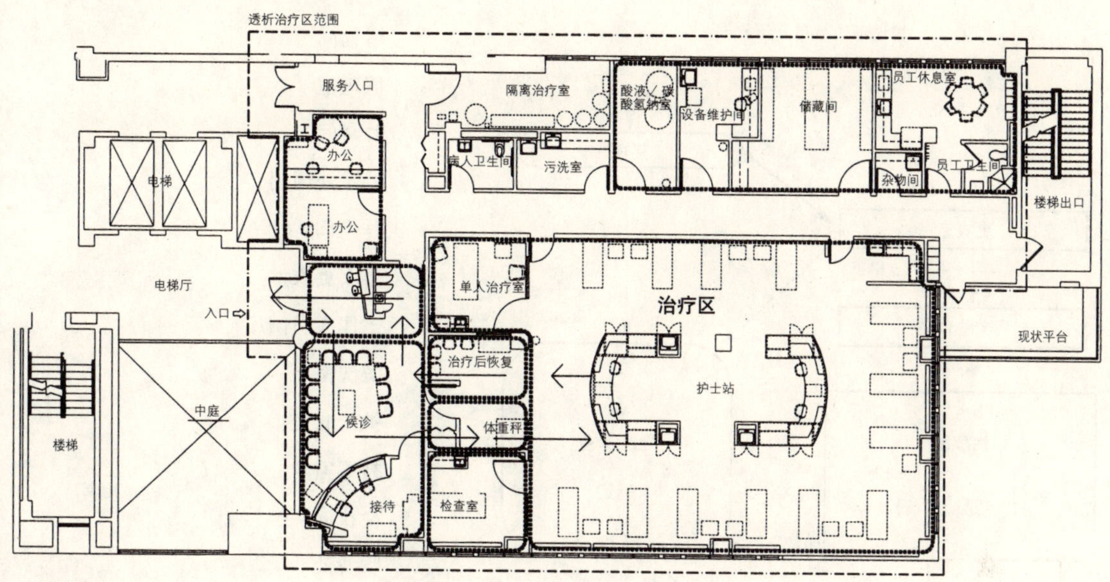

▲按功能进行分区，可以使病人的流线更顺畅

故的发生。系统的设计降低了护士换液的工作量，减轻了病人的不适。分别安装在顶棚上的温控装置可以根据各个病人的特殊需要进行调节，避免了集中取暖系统可能带来的其他影响。吊顶上一圈挑檐将病人的电视面板整齐地组织起来，病人在治疗时可观看各种录像或电视节目。

平面布局

在设计各类空间布局之前，必须明确如下问题：

- 当局对执照的管理要求
- 预期透析病人数量的变化
- 是否提供紧急或常规治疗
- 运营时间
- 为保证正常运作所需的工作人员的数量

一旦确定以上参数就可以进行下一步设计，一般需设置的空间如下：

- 基本的使用空间：

  治疗间

  隔离间

  急诊处

  护士工作站

  配药室

  会议室

  病人盥洗间

  等待及治疗后休息区

  称重室

护理部透析单元流程表

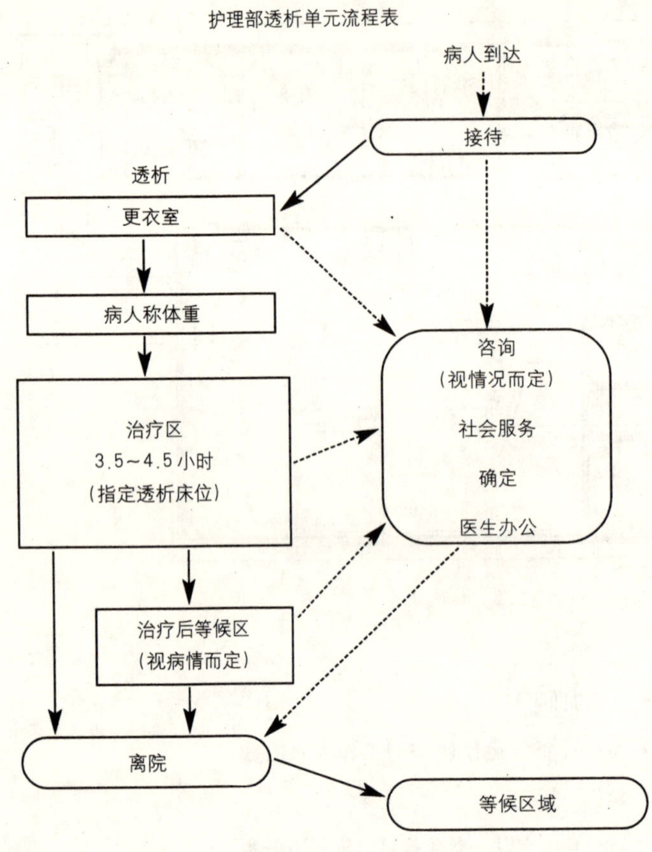

▲中心的布置具有一定的灵活性，可以满足不同病人的要求

- 辅助空间：

  设备储藏室

  准备间

  漂洗准备间

  反渗透液水处理治疗间

  生物治疗间

  轮椅储藏间

  清洗物品存放间

  污物间

  值班室

  贮藏间

  特殊处理间

- 工作空间：

  男女更衣室

  工作人员门厅

  盥洗室

  护士长室

  社工室

  会议间

  收费处

- 家属、探视人员空间：

  等待处

  公共盥洗间

流线

流线的组织应该根据透析治疗的不同阶段和步骤来确定。病人及医护人员的流线应分离，而且线程设计须保证医护人员能够不间断地观测到病人的情况。

在圣徒纪念医学中心，病人在透析单元的流程如下：

- 病人首先到达接待站/等待。
- 进入更衣室。
- 称体重。
- 进入治疗区，确定透析站点，时间3.5～4.5小时不等。
- 透析结束，病人到等候区休息。

- 离开医院。

病人可以在治疗前或治疗后按预约进行各类关于社会活动、饮食和治疗等方面的咨询。

设计要点

各个项目都有特殊的设计考虑，在这个项目中有如下几点：

- 改进已有的设施和空间。在确定是重建还是改建一个透析治疗中心时，要考虑以下因素：该设施是否有足够的水压和水流，各类管道系统和专门设备是否有空间安装。
- 确定反渗透液系统、酸、重硫酸盐等系统设备制造商和供应商。
- 明确以上设备系统对机械、电气、管道、结构和建筑等方面的要求，尤其是一些特殊设备的要求。
- 设置一个集中的护士站，以便于医护人员及技术人员可以方便地监控和保养各类设备。
- 病人可能单独坐轮椅前来就医或由家属陪同前来，这就需要设置足够的等候、接待以及储藏的空间。
- 通常病人的一次治疗过程要持续4～6小时，而且他们的余生往往都要这样度过，因此设计时应注意创造一个舒适的治疗环境。

场地设计／停车／出入口

出入口的设计要满足以下要求：

- 提供一个方便的，铺装合适的病人上下区域。
- 提供足够的停车位，这些停车位应经过特殊设计，便于那些行动不便的透析病人及陪护者使用。
- 为那些需要采用公共交通或出租车的病人提供便利。
- 为担架和急救车提供直接通道。
- 设立方便的接送站点，该接送站点应与病人和工作人员的出入口分离。

应遵守的规定／《美国残障人士法案》

- 考虑到绝大多数透析病人的年龄和身体状况，设计应特别注意和遵守《美国残障人士法案》规范。
- 安全问题，包括必要的备用能源，保证在紧急的情况下维持病人的治疗。因为治疗过程中病人行动困难，需特别注意有关消防设计，医院及病人的护理环境同样都很重要；
- 需仔细查阅当地对管材等的规定，因为反渗透液和酸、重硫酸盐等的输送都有特殊的要求。

能耗／环境问题

- 透析过程中要使用大量的水，设计中必须仔细查阅当地有关废水处理的规定。

结构体系

结构方面包括以下因素：

- 采用大的港湾式布置可以提供最大限度的灵活性，减少对各种液体供应的阻碍。
- 确定不同液体容器及有关设备的每平方英尺荷载，一般有：酸液罐、反渗透液罐、重硫酸盐罐和机械装置等。

机械／管道系统

- 氧气应提供到每个透析站点，一般采用气体吊塔形式。
- 风口的布置应避免对病人产生由上而下的气流，否则，病人治疗过程中可能会觉得冷。
- 可以采用下部的热辐射地板或上部的热辐射顶棚来调节局部的温度。
- 各种液体供应的管道回路中不应有死角，以防止细菌滋生。
- 定期按计划地对管路进行监控、清洗、测试是很重要的，这样可以减少停诊检修的几率，因此管道设计安装应便于检修查看。

电子／通信系统

一般设置以下电子系统：

- 闭路电视和门铃
- 护士和病人之间的紧急呼叫
- 因为大量液体的使用，地面电路故障断路接口必须安装在独立的面板上
- 声音／数据接口
- 电视、录像机、有线电视以及收音机的接口

特殊设备

透析中心有其专门的设备，中心的设计必须与设备对空间、管道、维护等方面的要求相适应，一般有以下几点需注意：

- 反渗透液的处理需要一个专门的房间，由专人负责维护。维护者应作为设计组的合作方或咨询方。水系统应设计安装为连续的环路形式，水管道中尽量避免出现盲端。
- 酸液采用重力流形式流到各透析站点，这就意味着应把酸液贮罐置于楼面之上，需要特别注意管道的长度和贮罐的重量。
- 重硫酸化合物根据需要少量使用，可以采用小瓶分装提供给各个站点，也可以集中大量配制，再通过管道分供给各个透析站点。
- 在病人治疗区的入口处，要有一个大的存放轮椅的地方。
- 透析仪通常由院方确定型号购买，此项决定必须和设计者协商。
- 流体接盒，即透析机和各种流体系统的连接口，一定要从方便使用、维护及美

观的要求出发精心设计。

- 聚丙烯管道设计要避免90度的拐角，尽量减小曲度，防止细菌滋生。

材料

透析中心使用的材料应有别于一般的诊所或医院。透析病人的治疗要持续不少时间，周边环境的设计要使他们感觉像在家中一样自在。

- 治疗区的地面应选用防水材料，至墙边翻起4～6英寸，以防各类液体可能的泼洒。地材可选用聚乙烯、亚麻油或橡塑卷材等经久耐用的材料，要有防滑处理并且易于保养。
- 墙面可考虑选用环氧漆，尤其是维修、水处理、酸和重硫酸盐处理室。
- 水、酸和重硫酸盐的处理房间，必须涂刷防液体溢出的膜或是采用地材向上连续翻起6英寸左右。可以采用坡道以方便进出这些房间，同时也可以符合《美国残障人士法案》要求。另外，地面应坡向中心的地漏，便于房间的冲洗打扫。
- 治疗区可以选用塑料挤压板或类似的防水材料作为护墙裙，既便于维护，容易清洗可能飞溅上去的污点，也可以保护墙体免受设备和病人轮椅的碰擦。
- 内部装修应选用一些木材，为病人提供一种温暖感。木材本身应符合相关的防火要求。

声音控制

噪声易让人心烦意乱，可以考虑采取如下的措施：

- 各种流体在墙体内、顶棚上、地板下的管道中不停地流动，应尽可能选用一些隔声的材料来隔绝吸收噪声。
- 石膏板隔墙要落地安装，以阻断声音的传递。
- 在开敞的透析治疗区，可以通过顶棚高度的变化来降低声音的反射。
- 可以采用可移动的纤维挡板（屏风）来控制噪声，在不影响医护人员监测病人的同时保护病人的隐私。

照明设计

光线可以成为治疗中的重要手段，例如：

- 应该尽可能多地采用自然照明，自然光可以帮助病人在治疗过程中建立时间感。
- 技巧地变换使用直接照明和间接照明，可以使治疗空间不过于诊室化。由于大多数人病人治疗时长时间采取半躺的姿势，照明设计应避免眩光或产生视疲劳。

室内装修

- 应该使用令人心情平和的色彩，但避免

过于压抑或医院化。

- 材料的选用在注意防水耐用的同时，应便于保养。
- 应该提供一些可以吸引病人注意力的设施，如独用的电视、录像机、收音机、有良好景观的外窗等。

指示标识

可以推广色彩、光线和材料的运用，帮助病人确立方向感。指引导向系统应和病人治疗的流程结合起来设置。

操作与维护

- 应和可靠的反渗透液、盐、重硫酸盐供应商建立起合作关系。
- 确立一套完整的包括病人和医护人员在内的工作计划。
- 定期对系统进行维护和清洗，以防细菌滋生。

主要的费用因素

透析中心土建费用为每平方英尺180美元，管道的设计安装也需要大量费用，正常运营中还有水处理等方面的费用。

空间的改造利用

在设计流动救护站时，设计者认识到有可能对已有的建筑做修缮性改建，以满足一种全新的使用要求。例如全国各地连锁零售店的大型无窗建筑看起来只适合作这种用途，通常这类建筑都有一个不止一层的开敞空间。由于经济原因，零售店关闭后，建筑很难发挥别的用途。通过设计者的努力，充分利用已有设施，将原来的大空间进行改造，满足新功能需要多个独立空间的要求，并对建筑外型进行相应的设计改造。

缅因州医疗中心

缅因肿瘤护理中心

斯卡伯勒(Scarborough)，缅因州

设计：Harriman Associates 公司，奥本，缅因州

竣工时间：1998 年

这个10.4万平方英尺的设施不仅代表目前在一个地点提供多种医疗服务的趋势，也是一个将废弃的零售广场改造为现代化的日间医疗中心的范例。

缅因州的肿瘤护理中心是一个具有先进水平的门诊病人肿瘤治疗和研究中心，它是在废弃的kmart零售广场基础上经重新改造建设而成的。该设施包括放射治疗、儿童肿瘤、肿瘤药物、血液病、静脉治疗、内分泌和肥胖等治疗中心，还包括诊断实验室，先进的影像中心和一个培训资源中心。中心位于一条高速公路边，交通便利，有充足的停车位。

◀原来的零售广场外景

▼改造后缅因肿瘤护理中心外景

商场除了钢结构以外的其他设施都被彻底拆除。墙体、楼板以及外面的停车场的沥青都在现场粉碎，填埋成新的停车场。这样不仅节约成本，也减少高速公路上的运输压力。粉碎机把旧的材料压成砾石般的混合物，随后就被用来填埋停车场。

原来盒状的大卖场改建为带穹形顶的建筑，由回廊将3个进口连接起来。回廊为病人提供了遮蔽，将病人引入了玻璃门厅，门厅里透过玻璃可以看到花园。所有这些措施都强化了以病人为中心的理念。红色的砖墙面取代了原先的灰色混凝土砌块，加强了温暖宜人的效果。

卖场里原先巨大开敞的空间被分隔为成百上千个小空间，以适应在这里提供的不同医疗服务的要求。走廊被设计成像城市街道一样，由一系列空间串连在一起，

▲充足的空间可以让设计者为儿童和年轻的病人设置一个活动室

避免了长长的隧道感。顶部的阳光倾泻而下，两侧布置的艺术品和植物使交通空间更加亲切宜人。柔和的色彩和桦木的使用更增添了舒适的气氛。

将一个没有窗户的卖场改造为一个舒适宜人的医疗中心，这对设计者提出了许多新的挑战。建筑的大进深和不同寻常的顶棚高度都增加了亮化公共空间和病人使用空间的难度。通过充分利用侧窗和顶窗的自然光线，内装修和外墙采用暖色调等手法，设计者成功地营造出一种舒适自然的氛围。改造设计的费用平均每平方英尺112美元。

◀天光和周围温暖的色彩可以创造出明快舒适的气氛

参考书目

Allen, Rex Whitaker and Ilona Von Karolyi. *Hospital Planning Handbook.* New York: John Wiley & Sons, 1976.

Ambasz, Emilio. *The Architecture of Luis Barragan.* New York: Museum of Modern Art, 1976. For the creation of light filled, modulated rooms and courts and the creation of a sense of place and calm.

The American Institute of Architects Academy of Architecture for Health. *Guidelines for Design and Construction of Hospital and Healthcare Facilities.* Washington, D.C.: The American Institute of Architects Press, 1996.

Burchell, Robert W. and David Listokin. *The Adaptive Reuse Handbook.* Piscataway, N.J.: The Center for Urban Policy Research, 1981.

Burns, Linda A. *Ambulatory Surgery: Developing and Managing Successful Programs.* Rockville, Md.: Aspen Systems Corp., 1984.

Byard, Paul Spencer. *The Architecture of Additions: Design and Regulation.* New York: W. W. Norton, 1998.

Capman, Janet R. and Myron A. Grant. *Design That Cares: Planning Health Facilities for Patients and Visitors.* American Hospital Publishing, Inc., 1993.

Fischer, Harry W. *Radiology Departments: Planning Operation and Management.* Edwards Brothers, Inc.

Hardy, Owen B. and Lawrence P. Lammers. Hospitals: *The Planning and Design Process.* Rockville, Md.: Aspen Publishers, 1986.

Leibrock, Cynthia. *Design Details for Health: Making the Most of Interior Design's Healing Potential.* New York: John Wiley & Sons, 2000.

Malkin, Jain. *Hospital Interior Architecture: Creating Healing Environments for Special Patient Populations.* New York: Van Nostrand Reinhold, 1992.

Matson, Theodore, ed. *Restructuring for Ambulatory Care: A Guide to Reorganization.* Chicago: American Hospital Association, 1990.

McCoy, Esther. *Five California Architects.* New York: Reinhold, 1960. For inside/outdoor integration: Irving Gill (pp. 59-101), Rudolph Schindler (pp. 153-160), Pueblo Ribera courtyard housing (p. 160), Lovell beach house (pp. 163-65).

Miller, Richard L. and Earl S. Swensson. *New Directions in Hospital and Healthcare Facility Design.* New York: McGraw-Hill, 1995.

Nesmith, Eleanor Lynn. *Health Care Architecture: Designs for the Future.* Washington, D.C.: Rockport Publishers, 1995.

Palmer, Mickey A. *The Architect's Guide to Facility Programming.* Washington, D.C.: American Institute of Architects, 1981.

Pearson, Paul David. *Alvar Aalto.* New York: Whitney Library of Design, 1978. See pp. 84-93 on Paimio Hospital.

Porter, David R. *Hospital Architecture.* AUPHA Press, 1982.

Putsep, Ervin. *Modern Hospital International Planning Practices.* London: Lloyd-Luke, 1981.

Riggs, Leonard M., Jr., ed. *Emergency Department Design.* American College of Emergency Physicians, 1993.

Rostenberg, Bill. *The Architecture of Imaging.* American Hospital Publishing, 1995.

Rostenberg, Bill. *Design Planning for Freestanding Ambulatory Care Facilities.* Chicago: American Hospital Association, 1986.

Symposium on Healthcare Design/Sara O. Marberry, ed. *Innovations in Healthcare Design: Selected Presentations from the First Five Symposia on Healthcare Design.* New York: Van Nostrand Reinhold, 1995.

Taylor, Brian Brace. *Pierre Chareau: Designer and Architect.* New York: Taschen, 1998. See pp. 103-149 on the Maison de Verre, Paris, for courtyard and manipulation of light for interior lighting

Wheeler, E. Todd. *Hospital Design and Function.* New York: McGraw-Hill, 1964.

Wheeler, E. Todd. *Hospital Modernization and Expansion.* New York: McGraw-Hill, 1971.

医疗建筑设计基础：20 个重要的问题

1. 规划

哪些是基本的规划要求（空间类型和面积）？如何与业主探讨？

2. 流线

各类空间之间是否需要联系及重要性？

3. 特殊的设计要点

哪些因素在设计中必须予以重视，是设计过程、更新还是未来的需求？有哪些特殊的流线要求？

4. 场地规划／停车／出入口

对外部交通、出入口和停车有哪些要求？

5. 条例／《美国残障人士法案》

需要考虑哪方面的建筑规范和条例，哪些是主要的适用条款？（如：出入口、电气、管道、《美国残障人士法案》、地震、石棉及其他）

6. 能源／环境保护

可以采用哪些措施来节约能源和保护环境？

7. 结构体系

采用哪种等级的结构体系最合适？

8. 机械系统

可以采用哪些合理的采暖、通风、空调系统和管道系统？竖向交通？哪些因素影响基本的决策？对空间有何要求？

9. 电气／通信

哪些是合适的电气和通信服务系统？哪些因素影响基本的决策？

10. 特殊设备

需要使用哪些特殊设备，需要什么样的空间？

11. 材料

哪些材料需要特别考虑采用或避免使用?

12. 声学控制

需要采取哪些特殊的声学措施，对设计有何影响?

13. 照明设计

需要采取哪些特殊的照明（日光和人工），对设计有何影响?

14. 室内问题

在进行室内设计时，要考虑哪些因素（尺度、色彩、纹理、装修、家具）?

15. 道路识别

哪些因素会影响图案、标识及引路系统?

16. 更新／改造／再利用

进行更新改造时，会有哪些特殊考虑（改建、功能／基础设施成本、未来使用）?

17. 国际性挑战

有关国际项目，会有哪些影响因素（文化、市场、设计、演示、文件编制和现场服务）?

18. 运行和维护

设计时如何考虑建成后的运行和维护?

19. 主要的造价

哪些是建造费用的主要决定因素?

20. 资金、费用、可行性

可以采用哪些方法来筹集资金?